# 無形学へ

# はじめに

研究という行為は、ひたすら前を向いて作業をすることが大半で、あらためて研究歴を振り返ることは稀にしかない。かつて、日本建築学会賞をいただく際に研究業績をまとめることになり猛省したりもしたが、いい加減なその癖はあいかわらず改善されていない。

論文を発表する際には、その都度、研究のフレームワークをしっかり構築して筋道を立てて論を展開しているつもりでも、それらの集積を振り返ると、その軌跡は蛇行し、時には寸断されている。特に、都市計画学という社会と密接に関係する実学において、社会背景や現場のニーズに呼応するように研究の方向性が変化することはしばしば起こり、研究は「ぶれ」ないわけがない。その「ぶれ」のひろがりを少しばかり聞こえのよい「視座を動かす」との言葉に置き換えて、これまで何をやってきたのかを追体験してみることが本書の目論見の一つである。

私や私の研究室の仲間たちの研究の軌跡はどんなシークエンスを描いてきたのだろうか。まっすぐ伸びた一本道を歩いてきたわけではない。堂々巡りを繰り返している時もあった。しかし、大きなタガをはめずに勝手気ままに動き回ってきたことが結果的には研究領域を拡げることとなり、そのダイメンションさえも超える潜在力を有していたことにも気づきはじめた。

よく、「君の研究は都市計画の領域ではないよ」と先達からご忠告をいただくものの、研究室の学生諸君にはそうした制約をあまりかけないようにこころがけ、自らの活動領域をより自由なものにしてきたことも幸いしているかもしれない。

私は、団塊の世代に続くジェネレーションで、小学1年生で東京オリンピック、中学1年生で大阪万博を経験した。この国の経済発展に自己の幼少期の成長が重なるところがある。

建築学科を志したのも、戦後日本の二大イベントを子ども時代に目の当たりにしたことが大きかったのではないだろうか。高校時代から、登山家であり建築家である吉阪隆正に憧れ、入学後は吉阪に師事すると早くから決めていた。

吉阪隆正は、民家研究、考現学など人間の生活を観察し続けた今和次郎と、近代建築家の最高峰に位置するル・コルビュジェの対照的な二人に学んだユニークな存在だが、早稲田大学では建築意匠ではなく、都市計画の研究室を開設した。1960年代の初め、高山英華、丹下健三によって東京大学に都市工学科が開設されたのと機を一にする。吉阪隆正は、よりよい都市を創出するために、人間が創造した形姿に学び、人工環境と人間との相互依存関係を読み取り、各地に息づく多様性を尊重したビルト・エンバイロメントをデザインするための基礎的な理論の導入が社会の要請であると考え、「有形学」を唱えた。

私が入室する以前、吉阪研究室では、「伊豆大島元町大火復興計画」（1965―69年）や、明治百年を記念した政府（総理府）主催のコンペティション「21世紀初頭における日本の国土と国民生活の未来像設計」（政府総合賞）（1968年）、「杜の都・仙台のすがた―その将来像を提案する」（日本都市計画学会石川賞）（1973年）などの実践的な研究成果をあげていた。

「伊豆大島元町大火復興計画」は、1965年1月に起きた元町大火の復興にあたり、東京都が計画した元町火災復興土地区画整理の対案を示したもので、自然地形を尊重した復興計画であった。

また、政府主催のコンペ提案は、東京一極集中を批判し、日本海国土軸を強調するために南北逆さに描いた日本列島や、丹下健三の「東京計画1960」（1960年）を意識して山手線内を「昭和の森」とする案や、「北上京遷都」の提案などが盛り込まれ、新全総の批判としての未来像として位置づけられた。

さらに、「杜の都・仙台のすがた」は、仙台市の将来都市像をビジュアルに描きあげたもので、従来のゾーニングによる計画とは異なるスペーシャル・プランニングそのものだった。

これらはまさに、全国総合開発計画などの官製の計画や、田中角栄による『日本列島改造論』（日刊工業新聞社、1972年）などの政治的ビジョンとは一線を画したもので、吉阪隆正研究室には、新しい構想や計画を基底に据えた力強い造形によって都市やまちをよりよいものへと導いていくような気概があった。

しかし、その潮目が大きく変わる瞬間が訪れた。1972年、ローマクラブが「成長の限界」を唱え、翌年、オイルショックが成長の限界を現実のものとして示し、パラダイムシフトが余儀なくされたのだった。70年代の半ばは、各国で内発的発展論が沸き起こった時代でもある。とくに、スウェーデンのダグ・ハマーショルド財団が国連経済特別総会に提出した報告書「何をなすべきか」（1975年）に「内発的発展」が記されたことが有名である。わが国でも、鶴見和子が内発的発展論（1976年）を展開したのをはじめ、経済学、社会学、政治学、歴史学、自然科学などの広範な分野で内発的発展論の提起と検証が行われた。

また、オイルショックを契機に大きく景気が後退し、地方圏から三大都市圏への人口移動が一時的に和らいだことを背景に、人間と自然との調和のとれた「人間居住の総合的環境」を計画的に整備することを基本的目標に掲げ、第三次全国総合開発計画（1977年）が策定された。これを契機に先進的な地方ではむらおこし、まちづくりなどの新しい試みが芽生えた。

私の大学生時代はまさにこの潮目が変わった1970年代の後半であった。その反動からか、卒業論文では、多摩ニュータウンの足元の谷間に点在する茅葺の農村景観を対象に研究することにした。恩師の設計した八王子の大学セミナーハウスに宿泊しながら唐木田という名の集落へ通った。スクリーン状の槙垣に囲まれた美しい集落では、背後の丘が削られ、ニュータウン建設の槌音が鳴り響いていた。まさに、外縁へ向けて拡がる都市化の波の最前線を現場で眺めていたように思う。

卒論では地元の住民に共有されている場所の呼び名などの空間言語を丁寧に採集し「地景名称」と名づけ、意味空間の構造をあぶりだした。景色や地域を「景域」と呼ばれる一体のものとして認識することができるようになったのもこの調査の経験によるところが大きい。

当時、吉阪研究室では「まちづくり」ではなく、「まちつくり」と濁らずに表記していた。「まちつくり」

と「まちづくり」の違いは何だったのだろうか？

今、あらためて考えてみると、「有形学」を唱えた吉阪隆正は、造形力によって都市やまちをよりよいものへと導くことを目指し、「まちをつくる」ことを素直に表現したのではないだろうか。「つくる」ことが大切で、それを濁らせることを良しとしなかった。それに対して、今日広く使われるようになった「まちづくり」は「まち」と「つくる」が一体化して、「まちをつくる」ことよりも「まちづくりをする」ことに重点が移動しているように思う。言い換えれば、「つくること」から「なすこと」への変化かもしれない。

吉阪研究室に留学し、のちに母国の台湾大学教授になった陳亮全は、ひらがな5文字の「まちづくり」を「社区営造」と漢字4文字を用いて訳した。「まち」に相当する「社区」はコミュニティのことであり、「づくり」に相当する「営造」は営むことと造ること、つまり、ソフトとハードの両面からコミュニティをなすことを端的に表しており、どんな「まちづくり」の定義よりもわかりやすい。

いずれにせよ、1970年代の後半から「まちづくり」が台頭し、全国各地でソフトとハードの両面から創意工夫が見られる取り組みが進められた。

その後も経済の浮き沈みによる変化はあったものの、次に新たな潮目の変化と呼べるものは、2010年代からの本格的な人口減少社会の到来である。まさに今、その真っ只中にわたしたちはいる。

こうした社会背景の変化を受けて、近年、私は医学の世界と交流する機会が増えてきた。そこで驚くことは、医学の研究者のみならず臨床医も含めて、彼らが口々に言うのが、人口減少社会の処方箋は「まちづくり」しかないということだ。

1970年代後半から2010年代までのわが国のまちづくりを支えてきた思想がどのように変化してきたかを眺めることは、人口減少社会の処方箋として「まちづくり」を進めるうえで必要なことのように思えてきた。

本書は、私と私の研究室のメンバーが二十余年にわたって取り組んできたまちづくりの実践を下支えしてきたいくつもの思想を連歌のようにとりまとめたものである。研究室と呼ばれる学術組織もひとつの生命体のように動的均衡をたもちながらたえず動いている。研究室の仲間たちはこの感覚を「うごめいている」と好んで表現する。無数の生命体が集散を繰り返して大きな生命体のように振舞っている感覚をこう呼んでいる。

また研究室では、その時々の思考のよってたつところを「視座」と名づけているが、その視座も大地に穿たれたような確固とした三角点ではなく、絶えず浮遊している觔斗雲にも例えられるもので、自由に動き回れる一方、風がふけばどこかへ飛んで行ってしまうような儚さがある。

今回、研究室の「うごめき」の脈動と「視座」の軌跡を追体験する作業を卒業生や現役学生が一緒に試みることにした。これまで無手勝流に進めてきたことが災いしたか、功を奏したかの判断は分かれるが、その作業の過程は、随分と楽しい旅をしているかのように思われた。まさに旅に例えられるように、シークエンシャルに流動しつつも、変わらずに筋の通っている本質的なものの存在も見えてくるようになり、これまでやってきたことを体系化できるのではないかとも思いはじめた。

作業を進めるにあたり、対象とする要素を区分する「分類学」的手法ではなく、関係性や構造に着目する「系統学」的手法をとってみることにした。浮かび上がってきたいくつかの系統のもとで「論」の展開を試みたところ、「学」の体系のようなものがかすかに見えてきた。もちろん、それは「学」になり得るに足る熟度を有するものではないことは十分承知のうえで、あえて「学」を名乗るのは、こうした枠組みを示すことこそが、真の「学」への飛躍を誘発すると期待してのことである。

無形学へ　ようこそ。

無形学へ──かたちになる前の思考　目次

# 序章

# 無形学へ

後藤 春彦

I

# 「無形学」とは何か

## ◉吉阪隆正の遺した言葉

稀代の建築家であり、早稲田大学教授を務めた吉阪隆正が死の間際に著したのが『生活とかたち（有形学）』（旺文社、１９８０年８月）*である。この本は国立放送教育開発センターの企画によるテレビ大学講座のテキストとして出版されたものであり、１９８０年８月より12月まで、15週にわたって、「生活とかたち（有形学）」と名づけられた45分間の講義がテレビ朝日によって放送された。ちなみに、このテレビ大学講座はのちに放送大学へと展開するための試行に位置づけられたものだった。吉阪隆正は前年に建築学科４年生の設計課題としても幕張を敷地として「放送大学」を出題しており、放送メディアによる新しい学びのあり方を模索していたことがうかがえる。

当時、筆者は修士課程の1年生として吉阪研究室に在籍していた。すなわち、学部４年生時代に吉阪の「放送大学」の設計課題に取り組んだ学年である。

１９８０年の後期、今で言うところの秋学期、大学院の特論の講義において、吉阪隆正は刷り上がったばかりのテレビ大学講座テキスト『生活とかたち（有形学）』を使用したが、講義はテレビ大学講座とは異なり、1章から順に進むものではなかった。初回はギリシア神話における美の発生からはじまり、得意のダイアグラムを黒板に描きながらえんえんと機能と美について説き、最後には初めの図とは似ても似つかない複雑怪奇なダイアグラムへと変貌していった。また、同時に「造形にかかわった人の一生を記せ」という期末レポートが出題された。吉阪は「ヘルマン・ヘッセなどがおすすめだ」などと言うから、ますます面食らったことを記憶している。しかし、わたしたちはその難解なレポートを吉阪に提出することは叶わなかった。秋も深まった頃、吉阪は療養のため教室に来ることができなくなった。

＊吉阪隆正『生活とかたち（有形学）』旺文社、1980年

一方、その後もテレビ大学「生活とかたち（有形学）」の放送は進められ、そして、最終講義（12月4日）は次の言葉で締めくくられた。

「どうしたら寛容をもって、人と人とが仲良くし、戦争のない生活を送ることができるだろうか。どうしたら人間は機械とならずに人間らしい生活を営むことができるだろうか。私はそのことのためにいろいろやってきたように思う。」

「戦争のない生活」と「人間らしい生活」を追求するために、いろいろやってきた「有形」の創造とは、国際連盟に勤めていた父である吉阪俊三と、生活学を提唱した恩師である今和次郎と、戦後フランス政府給費留学生として学んだ近代建築の巨匠ル・コルビュジエの三人の影響が重なり、走馬灯のように駆け巡っているかのようだ。

そして、「つぎは無形学ですよ」と言い遺して、１９８０年12月17日、吉阪隆正は鬼籍に入る旅へと出かけていってしまった。

### ◉◉「有形学」とは

吉阪隆正は、物質界と人間界をかたちによってむすびつける学問を構想し、それを「有形学」と呼んだ。近代化の進行に伴って、人工環境が大きく広がり、建築の概念がビルト・エンバイロメントにまで急速に拡大していく状況を背景に、小は装置や機械、道具や装飾品から、建築、都市、地域、国土全体にいたるまで、人間が創造したすべての有形物を対象に、各地の特色ある風土や歴史、そこに住む人びとの生活や心情を反映した造形を導く学問を提言した。

1960年頃、吉阪隆正は「有形学」を中南米の建築教育から構想したという。しかし遡れば、吉阪の卒業論文『北支蒙疆に於ける住居の地理学的考察』(1940年)が「有形学」の基礎にある。そしてさらに遡れば、ジュネーブのインターナショナル・スクールで学んだ歴史地理学への興味が「有形学」の根源にある。建築を学ぶ以前から、吉阪は環境と人間と造形をめぐる応答関係に関心を寄せていたのだった。だからこそ、最後に出題したレポートのテーマが「造形にかかわった人の一生」だったのだろう。

『有形学(生活とかたち)』の巻末に記された参考文献をながめると、美術、文化人類学、地理学、人口学、生物学、医学、家政学、経済学、社会学、心理学、政治学、宗教学、哲学にまでおよび、実に広範な知識を背景とするものであることがうかがえる。

人間と自然との適応関係を究明する「生態学」に対して、人間にとって工業社会が創造した人工環境がいかにあるべきかを問うために「有形学」を提唱したのであった。地球表面を覆う「有形」の形姿こそが、人びとの生活様式や暮らしを表現するものであり、そこから、その過去を推定し、さらに、その将来を予想することができる。人間が創造した形姿に学び、人工環境と人間との相互依存関係を読み取り、よりよいビルト・エンバイロメントを創出する。そのためにはインターナショナルに通用するような普遍的な解や様式があるわけではない。各地に息づく多様性を尊重したビルト・エンバイロメントをデザインするための基礎的な理論の導入が社会の要請として「有形学」に求められた。それを吉阪隆正は「環境と造形」、「生活とかたち」と言い換えて表現したのである。

### ◉◉◉「無形学」へ

「有形学」は矛盾に満ちており、難解だと言われるが、それは、体系と方法が確立されていないことに由来していると考える。また、「有形学」を積極的に継承した弟子がいるわけでもなく、今では忘れられた存在ともいえる。そうした背景のもと、多くの批判を浴びるであろうことを知りつつ、あえて「無形学」を提唱するのは、混乱を繰り返すことになるのかもしれない。しかし、吉阪隆正の生誕百年を迎えるにあたって「有形学」へ返歌を詠むことにより、「有形学」も再び生気を取り戻すことにならないかと期待してのことでもある。

吉阪の最終講義とも言える「有形学」を受講し、吉阪隆正集の13巻『有形学へ』の編集を担当した者として、吉阪に「つぎは無形学ですよ」と言い遺されたことに結着をつけておきたいとの考えもある。

さて、ここでわたしたちが提唱する「無形学」とは何か。それは、第一に、吉阪「有形学」とコインの裏表の関係に例えられるものであり、また、第二に、概念の枠組みをさらに拡大したものでもある。そして、もちろん「無形学」を希求するのは今日的な時代の要請である。

「有形学」は、建築家吉阪隆正が造形を強く意識したものであり、「無形」から「有形」へ至る骨太のベクトルが強調されている。それを往路とすれば、もちろん、「有形」から「無形」への復路も存在し、循環がそこには誕生する。一方、「無形学」は、まったく逆で、「有形」から「無形」へのベクトルが強調される。これが往路であり、もちろん、「無形」から「有形」への復路による循環も存在する。東京発着の箱根駅伝を箱根発着で行うようなもので、似ているが非なるものである。個別の区間の走り方は同じでも、メインの往路の発着地と全体の組み立てが異なる。これが、「無形学」と「有形学」をコインの裏表に例える所以である。

それでは、「有形学」とはコインの裏表の関係にある「無形学」が希求される社会背景とはなんであろうか。「有形学」は近代化を受けて、経済成長・人口増加などの右肩あがりの時代に誕生したもので、当時、建築の概念はビルト・エンバイロメントにまで拡大しつつあった。建築家は自らが創造した「有形」によって、力強く社会の課題に応えようとした。コルビュジエもその弟子である吉阪隆正も造形の有している偉大なる力を信じた。そして、ビルト・エンバイロメントを秩序づける基礎的な理論を学として示すことを試みる必要があった。

一方、現代社会はどうだろうか。わが国では人口減少が進み、少子高齢化社会になった。地方都市は縮減をはじめている。かつて拡大したビルト・エンバイロメントには、現在では蚕食されたかのようにスポンジ状の空隙が分散している。吉阪隆正は将来を予測するツールとして人口ピラミッドをしばしば活用したが、吉阪は今日の少子高齢化社会を予想できなかった。彼の描いた人口ピラミッドには第三次ベビーブームの到来が記されていた。今日の団塊ジュニアのふるまいは吉阪にとって予想外のことで、そのシミュレーションは大きく外れてしまった。現在、無縁社会とも呼ばれる冷めた人間関係こそが「無形」の本質で、プロセスデザイン、コミュニティデザインが注目されるように、暖かな「無形」をいかにデザインするかに主眼が移ってきている。さらに、人口減少社会は、今後より、「つくれない時代」、「つくらない時代」に向かっていくことだろう。持続可能な社会は、「有形」よりも、政治、経済、社会などの「無形」のしくみをリデザインすることを希求しているのである。

このように、「有形」をデザインする「有形学」の往路と「無形」をデザインする「無形学」の往路は逆のベクトルを向いている。

このことを夢見の中で吉阪に話すと、鮮やかに反論されてしまった。「箱根駅伝の発着地の違いとする説明は面白いが、本来は、メビウスの輪の表面をたどるようなことではあるまいか。」夢の中の吉阪はより混乱を与えてくれる。確かに、同一平面の上を行きつ、戻りつするよりも、表面と裏面を連続的に走り抜ける方がよりダイナミックだ。しかも、ご存知のように、メビウスの輪は二等分するとひねりのある大きな輪が出現する。ふたつに分けたつもりがひとつに結ばれるところが大きな魅力だ。「有形学」と「無形学」の本質は同じだと吉阪は伝えているのかもしれない。

つぎに、「無形学」は「有形学」の概念の枠組みを拡大したものとも説明できる。

「無形」—「有形」を横軸に、「可視」—「不可視」を縦軸に、これら二軸からなるマトリックスを描いてみる（図序—1）。

第一象限は、「有形」×「可視」で、小は装置や機械、道具や装飾品から、建築、都市、地域、国土全体に至るまでの人間の創造したすべての有形物がここに含まれる。まさに、「有形学」が対象とする領域がこの第一象限である。

第二象限は、「無形」×「可視」で、人間の生活行為や人間集団（コミュニティ）の社会的関係が位置づけられる。

第三象限は、「無形」×「不可視」で、地域社会の風土・歴史・記憶・文化・知識など、時間的経過（プロセス）による情報の蓄積が位置づけられる。

そして、第四象限は、「有形」×「不可視」で、場所や界隈、住所など、存在やその位置は確認できても見ることのできない地理的情報の蓄積が位置づけられる。

たとえば、「早稲田大学」を想起してみよう。「早稲田大学」とは、第一象限的には大隈講堂や大隈銅像に代表されるキャンパス風景が位置づけられ、第二象限的には学生や教職員そして校友が位置づけられ、第三象限的には教旨や校史、校歌が位置づけられ、第四象限的には所在を示す住所（東京都新宿区戸塚町一丁目一〇四）が位置づけられると整理

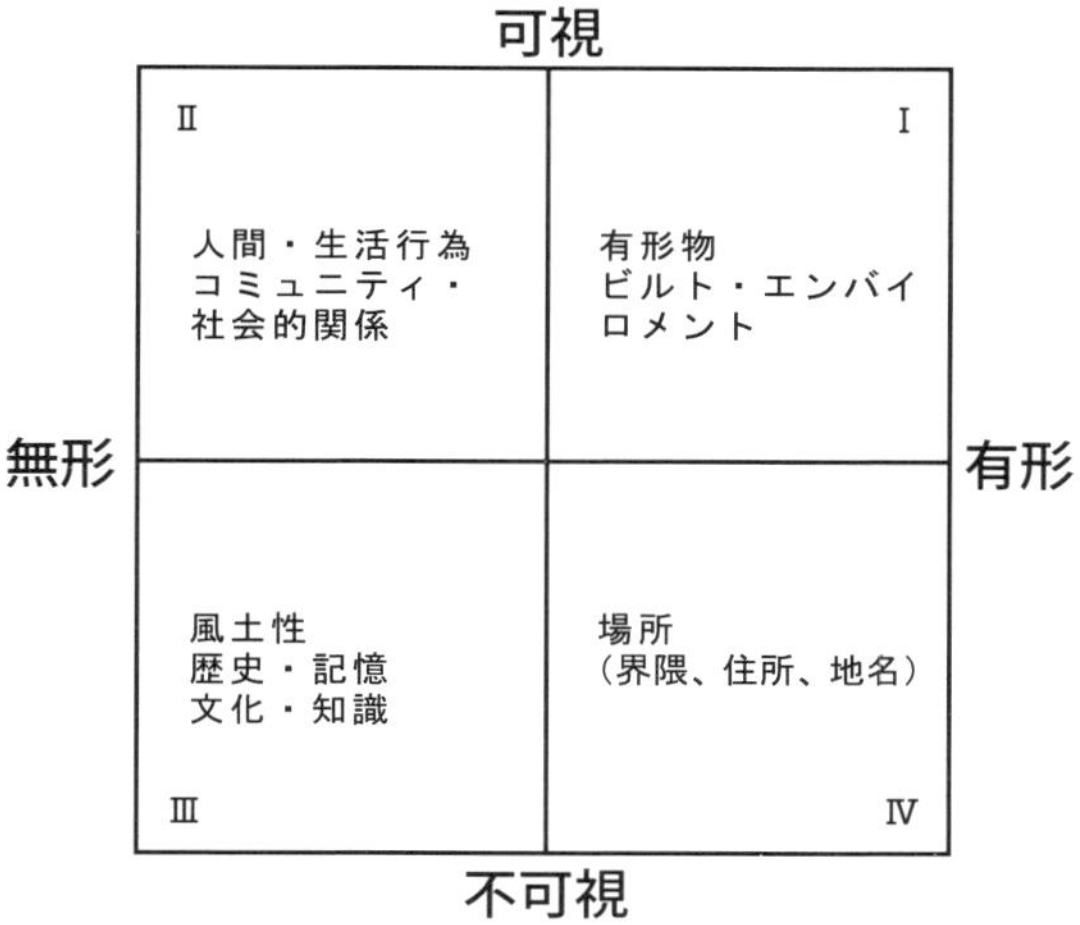


図序–1　有形物、生活行為、風土性、場所からなるマトリックス

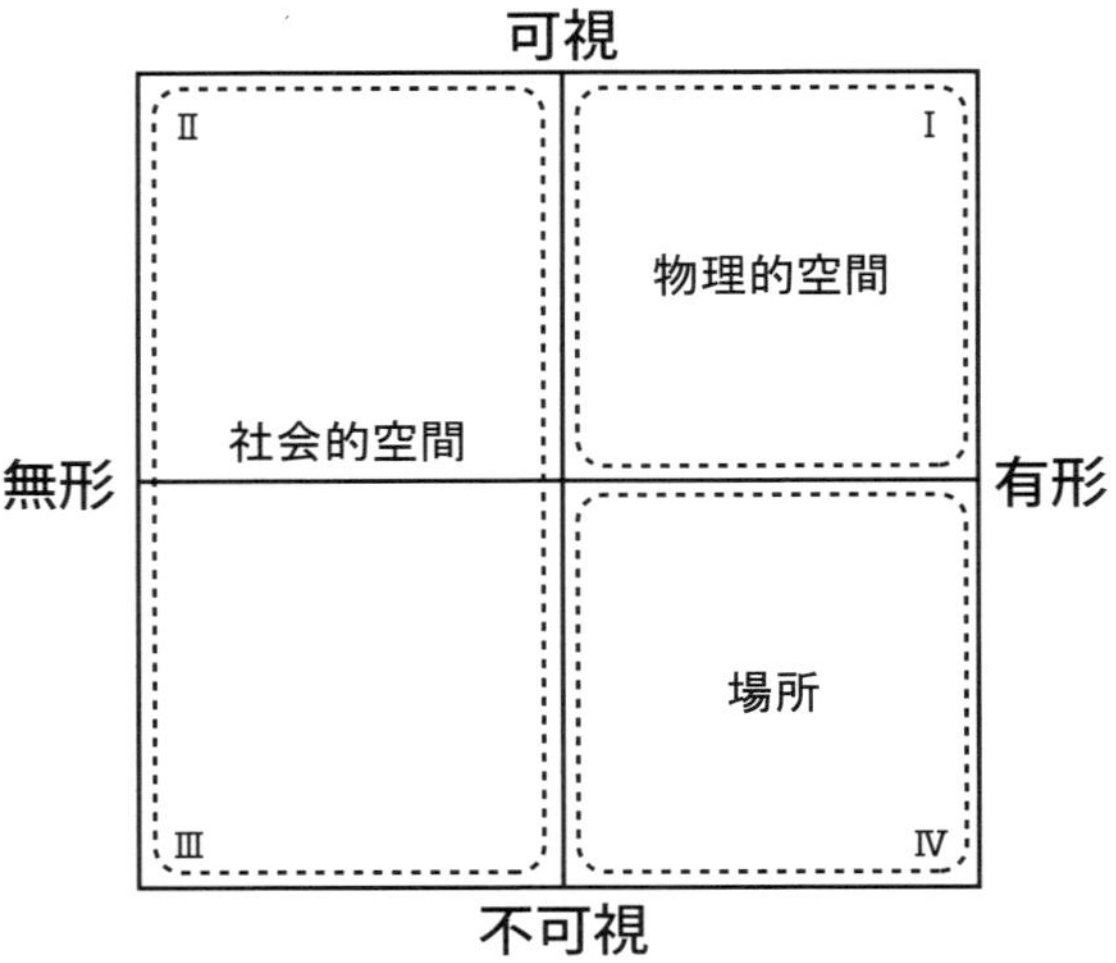


図序-2　物理的空間論、場所論、社会的空間論の位置

できる。そして、これらのいずれもが「早稲田大学」なのである。

吉阪の「有形学」の往路は第一象限をゴールとするものであったのに対し、「無形学」の往路は第二象限から第四象限までをゴールとするものである。

言葉を変えるならば、第一象限は物理的空間論であり、第二象限と第三象限をあわせて社会的空間論であり、第四象限が場所論となる。あるいは、第二、第三、第四象限を合わせて情報環境論と呼ぶことも可能だろう（図序―2）。

「有形学」の枠組みをさらに広げることを「無形学」に求めるのは、吉阪隆正が産業革命を経た工業化による人工環境の増加を受けて「有形学」を提唱したのに対して、現代社会は情報革命を経て加速度的に情報化が進み、情報環境がわたしたちを取り囲んでいることによる。これによって、目の前に広がるリアルな世界と同様に、いやそれ以上に「不可視」の領域や「無形」の領域が重要な意味を持つようになった。ビックデータの例を引くまでもなく、わたしたちは巨大な情報環境に生き、その足跡をデジタル情報として遺しているのである。人に宿る情報。歴史や文化に宿る情報。場所に宿る情報。これら全てが今日ではデザインの対象となっている。そして、そのための基礎的な論理を学として構築することが「無形学」に求められているのである。

## ◉◉◉◉物理的空間論から場所論へ

1960年に産声をあげた「有形学」と同時期に、アメリカ人ジャーナリストのジェイン・ジェイコブスは『アメリカ大都市の死と生』(原著1961年)*を著した。近代化が進む都市に対するふたりの振る舞いの違いは興味深い。吉阪は近代化がもたらした人工環境に対して、よりよいビルト・エンバイロメントを構築するために「有形学」を提唱した。ジェイン・ジェイコブスも同様に都市の近代化を批判的に扱ったが、彼女は、造形へ向かうのではなく、「人間不在」による場所性の喪失に対して警鐘を鳴らし、近代都市計画理論を批判したのだった。建築家ではなくジャーナリストである彼女は、造形ではなく場所性によって近代化の課題を解くことを試みたのであった。ここにもコインの裏表の関係、往路と復路の循環の反転がみてとれる。

これを契機に場所の概念化がはじまった。当初は、空間と場所が未分化ではあったが、徐々に場所論が深化していき、「かけがえのない場所」、「原風景」、「都市のイメージ」が論じられることになった。

たとえば、かつてモダニストの建築家たちは「空間」という言葉をたいへん好んだ。そこに存在するのは三次元のユークリッド空間から切り取られた抽象的な真っ白い空間である。建築評論家の川添登が、「近代建築の主流は『豆腐を切ったような』と形容される白い直方体である。」と述べたのも同様のことを指摘している。**「建築写真」には、生活の気配の消された「空間」が日常とは切り離された「作品」として存在していることが多かった。

しかしながら、近年では、人びとの行動によって偶発的に生まれる場所を撮影した「建築写真」も増えつつある。すなわち、本来、建築とは人間の社会的な営為が築き上げてきたものであり、真っ白だった「空間」が使い込まれ、そこに記憶が刻み込まれ、「場所」化されていくことに、新たな建築の可能性を見いだそうとする動きもでてきている。

* ジェイン・ジェイコブス(著)、山形浩生(訳)『アメリカ大都市の死と生』鹿島出版会、2010年
** 川添登『メタボリズムとメタボリストたち』美術出版社、2005年

エドワード・レルフは『場所の現象学』（原著1976年）で、「場所は意志の対象にされた物体や出来事にとっての文脈ないし背景であり、またそれ自体が意志の対象にもなりうる」と述べている。* わたしたちの生活は抽象的な「空間」の中で営まれているのではなく、ヒューマナイズされた個性ある「場所」の上で繰り広げられており、その蓄積の延長にまちや都市が位置づけられる。

以下に駆け足ながら、その後の「場所論」の深化を追ってみよう。特に、場所の表現における芸術家の役割（五感を駆使して場所を理解しようとする美学）や、既成の政治的枠組みに異を唱えて「対峙する場所」を創出する市民活動の役割（場所を多様な主張が交錯するテリトリーとして理解しようとする政治学）を論じた。** フランス人社会学者のアンリ・ルフェーブルは、物理的空間と社会的行為をむすびつけた。

中国系アメリカ人の地理学者イーフー・トゥアンは、人間は自分の幸せを左右するような、かけがえのない場所に愛着を抱くもので、ある個人にとっての場所の意味とは周囲の物理的環境への生物としての反応であると同時に、ある種の創造された文化でもあると唱えた。これは場所の本質的な特性を論じたもので、今日の文化的景観の議論の嚆矢にあたる。***

アメリカの建築・都市史家のドロレス・ハイデンは、社会的弱者の歴史は場所に刻み込まれ、景観となって表出すると主張し、パブリック・ヒストリーとして景観を解読することを試みた。そして場所の社会史を構築し、前掲のルフェーブルの指摘した美学的アプローチと政治学・社会学的アプローチから場所に接近することに成功した。****

場所の概念化、場所で振る舞われる社会的営為、場所への愛着、場所に宿る社会史など、ここに参照した言説は、場所の再生産を語るうえで欠かすことのできない思想を提示している。

このように「場所論」は「有形」から「無形」を照射することによって、半世紀以上かけて深化を続けてきたといえる。

＊ エドワード・レルフ（著）、高野岳彦、石山美也子、阿部隆（訳）『場所の現象学』筑摩書房、1991年
＊＊ アンリ・ルフェーブル（著）、斉藤日出治（訳）『空間の生産』青木書店、2000年
＊＊＊ イーフー・トゥアン（著）、小野有五（訳）『トポフィリア』筑摩書房、2008年
＊＊＊＊ ドロレス・ハイデン（著）、後藤春彦、佐藤俊郎、篠田裕見（訳）
『場所の力―パブリック・ヒストリーとしての都市景観』学芸出版社、2002年

## ◉◉◉◉◉震災体験がもたらした場所の再生産

阪神・淡路大震災や東日本大震災に代表される災害は大きな試練をわたしたちに与えた。いかに、傷ついた被災の現場において社会史を刻むか。すなわち、個人の記憶を刻むことを重ねていく作業を通じて、間主観的な価値観を生み出し、地元の知恵を蓄え、場所を再生産することができるか。社会的行為を伴う景観としてそれを可視的に表現することができるか。そのプロセスを通じて、絆や縁と呼ばれる社会関係資本を高めることができるかが問われている。

いまだに記憶に新しい東日本大震災による大津波は、地元に生きる人びとの暮らしによって刻まれた記憶で満ちあふれていた「場所」を一瞬にして、空疎な「空間」に初期化してしまった。こうした悲しみに対峙して、その後もめげずに新たな記憶の上書きを続ける社会的な関係性を地域が維持できるか否かが大きな課題として被災地に突きつけられている。

場所は社会的な関係性によって維持されてきたばかりでなく、場所が社会的関係性を生み出し、また、社会的関係性が場所を再生産してきた。この場所と社会的関係性の相互補完にもとづく場所の再生スパイラルを社会的行為の視点から構築することが求められている。

こうした考え方の背景として、地域に息づく「知識」や「価値観」なるものを再発見し、共有し、空間言語へと翻訳するプロセスの差異によって、結果として生成される場所の質に大きな違いがあることが明らかにされてきたことが指摘できる。

## ◉◉◉◉◉物理的空間論と社会的空間論をむすぶ

近代都市計画の岐路に立ち、「都市」そのものの再定義が試みられるとともに、「計画」の概念も変化をしている。社会的関係性によって刻まれた記憶で満ちあふれていた「場所」を空疎な「空間」に変えてしまうのは東日本大震災のような激甚災害だけではない。産業革命以降、近代は場所を空間化してきた。無垢で純粋な「空間」を創造することが近代化の鉄則だった。そのために、場所を空間化するための方法として、都市計画ではゾーニングと呼ばれる土地の機能を均質化する手法が採用された。ゾーニングは法のもとに、無垢で純粋な空間を生み出した。この空間は、あたかも真っさらなキャンバスの下地のごとく切り貼りと上書きを可能とし、これによって都市も工業製品のように大量生産大量消費の対象となることが可能であるかのように錯覚されるに至った。

ニューカッスル大学名誉教授で英国の都市計画理論の権威であるパッツィ・ヒーリーは「都市とは、物理的な対象ではなく、「うごめく大衆」といった、絡み合うような動きの中の、流れるように拘束されることのない結合体である」*と、「都市」の再定義を試みている。

従来、たとえばD.I.D.（人口集中地区）のように、都市は物理的で固定的な空間と機能で定義されていたのに対して、彼女は社会的に流動する人間の関係性に着眼して都市を再定義してみせた。

都市を人間の存在そのものとして捉えること。これは前掲の『アメリカ大都市の死と生』を著したジェイン・ジェイコブスの近代都市批判の基底にあったことではあるが、20世紀後半のモビリティとインフォメーション技術の加速によって、一気に都市の新たな理解が現実的なものとなった。

流動する人間、それらの関係性によって、場所は統合され、社会的空間へと発展していった。同様に、「社会資本」から「社会関係資本」へ、すなわち、人間関係やそこから生じる知識こそが、都市や地域の資本となった。

今日、欧州では、都市計画を〝City Planning〟や〝Town Planning〟ではなく、〝Spatial Planning〟と表現する様になってきた。スペーシャル・プランニングとは、直訳すれば空間計画となるが、ここで空間という単語を使う理由を2つ挙げることができる。1つは、都市のみならず非都市部もあわせて計画の対象とすることを意図していること。もう1つは、物理的な空間のみならず社会的な空間もあわせて計画の対象とすることを意図していること。まさに、計画の対象と概念が、空間のネットワークや人間のネットワークへ

＊パッツィ・ヒーリー（著）「Spatial Planning and City Regions: European evolutions」
（早稲田大学まちづくりシンポジウム2005「都市空間像のパースペクティブ」所収）2005年

と拡大しているのである。

これまでの都市計画は、個別の都市の成長と産業化を前提とするものであった。計画システムは福祉国家としての重要な政策のひとつに位置づけられ、法的根拠を有した土地利用の規制や制御とプロジェクトを組み合わせることにより、機能の不足の解消を目指す方法が採られた。

しかしながら、人口減少時代の都市計画は、都市の縮減を前提に地球環境に親和的な脱産業化を目指すものである。漸進的な縮減を計画的に管理しながら、新たに出現する空隙にまちづくりの種子を埋め込みながら固有の文化や環境の継承を目指すような戦略が求められている。

これは都市の拡大成長を目標に物理的空間へ機能の適正配置を行ってきた計画から、社会的関係によって出現する社会的空間の質をより向上させる計画への変化とも理解できる。すなわち、整然とした計画の厳格な立案から、シームレスな環境像や空間像の大きな枠組みを提示することへプランニングのありかたも変化しているのである。

そのなかでも、都市・農村連携と市民自治は、空間のネットワーク、人間のネットワークとも読み替えることが可能で、スペーシャル・プランニングの極めて重要なパラダイムに位置づけられる。先に示した様に、前者は、都市のみならず非都市部もあわせて計画の対象とすることであり、後者は、物理的な空間のみならず社会的な空間もあわせて計画の対象とすることである。

前者は、都市・農村計画と呼ぶ方がイメージしやすいかもしれない。わが国では、都市部は都市計画法によって、非都市部は農地法・農振法・森林法などによって、それぞれ別個の法体系でコントロールされている。都市が急速に拡大した時代には、都市化の制御と優良農地や自然環境の保全への適切な対応が求められていたが、都市が縮退をはじめた人口減少社会において都市と農村を区分するのではなく、あわせて一体的な計画対象とすることは理にかなっている。

一方、後者に含まれる社会的空間とは、歴史・文化、社会・経済、そして自然環境を背景とした人間と人間の関係性によって生まれるものであり、東日本大震災以降は「絆」とか「つながり」といった表現が多用されるようになってきた。近年では、こうした社会的空間への計画的関与はコミュニティデザインとも表現され、地元の多様な主体のパートナーシップの構築や強化が図られている。

スペーシャル・プランニングとは従来の土地を区画し機能を割り当てる土地利用型ではなく、社会的関係性にもとづき物理的空間と社会的空間をシームレスに統合していくアプローチを採るものであり、周辺領域も含めた多主体間の関係に依拠するものである。そして、その目指すべき目標は生活の質の向上であり、良質な物理的空間のみならず、連結性・連続性、社会的機会の公平性・公開性、持続可能性などを含む広い概念としての社会的空間の質の向上である。

このように、計画の対象は、ビルト・エンバイロメントの領域をこえて、物理的空間論と社会的空間論をむすぶ領域にまで拡大している。これこそが「無形学」を必要とする社会背景の大きな変化である。

## 2 「無形学」をめぐる5つの視座

### ◉俯瞰的な視座からの思考

東京スカイツリーの建設地選定のため、在京放送事業者6社が開設した委員会に参加したことがある。当時は、まだ、「新・東京タワー」と仮称で呼ばれていたが、地上デジタル放送を開始するため、関東平野のどこかに600mを超える電波塔を建設することが必要となった。当初、その建設候補地は十数カ所あり、それが徐々に絞り込まれて最終的に大宮と押上の二候補が残された。どちらも鉄道ヤード跡地であることが時代を象徴している。

委員会は中村良夫さんが委員長で、都市計画分野のみならず、観光、電波、防災、構造、地震、地質などの多様な分野から委員が集められた。

地震や地質の分野の委員からは大宮が有利との意見が出される一方、防災、構造分野の委員からは基礎杭を支持基盤まで打つため大宮と押上にさほどの差異はなく、逆に、押上は墨田の脆弱な木造密集エリアの防災拠点になり得るのではないかとの意見も出た。また、この電波塔の建設とその後の運営は民間事業のため、独自で安定した収益を生み出す観光塔として成り立つことが不可欠であったが、この点では圧倒的に大宮は不利だと観光の専門家から指摘された。さらに、東京タワーから新タワーに電波の送信元を移すことによる受信障害をシミュレーションしたところ、大宮の方が多くのアンテナの向きを調整しなければならないなど、より大きな影響が及ぶことが明らかになった。

以上のような議論の結果、押上が選定されたのだが、実は、景観工学の中村良夫さん、都市史・空間人類学の陣内秀信さんと私は、もうひとつの魅力を押上に感じていた。それは、大江戸鳥瞰図の視点場を獲得できるのではないかという期待であった。

現在、東京スカイツリーの地上350mの展望台のエレベータをおりたところには、鍬形蕙斎《くわがたけいさい》の描いた「江戸一目図屏風」のレプリカが飾られており、200年の時空をこえて、江戸と東京の俯瞰景観を比較できるような仕掛けになっている(図序―3)。

江戸の俯瞰図はいくつもあるが、どれもほぼ同様の視座から描かれている。この高い位置まで視座を持ち上げた江戸の絵師たちの想像力は卓越しており、それによって江戸の景観構造が見事に表現されることになった。背景に霊峰富士をいただき、洪積台地から沖積低地への起伏の変化、地形を際立たせる寺社や名所、封建社会の身分制度に応じた土地利用区分、大小幾重にも交錯する水路陸路を往来する庶民の様子などが鮮やかに描かれている。

## ◉◉自由に浮遊し昇降する視座の獲得

こうした鳥の目からなる俯瞰的な眺めと、一方、地に足の着いたアイレベルからの眺めの2つを同時に巧みに使っているのが、わたしたちの環境理解の本質ではないか。

たとえば、わたしたちは、カーナビに表示される「地図モード」と「ドライバーズビューモード」の2つの視座の異なる情報を一瞬にして合成して自分の位置を理解している。あるいは、グーグルアースの俯瞰的な眺めについても同様のことを感じる。宇宙から舞い降りて来た視座は俯瞰的な眺めから、高度10フィートでアイレベルの眺めに変化する。これはとても人間的な感覚に近いのではないか。このように、わたしたちは想像力を駆使しながら、自由に浮遊し昇降する視座を持っているのである。

全く勝手な解釈だが、これは人間が直立歩行を許されてから身につけた能力ではなかろうか。すなわち、脊椎の頂上に頭脳や多くの感覚器を搭載することにより、人間もひとつのタワーとなり、足下を俯瞰したり、正面を見据えたり、周囲を見渡したりして得た視覚情報を全て脳内に取り込んで合成して理解している。

「視点」とは、視対象と視点場の2つを意味する言葉であり、視対象と視点場の間の距離的概念が欠落している。一方、「視座」とは視点場と同じ意味であり、しかもそれは固定されておらず、地上からの高さや視対象への俯角仰角が重要なパラメータとして扱われるものである。

いくつもの視点場を自由自在に巡り、かけのぼり、かけおりるような「視座」とはあたかも魔法の絨毯にも例えられるが、私にとっては子どもの頃わくわくしながら読んだ孫悟空の「觔斗雲」そのもので、これによって自由な発想を可能にしてくれる。もちろん、枠組みはお釈迦様の手のうちに限られるのではあるが。

### ◉◉◉5つの視座

今世紀に入って、都市や地域の再定義が進み、都市・地域は多義的に重層し、かつ、極めて動的なものと解釈されている。前述の通り、都市計画は、かつての土地利用のように、物理的空間に対する機能配置によって都市や地域へ計画介入するのではなく、「物理的空間から社会的空間へ」、「City PlanningからSpatial Planningへ」、「社会基盤整備から社会関係資本の構築へ」、計画対象も計画概念も、そして計画ツールさえも大きく変化している。

図序-3　東京スカイツリーに展示される「江戸一目図屏風」のレプリカ

後藤春彦研究室の四半世紀の思考の変遷をシークェンシャルにたどってみたい。それは、「無形学」をめぐる5つの視座にも例えられる。これらは独立して存在するものではなく、相互に補完関係をもち幾重にも複層しあっているもので、あたかも立体の回遊式庭園を巡るがごとく、これらを編修的に統合することによって、ホログラムのように都市・地域の「無形」のすがたがわたしたちの眼前に浮かび上がる。

現在、後藤春彦研究室では、「集約とネットワークによる多核的な都市・地域システムへの再編」、「都市と農村のあらたな相互補完関係の構築」、「自然環境や文化遺産の持続的マネジメント」、「圏域資本（テリトリアル・キャピタル）の醸成」などの研究が進められているが、ここへ至る四半世紀の軌跡を「無形学」をめぐる5つの視座と呼び、「内発的景域論」、「動態的地域論」、「重層的都市論」、「社会的空間論」、「戦略的圏域論」としてシークエンシャルに配することとした。もちろん、これら5つは独立して存在するものではなく、相互に補完関係をもち、幾重にも複層しあっている。これら都市や地域を俯瞰する5つの視座を巡ることにしてみよう。

### 共発的景域論　風景と地域の統合的解釈

後藤春彦研究室を開室した際に、「景観」を大きな柱に据えた。これは、筆者が博士論文で「景域」を扱ったことが源になっている。それまでの景観研究は視覚的概念（可視的形象）と地域的概念（地域単元）を区分する傾向にあったが、可視的形象を生むに至った背景にある地域単元の風土的、歴史的、社会的文脈の解読を通して、景観の有する規範性を論じることとした。ここでは景観の視覚的概念（可視的形象）と地域的概念（地域単元）をあわせもつものを「景域」と呼んでいる。

「景域」とは一定のまとまりある範域として認識される地表の一部であり、固有の文化創造の基盤ともなり得るもので、生活者によって共有されてきた社会的な記憶が内在する単位地域と捉えている。

また、元来は生物学の用語である「内発」は、近代化が陰りを見せはじめた70年代の中頃から国内外で「内発的発展」として使われてきた。わが国では早くから、比較社会学者の鶴見和子により、グローバルスタンダード化が進む近代化の対極に位置づけた地域固有の発展の理論として提唱された。*

「共発」とは、「内発」と「外発」のハイブリッドである。「共発的景域論」とは可視的な風景とそれを生み出している、あるいは、下支えしている地域を表裏一体の「景域」として統合的に解釈することを前提とするものである。特に、都市のイメージを要素分解して把握するのではなく、場所の履歴やその記憶、リアルな生活の実態が表出するいくつもの「生活景」の集積として把握することにより、「ふつうのまち」をいくつもの「個性あるまち」へと導くものである。

＊鶴見和子「国際関係と近代化・発展論」（武者小路公秀、蝋山道雄編『国際学-理論と展望』所収）東京大学出版会、1976年

### 動態的地域論　地域遺伝子の発見と実践的行動

一方で、後藤春彦研究室では、今和次郎研究室、吉阪隆正研究室を貫く一連の農村計画の流れの継承も試みた。しかし、民家研究やデザインサーベイといった即物的な調査研究ではなく、地方都市や農山漁村における地方自治や地域経営に主眼を置いている。これは、筆者が宮城県加美郡中新田町（現　宮城県加美郡加美町）において自治体職員として務めた経験が背景にある。特に、総合計画の策定を担当したことが大きな糧となっている。それ以来、自治体の総合計画や都市マスタープランの策定に携わる機会を何度も得ることができた。

風土と呼ばれるような生態的特徴に適合した農山漁村集落は、その永い営みのなかで脈々と培った「地域遺伝子」と呼ばれる社会的な記憶を有している。そうした「地域遺伝子」を発見することが農山漁村研究の鍵となる。のちに詳述する「テトラモデル」と名づけたダイアグラムで「地域遺伝子」の体系を示すとともに、「まちづくりオーラルヒストリー調査」や「まちづくり人生ゲーム」などの独自の手法を用いて「地域遺伝子」を発見することに取り組んできた。

そのなかでも、特に、山梨県南巨摩郡早川町では、地域に密着した研究企画をすすめるローカル・シンクタンクとして「日本上流文化圏研究所」を設立した。また、同様に、神奈川県小田原市では、自治体シンクタンクとして「政策総合研究所」を設立した。「動態的地域論」とは、地方における新しい自治のしくみを模索する手がかりとなり、コミュニティ自治による地域経営を導くものである。

### 重層的都市論　遷移する都市の再定義と記述

つぎに興味を示したのは人間集団、すなわち、コミュニティのふるまいである。ここからは、前のふたつの「内発的景域論」と「動態的地域論」よりも踏み込んで「無形」の世界へと軸足を移していくことになる。前掲のニューカッスル大学名誉教授で都市計画理論の権威であるパッツィ・ヒーリーの「都市」の再定義を今一度、引用してみよう。

「都市とは物理的な対象ではなく、「うごめく大衆」の絡み合うような動きにおける、流れるような拘束されることのない結合体である」*

このように、活動する人間（集団）そのものによって都市は成り立っているとの基本的理解に立脚して、「混合と分散」、「凝縮と拡散」、「移動と滞留」を繰り返す人びとの流動に着目して、それを考現学的に記述することを試みた。今和次郎は「有形」の要素を採集し、スケッチブックに描き留めたのに対して、輻輳する人びとの動きが幾重にも重なり積層したものとして都市を把握し、そうした都市の遷移を記述することに努めた。

そこで見えてきた都市のダイナミズムを生む背景に、用途の混在や人種や宗教・国籍を超えた人間の混在があることを発見し、「柔軟で拘束されることのない結びつき」としての混在を肯定的に把えた。「重層的都市論」とは、近代都市計画が「分ける」ことを前提に合理的な課題の解決を目指したのに対して、「分かち合う」ことを目指す方法論の反転を導くものである。

**社会的空間論　人間と社会をむすぶ相互補完関係の創造**

さらに、都市や地域の新たなプレイヤーに着目し、それらのネットワークによるガバナンスの構築も重要なデザインの対象とみなすこととした。

すなわち、市民と市場をむすび、信頼・規範・ネットワークによって成立する社会関係資本こそが市民のＱＯＬ（生活の質）の向上を約束するものである。社会関係資本を高度化したコミュニティ自治による地

＊パッツィ・ヒーリー（著）「Spatial Planning and City Regions: European evolutions」（早稲田大学まちづくりシンポジウム2005『都市空間像のパースペクティブ』所収）2005年

域経営は、コモンズをはじめとするテリトリアル・キャピタルの醸成に寄与するものとして期待されている。

たとえば前近代のわが国でも、地域の旦那衆が身銭を切って地域経営をしてきた歴史がある。今日においても、防災と医療・福祉・健康分野は人と社会をむすぶ相互補完関係が基礎となる。特に、後藤春彦研究室では、奈良県立医科大学と共同で、奈良県橿原市において「医学を基礎とするまちづくり」(Medicine-Based Town) の研究を展開している。これは、まちなか医療の展開のみならず、生活習慣病を誘発する未病を都市空間が治すことを目指すもので、高騰する医療費の削減への都市計画の寄与が期待されている。

また、商店街や大学まちなどの既成の社会的空間を積極的に評価活用するとともに、企業の地域経営への参加を促すことになるだろう。「社会的空間論」とは、さまざまな主体の相互補完関係により生まれるネットワークや規範を地域資本と呼べるところまで高めていくことを導くものである。

### 戦略的圏域論　都市と地域の再編的連携

一方、欧州の計画システムを研究しはじめてから、土地利用のように機能で空間を分割するのではなく、社会的関係性にもとづいて社会的空間を戦略的に統合して新たな計画的圏域を形成する必要性を唱えるようになった。

特にドイツの「大都市圏」に位置づけられる「シティ・リージョン」は都市や地域の実情に応じて自由に構成され、州を超えるもの、飛び地になるもの、複数の「大都市圏」に参画するもの、多種多様である。こうした「シティ・リージョン」では、政治的意思決定組織が法のもとに置かれるとともに、民間の力も発揮して地域開発を実行する有限責任会社がつくられるなど、国際競争力のある圏域が戦略的に形成されている。さらに、デンマークとスウェーデンの国境を越えて形成される「メディコン・バレー」と呼ばれる医療・バイオ系クラスタ圏域も戦略的に構築されて、全世界から投資を募っている。

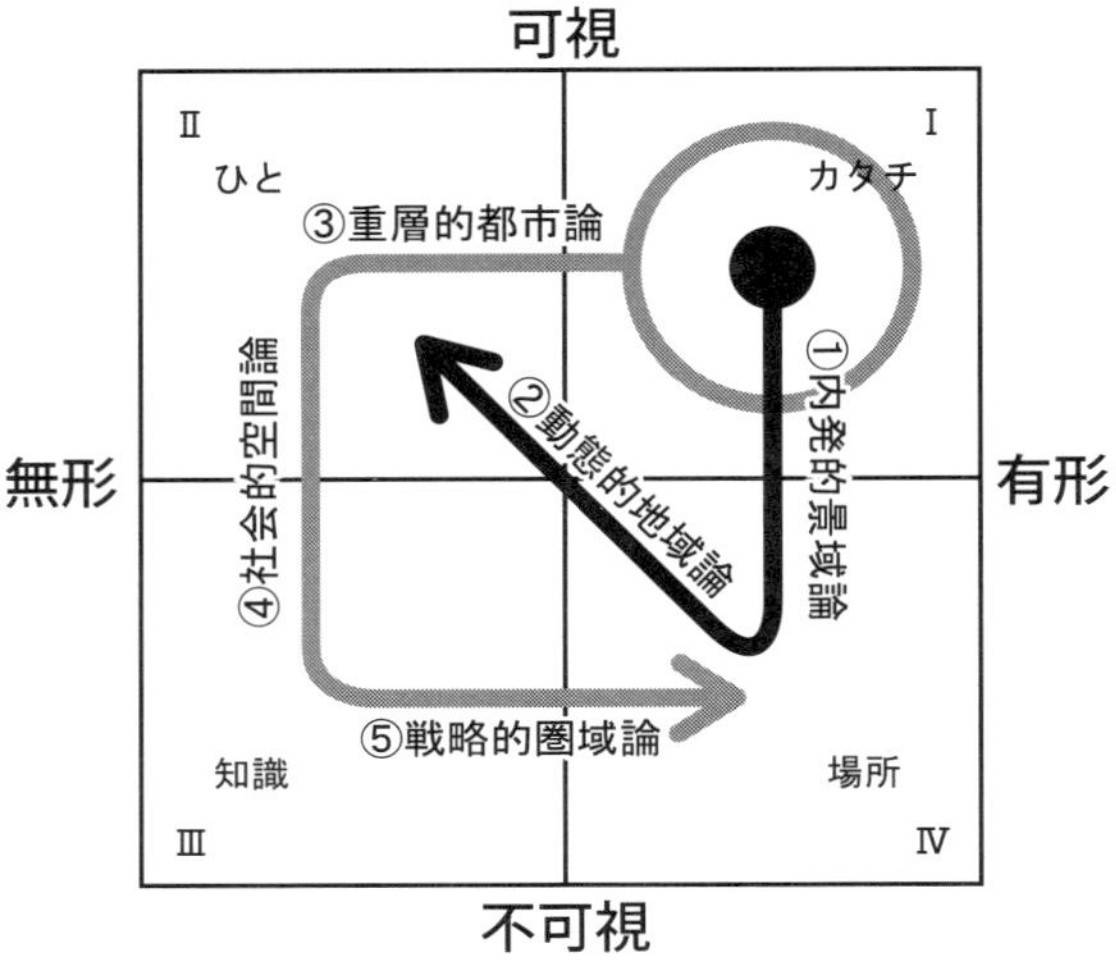


図序-4　視座を動かす２つのルート

基礎自治体の枠組みをこえて戦略的な計画圏域として、いくつかの中心都市と周辺地域からなる「シティ・リージョン」を構築し、ナレッジによって創造的に圏域を牽引する戦略を描くことが必要である。

「戦略的圏域論」とは、自立生活圏などの計画的な圏域とその階層を設定し、「集約とネットワーク」によって圏域構造を再編すると同時に、圏域の意思決定組織や事業会社などの柔軟な組織やしくみをつくることを導くものである。

### ●●●●5つの「視座」を動かす

これまで研究室で行ってきた研究の変遷を5つの視座をめぐるかたちでトレースしてきた。これまでの「有形」から「無形」への思考の推移を振り返ると、「視座」の動きの軌跡、すなわち、思考の変遷には大きく2つのルートがあったように思われる。

前に示した、「無形」—「有形」を横軸、「可視」—「不可視」を縦軸とするマトリックスで示すならば、一つは、視座は「有形」の第一象限を飛び立ち、第四象限の「場所」を経て、第二象限の「ひと」へ至るルートとなる。同様に、もう一つは、「有形」の第一象限を飛び立ち、第二・第三象限の「ひと」や「知識」からなる「社会的空間」を経て第四象限の「場所」へ至るルートである（図序—4）。

第一のルートは、「内発的発展論」から「動態的地域論」に至る思考の過程である。これは、研究室の開設以前から思考していた動きの延長であると思う。特に振り返れば、筆者が博士論文で取り上げた「景域」という概念、さらに遡って、修士論文で取り上げた「景観方位」、そして卒業論文で取り上げた「地景名称（空間言語）」が、第一象限から第二象限への移動を示している。

一方、第二のルートは、研究室の開設以後、自治体からの委託研究などを通じて学んだより実践的な発想による動きで、デザインという側面よりもマネジメントという側面が強く働いているようにうかがえる「重層的都市論」から「社会的空間論」を経て「戦略的圏域論」に至る思考の過程である。

こうした時計周りの第一ルートと、反時計回りの第二ルートの存在は、時間差をもちながらもお互い呼応しながら動いてきたように思われる。

## 3 「無形学」のための5つの方法論

### ◉ひと・いのち・生活から発想する／「まちづくり人生ゲーム」

無形学を展開していくにあたって、いくつか重要な方法論が存在する。

まず、無形学は目の前に立ち現われるかたち、すなわち有形を下支えしている、目には見えない風土、歴史、社会的背景、あるいは、人びとの活動や振る舞いに対するアプローチをとるため、ひと、いのち、生活から発想することに重きを置いている。

特に、人生を単位とする時間軸を設定することにより、物理的な尺度ではなく、社会的な尺度として時間を捉えることも有効であると考えている。

たとえば、はじめて後藤春彦研究室が調査に入る地域では、必ず「まちづくり人生ゲーム」という住民

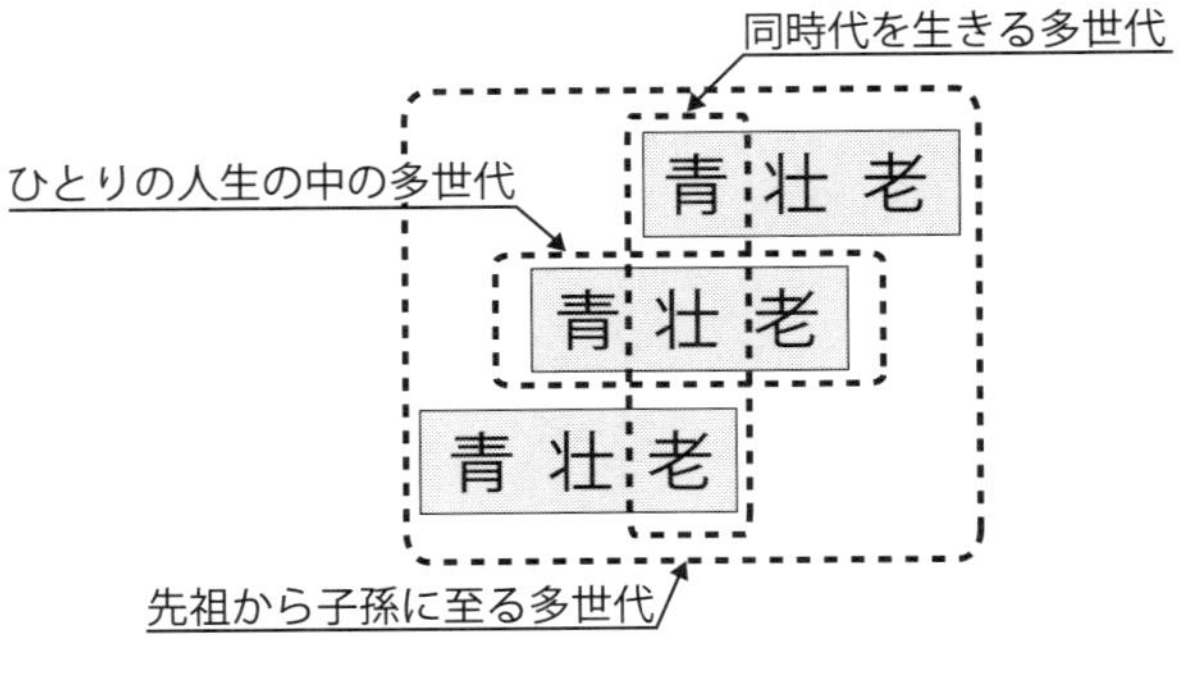


図序-5　三つの多世代

向けのワークショップを開催する。詳細は本書の実践9に譲るが、「まちづくり人生ゲーム」は、その地域で生まれて、その地域で生涯を閉じるひとりの人生を幼少期、青年期、成年期、老年期を通じてシミュレートしつつ、豊かな人生を送るために地域はいかにあるべきかを住民同士がディスカッションするものである。地域でそれぞれの世代の役割を担いながら満足の行く人生を歩むことこそが、社会が満たされたものになると考えている。これこそが社会的健康の追求である。

世代間のバトンリレーは、「地域遺伝子」と呼べるような情報の存在さえも予感させる。利己的な生命体として、地域はどんな情報や知識や経験を次世代に届けていくのかが問われている。

人口増加の時代とは異なり、人口減少の時代において社会が抱えている課題はより複雑なものとなってきた。人口増加の時代の単純な課題に対しては対症療法的にいわゆる縦割りで個別対応できたが、人口減少の時代の複合的な課題に対しては横断的な対応が求められるようになる。持続可能な社会のために地域のニーズに合わせて多世代と多主体協働して限られた財源・人的資源を活用することが求められている。時代は、「参加」「交流」「連携」「協働」「連帯」「共生」「相互補完」を希求している。一言で言えば、「社会関係資本」の充実、わかりやすく言えば、ひととひととの「絆」をむすびなおすことが、今日的な社会の要請である。

多世代とは、第一に同時代を生きる多世代、第二に先祖から子孫に至るバトンリレー走者としての多世代、第三にひとりの人生を通じて年齢に応じた役割を果たすという意味での多世代、の3つの多世代が想定される（図序―5）。多世代が協力することによって、人間的な絆がつむがれ、社会の幸福の持続的成長を支える社会関係資本が構築される。

無形は、ひと、いのち、生活が生み出すものであり、とどまることを知らずダイナミックにうごめいている。かたちをもたず、触れることさえ適わない無形を眺めるということは、ひと、いのち、生活へのまなざしが求められるのである。

## ◉◉無名の人びとの記憶をつむぐ／「まちづくりオーラル・ヒストリー」

「地域遺伝子」に息づく「役に立つ過去、懐かしい未来」をあぶり出すために、「まちづくりオーラル・ヒストリー」を編纂することも欠かせない方法のひとつである。

オーラル・ヒストリーとは、たとえば政治家や高級官僚に対して、いかに政策が決定されたのかインタビューし、口述記録から歴史の舞台裏に光を充てる試みがよく行われている。かたちにならないものを言語化し、現代や後世の活用に資するという点で同様であるが、「まちづくりオーラル・ヒストリー」の対象は特定個人ではなく、無名の市民であり、日常の暮らしの記憶を積層させて、それを歴史としてつむぐものである。

特に、戦後のわが国の価値観のダイナミックな変化の主人公であった団塊の世代のリタイアを受け、いま、彼らの記憶を記録し、歴史として編纂することは大きな意味を持つ仕事である。また、近年では家族のサイズとかたちも著しく変化し、核家族が家族の典型ではなく、老若いずれにおいても単身居住者が急激に増えている。以上の背景のもと、家族間でコミュニティの歴史を伝えることが難しくなってきている。こうしたことからも、コミュニティが「まちづくりオーラル・ヒストリー」を受け継いでいくことが求められている。コミュニティの自治力を高める意味からも、コミュニティが共有する、たとえば、伝統的な祭りや、広場、共有林、入会浜などのコモンズと同様に、「まちづくりオーラル・ヒストリー」も重要なコミュニティの共有財として位置づけられる。

「まちづくりオーラル・ヒストリー」とは、地域の将来像を構築するために、「役に立つ過去」を活かした「懐かしい未来」の姿を描くことを目的とした「記憶の採集」、「口述史記録の編集」、「コミュニティ史の編纂」、「コミュニティの将来像の構築」の一連のプロセスからなるまちづくりの社会技術である。

記憶の中に眠っている地域資源を発掘し、コミュニティ史として共有する作業は、まちと人びとの関係を再定義することであり、まちづくりの担い手を育てるとともに、地域アイデンティティの輪郭を浮かび上がらせることに他ならない。さらに、時代を画するような大きな出来事の前後における「時代の気分」とでも呼ぶべき、オフィシャルな歴史では掬い上げることのできない当時の人びとの生活の息づかいも知れるところとなる。そこに現代の視点からの解釈を与えることは、地域社会が共有すべき将来像を見通すことへとつながる。共有される将来像の手がかりはコミュニティの過去の共通体験の中にこそあり、それこそが「懐かしい未来」と呼べるものなのである。

無名の人びとの記憶をつむぐことは、かたちになる前の思考の基礎となるもので、特に重要な無形学の方法論である。

### ◉◉◉浮遊する視座から俯瞰的に眺める／「アップルマップ」

ものごとを眺める際には、部分と全体の両方を同時に眺めることが求められる。その際には、拡大縮小可能なズームレンズも大切だが、実際に視点と視点場を固定するのではなく、自由に視対象の周囲を駆け巡ることが求められる。最近では、グーグルアースなどを利用して地球の表面を自由に眺めることを疑似体験できるようになってきた。固定的な立ち位置ではなく、たえず動きまわることを良しとして、後藤春彦研究室では「視座」という表現を大切にしている。「視座」とは孫悟空の觔斗雲や魔法の絨毯のように自由に空を駆け巡ることのできる立ち位置である。

一方、対象も動いている。流れている。うごめいている。こうした対象は俯瞰的に眺め、対象に接近したり離れたりと、解像度を変えて眺めてみなくては理解できない。

また、地と図の関係における「図」だけを眺めるのではなく、「地模様」にも注意を払わなくてはならない。

図序-6　アップルマップ

たとえば、「アップルマップ」と名づけた地球表面の描写法は、球体の地球を俯瞰するだけではなく、北極から南極まで視座を動かしつつ地球を俯瞰した軌跡でもある。そうすることによって、地球表面上での文明の遷移が見えてくる。

「アップルマップ」とは、りんごの皮を剥くように北極から地球にナイフを入れて緯度30度の幅で、地表面を削いでいったものである（図序—6）。

はじめにグリーンランド、アラスカ、シベリアとつぎつぎと不毛の北極圏が現れる。

これを過ぎると、西ヨーロッパ、北米、日本が大西洋と太平洋を介して順に現われてくる。これは現代の富の集積を示す弧である。つぎに、中国、東南アジア、インド、中東、北アフリカ、中米が出現する。これらは古代に文明が栄えた土地である。現在は人口増加が著しく、いまだに多くの紛争地域を抱えている弧でもあるが、同時に、21世紀の発展の大きな可能性を有している弧である。

さらに進むと、「アップルマップ」は大きく反転して、南半球を巡る軌道へと続く。かつての大航海時代の植民地から独立した国々が続く弧が現われる。そして、南半球の白人の多い国々を巡り、最後は、国境のない南極大陸へ向けて「アップルマップ」は収束していく。

グローバリズムとは地球をすっぽりと一様に覆い包むようにイメージされがちだが、そうではなく、あたかもりんごの剥かれた皮に例えられる、地球の球面を遷移しているような現象ではないか。情報化社会といえども、大局的に眺めるならば、それぞれの国や地域の位置づけや関係性は気候風土の条件に即した緯度に従うところが大きい。均質で一様なものとして地球を捉えるのではなく、さまざまな生命が棲み分けているいくつもの生態系として捉えるべきだ。

こうした「生態史観」や「文明史観」的なアプローチは俯瞰的な視座にもとづくものである。たとえば、梅棹忠夫は『文明の生態史観』*においていくつもの独立した文明が併行して自律的に遷移していく様を描いている。これこそがグローバリズムだと理解している。このように、浮遊する視座から全体と部分の関係を理解することが無形学のひとつの方法論である。

### ◉◉◉◉ダイアグラムを描く／「テトラモデル」

複雑な要素を関係づけ、部分から全体像を類推することにより、新たな発見を得るために、前掲の「アップルマップ」などのマッピングや、マトリックスをはじめとする各種ダイアグラムを描くことはとても効果的な方法である。後藤春彦研究室では、特に、要素を二項対立ではなく、たとえば、「時間・空間・人間」や「風土、歴史、社会」のように3つの要素から組み立てることが発想を広げるために有効であると考えている。

＊梅棹忠夫『文明の生態史観』中央公論社、1967年

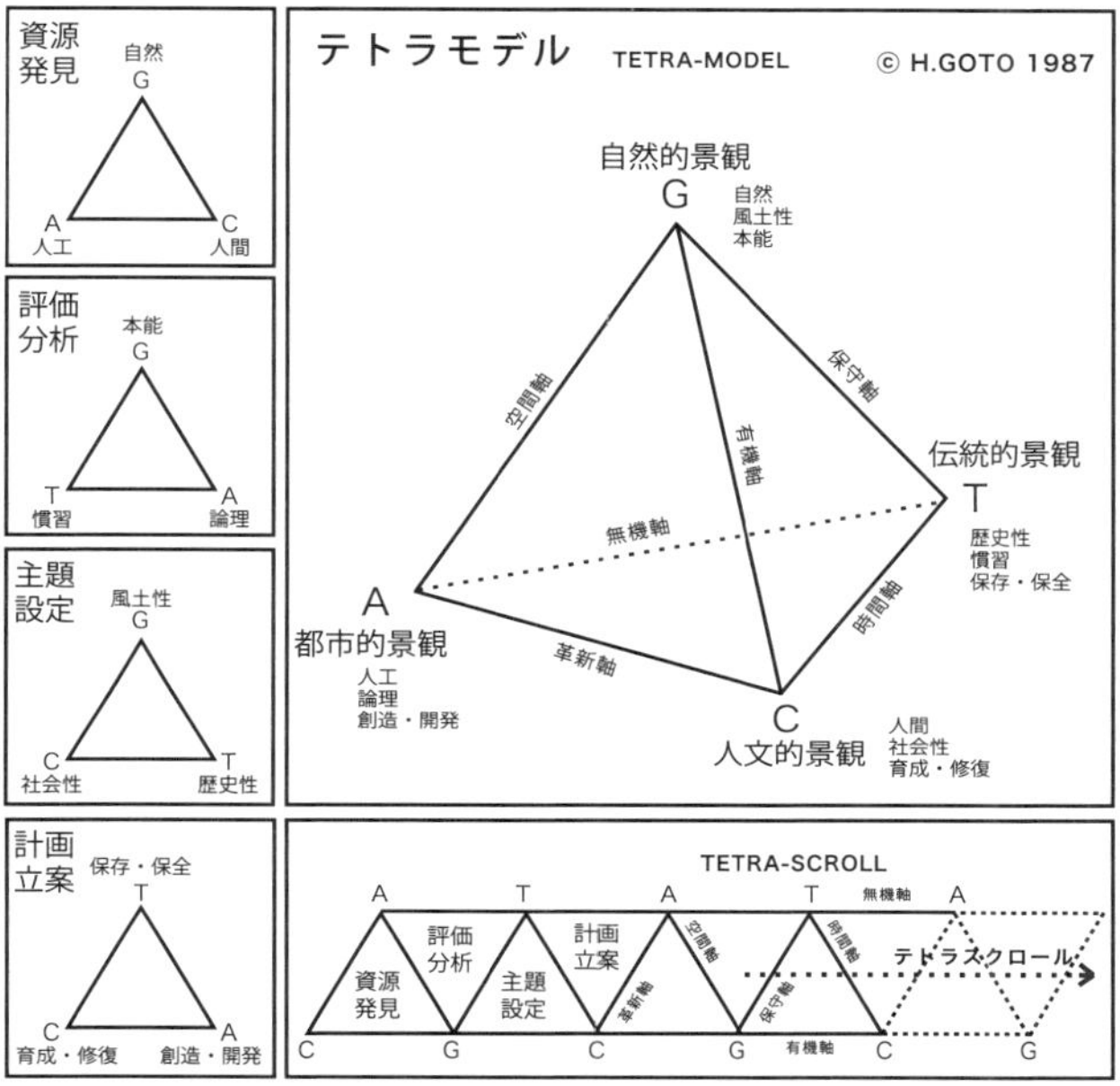


図序-7　テトラモデル

たとえば、「テトラモデル」と名づけた意味空間を示す立体モデルを考案してみた（図序―7）。「テトラモデル」とは正三角錐の頂点と辺と面にそれぞれ意味づけを行ったものであり、そのキーワード相互の位置関係が地域を考えるときの視座や視点を示している。したがって、X線写真に見るＤＮＡ繊維のように、「テトラモデル」が「地域遺伝子」の体系ともいえるものである。

はじめに「テトラモデル」の正三角錐を構成する4つの三角形について見てみよう。4つの三角形はまちづくりのプロセスを表わすものであり、順番に、「資源発見」「評価分析」「主題設定」「計画立案」の4段階がこれに相応している。

第一に、地域のもつ資源を「自然」「人工」「人間」の3つの要素から成るものとする。第二に、資源に対して与えられる評価を「本能」「慣習」「論理」

の3つの枠組みから成るものとする。第三に、資源とその評価によって導かれるまちづくりの主題を「風土性」「社会性」「歴史性」の3つから成るものとする。そして第四に、まちづくりのテーマである主題に即して進める計画を「保存・保全」「育成・修復」「創造・開発」の3つから成るものとする。

これら「資源発見」「評価分析」「主題設定」「計画立案」の4つの三角形を構成して正三角錐をつくると、4つの頂点には新しい意味づけを与えることができる。すなわち、「自然、風土性、本能」は生まれながら備えているものを意味するもので「G系」と呼ぶ。同様に、「人工、論理、創造・開発」は人為的な叡智に依存するもので「A系」と呼ぶ。さらに、「人間、社会性、育成・修復」はコミュニティによって育まれるものを指すために「C系」と呼ぶ。最後に、「歴史、慣習、保存・保全」は時を経て受け継がれるものを表すもので「T系」と呼ぶことにする。たとえば、景観でいえば、G系は自然景観、A系は都市景観、C系は人文景観、T系は歴史景観を意味する。

これら「テトラモデル」の4つの頂点に示されたG、A、C、Tは、ちょうどDNAの4種類の塩基(G：グアニン、A：アデニン、C：シトシン、T：チミン)に相応するもので、いわば地域の遺伝情報を記録するメディアとなるものである。

また、2つの頂点を結ぶ辺にも意味を与えることができ、たとえば、GAを「空間軸」、CTを「時間軸」。GCを「有機軸」、ATを「無機軸」。GTを「保守軸」、ACを「革新軸」とすることができる。

さらに、この正三角錐が平面上を転がるときに描かれるバックミンスター・フラーが「テトラスクロール」と名づけた軌跡に着目すると、「資源発見」「評価分析」「主題設定」「計画立案」の順に三角形が展開図のごとく現れ、無限にこの循環を繰り返す。そして、生命体の基本的な構造であるチューブの内壁面をこのモデルが転がれば、「テトラスクロール」はDNAの立体構造モデルのように二重螺旋を描くのである。

こうしてできた「テトラモデル」と呼ぶ意味空間を示す立体モデルは、「地域遺伝子」の体系を表現するものと理解している。「テトラモデル」のようなダイアグラムは、無形学を展開する地平を示す曼荼羅絵図でもある。

◉◉◉◉◉自治の訓練としてまちづくりに取り組む／「拠点（公共空間）の形成」

大谷幸夫さんが、「アーバンデザインを通して、如何なる都市社会が形成できるか、そのイメージが欲しい。（中略）だから改めて、都市デザインは自治の訓練だということかもしれない。」*と述べていた。ここで使われている「アーバンデザイン」はそのまま「まちづくり」に置き換えることが可能である。むしろ、「まちづくり」の方がより真意を表しているようにも思える。

これまで後藤春彦研究室が対象としてきたフィールドの多くで、拠点の形成に取り組んだ。拠点をもつということは、単に、コミュニティの構成員のたまり場をつくるということではなく、公共空間のマネジメントの訓練がそこに内包されている。すなわち、拠点をつくり、それを維持するということは、自治の訓練そのものである。

たとえば、山梨県早川町の「日本上流文化圏研究所」、小田原市の「政策総合研究所」、熊本県八代郡宮原町「まちづくり情報銀行」、福岡県築上郡上毛町「地域づくり協議会」などがあげられる。これらの全ては共通しており、総合計画の策定を受けて、団体自治から住民自治の充実へ向けて舵を切ったことによって誕生した拠点である。

山梨県早川町の総合計画『日本・上流文化圏構想』（１９９５年）で、「日本上流文化圏研究所」を設置する旨を記したのが研究所誕生のはじまりだった。『日本・上流文化圏構想』は、これまでの総合計画が目標としていた過疎化の抑制や人口増加という達成不可能ともいえる地域の実態に合わない目標をあえて掲げることはしなかった。『日本・上流文化圏構想』をひも解くと、わたしたちの意志として、「時代は転換しはじめました。価値観の地殻変動も起きています。上流圏の山村が誇りを持って新しい文化を生み出すときです」「限りある地球環境からの恵みのなかで、自然と人間が共生するために、わたしたちは率先して新

＊大谷幸夫「もう一つの都市設計　部分の真実から都市社会の形成へ」日本地域開発センター『地域開発』、2003年5月号（通巻464号）

しいくらしをつくりだします」「瞬間人ではなく時間人、時代人の目と感性を持ち続けながら、じっくりと地域づくりへの行動をすすめていきます」と、上流圏に生きる哲学が記されている。

総合計画の翌年に実現した「日本上流文化圏研究所」の役割は、『日本・上流文化圏構想』（1994年）に描かれた地域の将来像の実現を目指し、地域資源の発掘、新しい農山村文化の創造、住民参加によるネットワークの構築、成果の全国への情報発信を町民とともに進めていくことである。設立当初は早川町の企画振興課の傘下にあったが、後にNPO法人となり（2006年）、地域シンクタンクとしての活動の領域をひろげている。

スタッフも充実しつつあり、後藤春彦研究室出身者が事務局長をつとめ、2016年現在、総勢8人を数えるが、加えて、それらを多くのボランタリーな力が支えている。町民は言うまでもなく、多数の町外の研究者、シンクタンクのスタッフや都市計画コンサルタントらが参画しているが、さらに、特筆すべきは都市部の大学生との連携で、これらが研究所を支える大きな力となっている。

同様に、小田原市でも総合計画『ビジョンおだわら21』（1998年）の策定を受けて「小田原市政策総合研究所」を設立した（2000年4月）。背景には、地方分権一括法の施行を受けて、独自の政策形成能力を高めるとともに、多彩な自治のかたちを模索する必要性の認識があった。当初、自治体シンクタンクの役割が求められたが、「シンクタンク」から「ドウタンク」へを合い言葉に、市民と行政の橋渡しを目指し、市民研究員、職員研究員と大学研究室のコラボレーションによる「中間セクター」組織となった。

当初は、「交流の舞台・旧東海道周辺のまちづくり」と「20世紀遺産・別邸建築等の保存と活用」の2つを研究テーマに掲げ、地域に息づく遺伝子にも例えられるような土地固有の記憶を丁寧に抽出し、「場所の力」を解読する作業に取り組んだ。

また、政策総合研究所の提案にもとづいて、旧東海道の関東大震災の復興時に建築された出桁造の重厚な元網問屋の空き家を小田原市が買い取り、「小田原宿なりわい交流館」と名づけられたまちづくりの実験拠点として再生した。

政策総合研究所の最も重要なアウトカムは市民によるまちづくり活動の充実そのものである。現在、市民研究員ＯＢ、ＯＧを中心とするまちづくり支援組織が活動を展開している。ＮＰＯ法人「小田原まちづくり応援団」（２００４年）として、小田原を舞台とするさまざまなまちづくり団体の大きな傘として活発な支援活動を進めている。

熊本県宮原町（現　熊本県氷川町）の「まちづくり情報銀行」は総合計画を策定する過程（１９９５―１９９７年）で誕生した。空き家となっていた大正期の銀行建築をまちづくりの拠点施設として、総合計画策定のための作業空間に利用することを提案し、「まちづくり情報銀行」と名づけることにした。まちづくりに関する情報を広く町民から収集し、計画という利子をつけて町民に還元しようというコンセプトである。さらに役場の司令塔である企画室をまちづくり情報銀行へ移すことにした。

町の歴史が染み込み、町民一人ひとりにとっての記憶がたくさん詰まっている銀行建築に、ワークショップの成果などを展示し、計画策定の経過がいつでも見ることができるようにした。また、夕方、町民が三々五々集まってきて、将来のまちづくりについて語りあうことのできるサロンのような空間を目指した。町民にとっては役場の敷居はどうしても高く感じてしまうが、「まちづくり情報銀行」は気取ったところがなく気軽に集まった町民や職員らによるまちづくり談義が日常的に行われる拠点として成長していった。銀行のアナロジーがわかりやすく、「まちづくり情報銀行」を本店、14の行政区を支店に見立て、本店によるテーマ別の情報収集と支店による地域からの情報の汲み上げが功を奏した。

総合計画策定後、「宮原町を守り磨き上げるまちづくり条例」（２００２年）が策定されたが、これまでの「まちづくり情報銀行」で培った住民主導のまちづくりの取り組みを明文化したことが特徴で、一定規模以上の開発に対して地区住民との協議や第三者機関の活用が定められるなど、住民自治を強化する独自のしくみをつくりあげることになった。

福岡県上毛町の「地域づくり協議会」も空き家を拠点化したが、ここでは先に住民自治のための「コミュニティ計画」がつくられたことが特徴的である。

福岡県上毛町は、二村の合併を機に総合計画を策定した（2007年）。翌年、総合計画に記されたプロジェクトのいくつかを旧村単位の4つのコミュニティに移譲していくことを目的とするワークショップを重ね、身近な地域課題を解決するためにコミュニティが担うべき88のプロジェクトを抽出し、コミュニティ計画としてまとめた（2008年）。

これを受けて、コミュニティ計画を実行する地域づくり活動事業がはじまった。すなわち、コミュニティ計画に記載されたいずれかのプロジェクトに取り組むことを希望する「地域づくり活動団体」を募集して認定する。認定団体は町から活動補助を3年間の期限つきで受けることができる。その結果、38団体、約600人が活動し、88プロジェクト中32プロジェクトが実行されている（2013年現在）。

さらに、地域づくり活動事業の開始から3年を経過した時点で、町からの補助が打ち切られる団体が出ることを機に、各団体の交流や情報交換を密にすることで活動継続を図ることとして、「地域づくり協議会」が設立されることになった（2011年）。

この協議会は、町が改修した空き店舗を活動拠点とし、景観保全部会、安心安全部会、文化伝承部会、交流活動部会、情報発信部会などの活動を行っている。さらに、地域づくり広報誌が全戸に年4回配布されている。団体ごとの活動が活発になるだけでなく、団体間の世代をこえた協働事業も行われるなど、アウトカムズも大きな展開を見せている。

無形学を展開するうえでの5つの方法論を示したが、これらには全て社会的な時間の概念が込められていることを強調したい。多世代にわたって受け継がれるような遺伝情報が存在し、そのなかから、役にたつ過去をみんなの歴史として編纂することによって共有化が図られる。また、俯瞰的視点からものごとの遷移を観察すると同様に、意味空間の中での遷移のみならず、意味空間自体もスクロールするものとして捉えている。そして、拠点と呼ばれる社会空間において自治が内発的に育まれていく。これら全てが社会的な時間との応答であり、かたちになる前の思考を下支えしている。

章 1

# 共発的景域論

## 風景と地域の統合的解釈

三宅 諭
髙嶺 翔太

# 景観の基層と表層

## ◉3・11が露わにした「まちの骨格」

２０１１年3月11日。東北地方太平洋沖地震によって引き起こされた津波が、東日本沿岸部のまちを襲った。その悪夢とも思われる光景はマスメディアのみならず多様なＳＮＳを通じて全世界にリアルに発信された。その一方で、現場で必死に生命を守ろうとしている人びとは被写体でこそあれ、鑑賞者にはなれないという残酷な環境に置かれていた。多くの人びとが視覚情報の生々しさと、その情報の受信機会を失った人びとの悲しみを思い重ねていたに違いない。観る人と観られる人を距離が分かち、撮る人と撮られる人が現場で渾然一体となった体験であった。

その後、余震の続く中、津波の被災地をめぐる機会を得たが、被災各地の景観は「十村十色」、すなわち津々浦々で全く景観が異なっていたことに大きな衝撃を受けた。なぎ倒された木々の向きは異なり、土砂の色も異なる。一方、地形の変化を巧みに読み取って高台に立地し、浸水せず何ごともなかったように佇む神社。かつてはどこも似通った景観のまちや村だろうとたかをくくっていたが、皮肉にも経済成長の過程で積み重ねられてきた画一的な近代化の姿を失うことで「まちの骨格」が現れ、集落内道路や低地への斜路の配置、谷間に隠れるような集落配置など、津波を経験してきた先人の知恵や工夫をはっきりと感じることができるようになった。

本来、三陸沿岸はスレート葺屋根をはじめとする地域材や気仙大工の伝統工法などの技術を活かした家並みが見られ、リアス式海岸や段丘海岸の地形に沿うような自然に親和的な土地利用を実感できる景観であった。しかし、津波常襲地帯と呼ばれるものの、チリ地震津波を経て約50年にわたって大きな津波に襲われることもなく、その間、現代生活のニーズを受けて大量生産大量消費の工業製品を景観の表層に纏うことによって、どこもよく似たまちや村になっていたのだった。

あらためて、景観には基層となるものと、表層となるものが存在することが、津波被災地を訪問することによってはっきりと理解できるようになった。長い時間をかけて築きあげられてきた基層は景観の表層を下支えする「地域」である。一方、表層の目に見える部分は視覚を主とする知覚体験によって「風景」「景色」「眺め」(以下「風景」)となる要素である。

景観とは、目には見えない風土としての「地域」と、目に見える形象としての「風景」の両方をあわせもつものである。欧州の景観概念に詳しい宮脇勝によれば、2000年の欧州ランドスケープ条約において、景観(ランドスケープ)は次のように定義された。


ランドスケープは人びとによって知覚されるエリアであり、その特性は自然の作用と人間の作用、あるいはそれらの相互作用による結果である。*


ここに示されているように、景観(ランドスケープ)は第一義的には地域の単位(エリア)である。そして、それはどんな地域かといえば人びとによって知覚されるものである。さらに、その地域の特性は自然や人間、さらには両者の働きかけによって生じるものである。この定義に照らせば、景観の基層に自然や人間、さらには両者の働きかけによって生じる特性をもつ「地域」があり、表層には人びとによって「地域」が知覚されることにより出現する像としての「風景」が存在すると理解できる。

わたしたちは、現代生活のニーズに応えるためにさまざまなものやかたち、技術や文化が地域外から持ち込まれることにより地域性が失われつつあると感じていた三陸沿岸の集落の景観の表層としての「風景」が、今般の津波被災によって剥ぎ取られ、普段は見ることのできない景観の基層としての「地域」の本来の姿がむき出しにさらされたことにより、過去の先人たちの取り組んできたさまざまな作用を感じ取るこ

＊宮脇勝『ランドスケープと都市デザイン』朝倉書店、2013年

とができるようになったのではないだろうか。それが「まちの骨格」の本質に違いない。

## ◉◉ 外発と内発、そして共発

今日、「地域」という用語は多用される。「地方」という用語の場合は「中央」の対極に置かれる。「市」「町」「村」では範域が特定されてしまう。そこで、曖昧な「地域」という言葉を使うことが好まれるのではなかろうか。グローバルより小さなスケールの空間は全て地域と表現することが可能で、その境界もファジーだ。また、地域とは物理的空間と社会的空間の両者の意味を内包している。地域をデザインの対象にするということは、既製の計画の枠組みとコンテンツの解像度を変えることへの挑戦でもある。

わが国において、地域を基軸に計画やデザインを展開する発想は1970年代半ばに現れた。それは、オイルショックを契機に、第二次世界大戦後の政治経済システムの急激な肥大化に対する反動として提唱された。たとえば、玉野井芳郎の「地域主義」*や鶴見和子の「内発的発展論」**も、生活者の社会的ふるまいを下支えする舞台として、固有の風土・歴史・文化を基層に据えた地域に根ざす発展論の展開であった。これらは欧州の"Endogenous Development"とも呼応し、「まちづくり」の台頭とも同時代性を有するものである。この時代は今日に比べて物理的空間と社会的空間が不可分なものであったことも指摘できる。

内発的発展とそれに先駆けた外発的発展という視点から、戦後のわが国の地域づくりをレビューしてみると、高度経済成長期までの日本の地域づくりは「全国総合開発計画」に象徴されるように、国家主導の外発的発展モデルで進められた。この時代の地域の発展理念は「規模拡大」と「集約化」による経済発展であり、いかに「周縁性」と「低生産性」という地域の課題を克服するかが鍵だった。そのため、「産業化と専門化、労働の促進と資本の流動化」が発展の目的に掲げられた。これにより高速交通網をはじめとするインフラ整備が進められ、地方への企業誘致が図られた。しかし、当然のことながら、こうした外発的な発展モデルには多くの批判が挙がることになる。それらをまとめると、第一に、意思決定が外部にある

＊玉野井芳郎『地域主義の思想』農山漁村文化協会、1985年
＊＊鶴見和子、川田侃『内発的発展論』東京大学出版会、1989年

ことによる依存型の発展、第二に特定のセクターや経済行為に偏ってしまう歪んだ発展、第三に地域固有の文化環境を無視した没個性をもたらす破壊的な発展という批判である。

一方、前掲のように、わが国でも鶴見和子らが「内発的発展論」を唱えたことをはじめ、１９７０年代後半から、世界各地で同時多発的に内発的発展モデルが登場した。これらの現象はオイルショックによるスタグフレーションを背景に、外発的発展による近代化の限界が世界各地で露呈したことによる。内発的発展とは、外発的発展がもたらした社会的障害を克服することを目指し、地域固有の資源を適正に価値付けするとともに自律した地域の発展を理念に掲げるものである。

しかし、内発的発展論に対しても批判が挙がることになる。それらの多くは、内発的発展論はあまりに理想的であり、現実的ではないという指摘である。すなわち、どんな地域にも実際には内発的な力と外発的な力の両者が存在するという主張である。さらに、さまざまな技術革新によって社会的空間は拡大し、物理的空間と整合しないものとなっている。

これを踏まえて、内発的な力と外発的な力の相互作用を求める新たな発展モデルが考えられた。すなわち、地域内の固有のニーズに依拠した課題に対して、市民参加のもとで、地域の資源や人材を有効に活用しながら地域への利益の還元を目指すものである。その一方で対外的に閉じた地域主義を主張するのではなく、外部の力と連携を図り、戦略的に地域外との関係性を構築し両者の社会資本を増やすものである。これは、地域独自の力と地域外の力との相互作用を活かしたハイブリッド型の発展モデルである。同時に、地域内外のみならず、都市と農村の関係を含むものである。これを「外発」と「内発」に対して、「共発」と呼んでみたい。

### ◉◉◉ 景観と共発的発展

景観の基層をなす地域は、固有の歴史文化のみで形成されてきた時代の蓄積は大きいものの、今日では、地域内外の共発的な作用を受けている。

先に紹介した欧州ランドスケープ条約における景観の定義では、第一義的には景観を地域としているが、それを知覚する人びとやそこに作用する人間は必ずしも地域内の存在とは限定されない。地域独自の力と地域外の力との相互作用が地域には働いている。地域は生活者のまなざしと旅人のまなざしにさらされている。すなわち、「共発」を前提に景観を把握することが今日的である。

「共発的発展論」とは自律的な生命体のアナロジーで説かれるものであり、生態系のように、周囲の環境や他者との社会的な関係のもとで自ら生成する系である。その意味では、従来の「内発的発展論」とも一線を画するものである。すなわち、地域内に閉じた、村おこしや一村一品のような発展のモデルではなく、他都市や他地域との協調・連携のもとで地域の自律を探るものであり、市民がこれまで地域を育んできた実績やその社会的記憶、さらには市民独自の問題解決能力をもとに、多元多発的なガバナンスの構築を目指すものである。

その際に、地域と外部との関係で最も重要なことは、外からの介入の分散化を図ることと、戦略的に地域外とのテリトリアル・パートナーシップを構築することが挙げられる。すなわち、対外的な関係を一元化することはリスクが大きいため、より多くの外部の主体とのネットワークを構築することが社会関係資本を増加させることに寄与する。「共発的発展論」では、地域づくりを担う主体が、行政・市民・市場と多元化してきている。同様に単純な計画システムだけではなく、参加と対話、調整など、その手法も複雑に組み合わされるようになってきている。

## ●●●● 共発的景域へ

２００４年の「景観法」の制定を背景に、わが国の景観計画は新たな段階へ進んだ。地域固有の資源を活かしたまちづくりの重要性が広く認識され、居住環境の総体を表すものとして景観を位置づけることにより、「景観まちづくり」を標榜する自治体も増えてきた。

景観研究は精緻化を目指すあまり、これまで視覚的実態(可視的形象)と地域的概念(地域単元)を区分する傾向にあったが、今日では、可視的形象を生むに至った背景にある地域単元の風土的、歴史的、社会的文脈の解読を通して、景観の有する規範性を論じるまでに成熟しつつある。ここでは、景観の視覚的実態(可視的形象)と地域的概念(地域単元)をあわせもつものを「景域」と呼ぶこととする。すなわち、これまで紹介した景観の定義に照らせば、景域とは景観そのものであるが、あえて「景域」と呼ぶのは、地域単元を基層とすることを強調するからである。

緑地計画学の分野において、井手久登は「景域」を「一定の単位として認識される地表の一部であって、生態学的に一定のまとまりを有する空間であると同時に固有の文化創造の基盤ともなり、また人びとが共属感情をもちうる歴史的地域」と定義している。* ここでは、情報化と高流動化を背景とした社会的空間の拡大を前提に、新たに社会的文脈から景域を解釈し、文化創造をするとともに共属感情をもちうる地域内外の人びとのふるまいに着目し、「共発的景域」を論じる。多様な現代社会において市民が共有する文化的な帰属意識の内から醸成されるアイデンティティの追求こそが「共発的景域論」の目指すべき方向である。

## 2 拡大する社会的空間における景観

### ◉地域内外で共属感情をもちうる人びとのふるまい

近年の景観に関する議論で、住民と地域とのつながりの重要性を説く概念として、「生活景」が挙げられる。従来「景観」という概念は、美しい風景や文化的・歴史的特徴をもつ風景に価値を見出す概念として

＊井手久登「景観の概念と計画」『都市計画83』日本都市計画学会、1975年5月

用いられる傾向にあった。生活景は、景観の価値を一般的な人びとの生活の中に見出すものであり、「地域住民が自らのアイデンティティや地域への帰属意識を育むためのインキュベーターとしての役割」が期待されている概念である。*

そしてこの生活景には「暗黙知」としての側面が指摘されている。都市計画学者の野中勝利の説明によると、この暗黙知とは「言葉によって明らかにできない、あるいは事象として現前していても、それを言葉で表現し尽くせない知識を人間は持つ」という認識のもとで、人びとが有している言葉にできない「知」を意味する言葉である。加えてこの暗黙知が個人的な「知」であるのに対し、生活景の場合はそれを生み出す生活者と、その生活景を他者として観る人びとの2つの主体が存在しており、その相互作用によって価値が高められるということである。またそれが地域で共有されるという点にも個人的な「知」としての暗黙知との違いがあるとも述べている。つまり生活景は、地域に共有され、かつその風景を作り出す住民とそれを眺める人びととの相互関係によって価値が高められるという特徴をもつ。

地域外から景観を観る人と、地域内で景観を作り出す人びととの相互関係によってその価値が高まるという事実は非常に重要である。この事実に着目すれば、これは今日ますます拡大してゆく社会的空間を活用し、多くの価値を生み出すことができるからである。

この事実を有効に活用している代表的な事例として、「大地の芸術祭　越後妻有アートトリエンナーレ」が挙げられる。これは新潟県の十日町市、津南町を舞台に行われている国際芸術祭であり、300を超えるアーティストおよび1000を超えるボランティアの人びとが、国外も含めて地域内外から参加している。非常に大規模な活動であるが、それだけに生活景の価値向上という現象を捉えやすい。もともと過疎が進行していた地域にあって、多くの参加者が空き家、廃校舎、耕作放棄地、失われた生活の知恵、その他の地域住民からすれば見慣れてしまったさまざまな風景を用いながら芸術作品制作を行い、それらを見るべく会期中の50日間で50万人近くの来場者がこの地を訪れる。またこの活動を契機として地域の魅力を

＊日本建築学会（編）『生活景』学芸出版社、2009年

感じた人びとが、芸術祭会期以外の時期においても地域に訪れたり、棚田バンクという方法で地元組織に出資を行い、耕作地の維持や集落管理に一役買ったりするシステムを形成している。地域内外で共属感情をもちうる人びとは、かならずしもこの事例のように大規模なシステムに参加せずともさまざまな場所で活動しているが、いずれにせよ場所に魅力を感じ接点をもとうとしている。このような人びとによって地域の価値が高められている。

### ◉◉新たな価値観の中で

このような共発による活動は至るところで発生しているが、それを支える人びとの間のコミュニケーションは情報技術の革新とともに大きくかたちを変化させている。ポーランドの社会学者であるジグムント・バウマンはこの情報化を背景として生まれた社会の様相を「リキッド化する社会」と名づけ、そのなかで起きている人びとの生活の変化を記録している。*そこでは孤独を埋めようとインターネットを通じたコミュニケーションにのめり込む人びとの姿が示されている。こうしたコミュニケーションの相手は目の前にいる人間ではなくあくまでその化身であり、都合のよい時には数多く存在する情報から同じく都合のよいコミュニケーション相手を求め、都合が悪くなればいつでも切断できる、そんな気楽さが歓迎されているという。そこにあるコミュニケーションとは、もはや従前の生身の人間同士でかわされるコミュニケーションとは別物だろう。バウマンは、盲目的に新しい技術にひたることの危険性を指摘し、この記録をこう締めくくる。「ひとりぼっちから逃れることで、孤独という機会を捨てることになる。（中略）もっとも一度もその崇高さを味わったことがなければ、捨てたこと、なくしたこと、見失ったことにさえも気づかないであろうが」。

このようにバウマンは、新しいコミュニケーションの台頭とともに、人びとが孤独であることや、内省の機会を失っていくことを批判している。考えてもみれば、我々の生活を劇的に変え、いまや不可欠とさ

＊ジグムント・バウマン（著）酒井邦秀（訳）
『リキッド・モダニティを読みとく:液状化した現代世界からの44通の手紙』筑摩書房、2014年

えいえる携帯電話の普及でさえ、ここ20年ほどの現象である。新たな技術は人びとの新たな価値観を生み出し、そして新たな社会を形成する。社会的存在である地域を読み取るにあたっては、このような技術の進展に伴う地域への影響を無視することはできないだろう。

## ◉◉◉風景の公共性

都合の良し悪しに応じてコミュニケーション相手を選ぶことができる状況は、異なる思想を有する人びとが接触する機会を減少させる。血縁・地縁を基本としていた人びとのつながりは薄れ、個々人の思想や趣向を媒介とするつながりが増加し、そのことで思想・趣向を共有する人びとの濃密な社会的空間が無数に生まれる。しかし人びとが活動する限り、どこかの空間には存在しなければならないのは明白である。そしてその空間には人と人との間の摩擦によって生じた社会問題が存在している。たとえインターネット上ではコミュニケーション相手の取捨選択ができても、同じ空間に存在している以上その周囲の人びとや社会との摩擦は避けようがない。

アメリカにおける建築、都市計画、ランドスケープ教育の必読書とも呼べる書籍に、ドロレス・ハイデンによる『The Power of Place（場所の力）』*が挙げられる。この書籍ではドロレス・ハイデン自らが主催する非営利組織を中核にしたさまざまな分野にまたがるパートナーシップのもと、地域の住民とともに行われた歴史の掘り起こし活動の成果、そしてその成果を活かした表現活動の過程が記されている。彼女らが活動したロサンゼルスは、ヒスパニックやラテン、アフリカ、アジアなどに起源をもつ住民が多い、いわずと知れた移民のまちであり、そうした移民の存在は非常に不安定なものであった。１９８６年に行われた調査では、「マイノリティ」と呼ばれる移民が市内人口の60％を占めていたにも関わらず、ロサンゼルス市が選定した文化的歴史的ランドマークのうち、97・5％が白人系アメリカ人のものであったようだが、それだけ移民の存在はこの地域と切り離されていたといえる。実際に強制送還が行われてきた歴史があるな

＊ドロレス・ハイデン（著）後藤春彦、佐藤俊郎、篠田裕見（訳）
『場所の力―パブリック・ヒストリーとしての都市景観』学芸出版社、2002年

ど、彼らはいつ住まいや仕事を追われるかわからぬ不安に晒されていたわけだが、そうした状況は今日でも尾を引き、人種差別と結びついた数多くの騒動を引き起こしている。

そうした状況でこの非営利組織は、活動のなかで浮かび上がったビディ・メイソンという1人のアフリカ系アメリカ人女性に着目し、彼女のライフヒストリーを取り上げたインスタレーションをロサンゼルスの街中に設置した。彼女は終身奴隷としてロサンゼルスに移住したが、その5年後、奴隷から開放される権利を勝ち取り、奴隷時代に身につけた助産師・看護師としてのスキルを活かしつつ地域の世話役的立場を担っていくことで、地域とのつながりを求めていた移民たちに慕われた人物である。このように地域の負の歴史を風景に託し、公衆の目に訴えたことは、重要な意味をもっている。ドロレス・ハイデンはこれら一連の活動の一つの意義について、こう語る。「もはや、歴史というものを既成の学術分野に細分化する必要がなくなったのである。女性の歴史、民族の歴史、労働者階級の歴史といった分類は、しばしば、都市の物語をありきたりの平凡な読み物に堕落させ、社会から無視されるような存在におとしめるものであった」。

多くの移民が求めた地域のつながりは、その祖先たちの歴史が公共性の高い風景によって伝えられたとき、移民に限らない多くの人びとにとって共有されうるものに昇華した。可視的形象と地域的概念を含む景域という概念によって地域を読み取ることは、そこに存在する社会的な課題を目に見えない社会的側面のみから着眼することによって起こりがちな人びとの無関心を防ぎ、一般的な人びとの生活に社会的課題とのつながりを生み出すことである。そしてそれが地域内外の共発的な人びとによって視認されたとき、社会的課題を解決する手法と効果は一気に拡大する可能性を手に入れる。

# 3 表層から基層を捉える試み

「共発的景域論」は地域単元の資源や特徴を、社会的存在としての地域だけでなく、そこに表層として現れた風景とともに捉えることで、いかに新たな地域性の種を見出すかという点に焦点を当てている視座である。そのため、景観の表層からどの程度地域の本質的あるいは独自の基層を読み取りうるかという思考が重要となる。そこで本節では後藤春彦研究室の研究成果を通じて、一見地域とのつながりが薄れてしまったかのように見える現代社会の表層が、その基層とどのようにむすびついているのか、またそれを発見する過程で巡らせた思考を紹介する。

### ◉流動的な表層に基層を見出す

人間のみならず動物にとっては、それぞれの周りを取り囲む環境を可能な限り把握することが生命維持のうえで重要である。そのため静止しているもの以上に動いているものに意識が向く傾向がある。[*] 都市空間のデザインの現場では、従来そのデザイン対象は施設や道路などの動かない風景を対象としてきたが、こうした動物としての本能ともいえる行動特性からすれば、重要なのは地域の中を動いている風景ではないだろうか。後藤春彦研究室では、そうした観点から、景観の可視的形象（風景）の構成要素の中から人を中心とした動く要素のみを抽出した「動的景観」に着目し、風景の中を流動する人びとが抱く印象に対してまちがどのように影響しているのかについて研究してきた。

この調査ではまず、東京の中でも原宿竹下通り、銀座中央通り、丸の内中央通り、巣鴨地蔵通り、高田馬場さかえ通りという特徴的な街路を対象として選定し、可能な限り同等の構図で各街路の風景を捉える映像を撮影した。さらにこれらの映像に対して映像処理を施し、「動的景観」のみを抽出した映像と、そ

＊大山正『視覚心理学への招待―見えの世界へのアプローチ―』サイエンス社、2000年

図1-1　動的景観、静的景観、その複合としての街路景観

れらを除いた「静的景観」のみの映像を作成した。こうして、何も加工を施さない街路の映像とともにひとつの街路につき3種類ずつの映像がつくられる（図1―1）。

　これらの映像に対してSD法を用いた印象評価実験を行い、因子分析を実施した。その結果をみると、3種類の映像の間では印象に大きな違いがないことが確認できた。つまり普段人びとが無意識的に抱く地域への印象と、そこにいる人びとだけを見て感じる印象には、大きな差がないということである。なお確認できる印象の違いを取り上げると、「元気な―おとなしい」、「多様な―単調な」といった形容詞対を含む「活発性」に関する印象については、「動的景観」のみの映像のほうが「静的景観」のみの映像と比較して、通常の街路の映像に対する印象に近いことがわかった。このことから「動的景観」のほうが、より強く地域の「活発性」のイメージに影響していることがわかる。同様に、「落ち着いた―浮ついた」、「上品な―下品な」などの形容詞対を含む「品位性」に関する印象は「静的景観」のほうが強く影響し、「複雑な―単調な」という形容詞対を含む「乱雑性」に関する印象は「動的景観」のほうが強く影響していることが明らかになった。

加えてこの調査では、先述の3種類の映像のうち、通常の街路を捉えた映像から想起されるものを被験者に自由記述回答してもらうことで、映像から受ける印象に影響を与えていると思われる要素を抽出し、それらの要素を「動的景観」または「静的景観」どちらの構成要素であるかを判断したうえで、先述の実験によって得られた各映像に対する印象との関係性を分析した。その結果、「動的景観」・「静的景観」の各構成要素と、「活発性」、「品位性」、「乱雑性」といった地域に対する印象との相関が明らかになった。具体例を挙げるなら、2人以上のグループで行動している人びとが多い街路景観に対しては明るい印象を感じやすい一方で、1人で行動している人びとが多い街路景観に対しては暗い印象を感じやすいといったことである。

この研究では、人びとが街に対して抱く印象には、そこを行き交う人びと自身が大きな影響をもつことを明らかにし、望ましい街の印象を形成する際に人の行動をデザイン対象として捉えることの有用性を示唆している。さらに、人びとの具体的な行動とまちへの印象との関連を調査することで、望ましいまちの印象形成にあたって誘発すべき人びとの行動が明らかになっている。このように文字通り流れゆく人びとは表層でありながらそのまちの印象という見えない基層に大きな影響を与え、さらにそのことで表層を行き交う人びとの流れが変化するといった、表層と基層の相互依存関係を形成しているのである。

### ◉◉異なる時間帯の異なる表層を観察する

19世紀に電灯が発明されて以来、その存在は人びとの生活に多大な影響を与えてきた。都市景観についていえば、新たな「顔」とでも呼べるような、通常人びとがイメージする風景とは全く異なる表層を作り出すまでに至っている。それは単純に経済活動が集積した結果として偶然生み出された場合もあれば、大規模な建築や通りなどの局所的なデザインによって計画的に生み出された場合もある。わが国でいえば「日本三大夜景」と呼ばれる函館・神戸・長崎など、その地理的形状とも相まって新たに発生した夜の表層が地域の資源として確実に認知されている。こうした夜間景観整備に関する取り組みは倉敷市や金沢市、下関市など多くの自治体でも実施され、仮設的なイルミネーションイベントといった形での事例も増加している。さらにはそうした動向に連動して、環境省では光害対策ガイドラインや地域照明計画対策マニュアルが１９９８年から２０００年にかけて取りまとめられている。

このように、地域の安全性向上とともに地域資源としての活用を狙い、夜間景観形成に注目する取り組みが増加している。日中とは全く異なる表情を表すこの表層は人びとにどう認識され、新たな基層を生み出していくのだろうか。この疑問にアプローチすべく、乙部らは人びとが、夜景をどのように認識し、地域に対してどのような印象を抱くかを調査した。*

具体的には、高所からの俯瞰夜景に着目し、まずイメージスケッチと言葉による被験者実験を行っている。この実験では、俯瞰夜景を捉えた動画を一定時間被験者に見せた後に、鑑賞した映像中の印象的な要素をスケッチと言葉によって表現してもらい、それらを整理し、俯瞰夜景を構成する「夜間景観イメージエレメント」を８つ抽出している。具体的な例としては、光または物体として捉えられる超高層ビルなど単体の建造物や施設である「ランドマーク」、輝度が高い・巨大・色が違うなどの理由で目につく屋外看板・投稿照明などの「異質光」、点滅または動きのある光である「動光」などが挙げられる。さらに全20箇所の視点場から60の俯瞰夜景を録画した映像を作成し、各俯瞰夜景の視対象となっている土地の土地利用および映像を構成している「夜間景観イメージエレメント」と、映像に対して被験者が抱く印象との関連性を分析している。

結果として、俯瞰夜景の視対象となっている土地の土地利用以上に「夜間景観イメージエレメント」が、その俯瞰夜景の印象に大きく影響していること、さらに各「夜間景観イメージエレメント」がもつ印象へ

＊乙部暢宏、鍵野壮宏、後藤春彦、李永桓、李彰浩
「都市における俯瞰夜景の景観認識に関する基礎的研究—東京都心を対象として—」
『日本建築学会計画系論文集』　第606号、2006年8月

| 印象に影響する「夜間景観イメージエレメント」 | エレメントの内容 | 増加する印象 |
|---|---|---|
| 面状光 | 面上に光や物体が乱雑に分布し、ある一定のまとまりとして捉えられる領域（看板群、ビル群、まばらな住宅の光など） | 繁華性 |
| 配列光 | 面上に光や物体が規則正しく分布し、ある一定のまとまりとして捉えられる領域（ビルの窓、マンションの廊下等、グリッド状に広がる街灯など） | 疎遠性 |
| 境界光 | 物体の輪郭線、明暗の領域を分ける境界となる線（地平線、海岸線、建物の輪郭線など） | 現実性 |
| 線状光 | 連続する、または連続していると認識される線状の光や物体（高速道路、道路、街灯の連続など） | 開放性 |

表1-1　都市の印象に影響する「夜間景観イメージエレメント」

の影響が明らかになっている（表1―1）。このことから、人びとが夜の都市に対して抱く印象が、その地域における本来の土地利用以上に、群としてまとまった照明やそれに照らされる広告といった要素から影響を受けていること、さらにそうした都市への印象は「夜間景観イメージエレメント」の形成によってデザインが可能であると考えられる。

この研究は夜景の中でも俯瞰景観にのみ着目したものであるが、こうして人びとが夜景を通して都市空間に対して抱く印象が、その都市空間の基層の一部となって、確実に人びとの行動に影響し、新たな表層を形成していくというような地域のデザインの可能性を示唆している。

### ◉◉◉高度経済成長期のインフラと風土・歴史の関連を捉える

今日我々が生活する日本の都市が形成される過程ではいくつかの重要な通過点があったが、その一つが高度経済成長期である。東京ではオリンピックの開催が決定し、道路を主とする多くの都市インフラが建設され、それらは50年余り経過した今日においても重要な役割を有している。しかしこれらのインフラに対する人びとの印象となると、必ずしもよいものとはいえないだろう。高度経済成長に伴う大規模開発は、それまでに形成された風景を劇的に変化させてきた。そうして生み出された風景の圧倒的なスケール感は、人間の生活感を感じさせないものであることが多い。いわば地域という概念とは無縁、むしろ相反しかねないこれらの建造物であるが、しかし50年にも渡って都市を支える機能を担い続けてきたことを鑑みると、その過程で地域の新たな基層を重ねているとはいえないだろうか。そうした疑問に対して、筆者らは高度経済成長期に建設されたインフラである首都高速道路を対象として、それが創りだした新たな風景の体験から都市の基層を読み取る試みとして、首都高速道路の上を走行することで体験できる風景の変化、すなわち車窓シークエンス景観を対象とした研究を行った。* 首都高速道路からの車窓シークエンス景観は、１９７2年に旧ソ連で作成された映画「惑星ソラリス」において近未来社会を表現する舞台として使用されたことからもわかるように特徴的な存在である。そこに地域の基層を読み取ろうとしたのである。

研究ではまず、移り変わる車窓シークエンス景観の様子を捉えた映像を複数の被験者に見てもらい、沿道市街地の性質が変化したと感じられる地点およびその変化の強度を測定した。さらにその変化に起因した要素を探るため、土地利用や建物の特性によって整理・類型化した沿道市街地の性質、道路形状によって引き起こされる視点場の移動方向が変化する地点、さらに道路に付帯する工作物の配置を把握し、これらの要素と、被験者実験によって確認された沿道市街地の性質が変化したと感じられる地点との位置関係を分析した。

次に沿道市街地に対して抱く印象についてＳＤ法と因子分析による印象評価実験を用い、先述の実験から把握された沿道市街地の性質が変化したと感じられる区間を通過した後に視認する場合と、単純にその沿道市街地の様子を視認した場合とを比較し、先述の分析で把握された車窓シークエンス景観の特徴によ

＊髙嶺翔太、後藤春彦、佐藤宏亮、山村崇
「首都高車窓シークエンス景観における沿道景域の変化要因とその印象評価」『日本建築学会計画系論文集』第668号、2011年10月

る、沿道市街地に対する印象への影響を分析した（図1―2）。

結果としては次のことが明らかになった。まず、車窓シークエンス景観の体験者が沿道市街地の性質変化を感じる地点は、実際の沿道市街地の特性変化による影響以上に、カーブや道路工作物、トンネルといったインフラの形状によってもたらされているということ。また二点目としては、車窓シークエンス景観において沿道市街地の性質変化を感じた後に視認される沿道市街地に対する印象は、そうした性質変化なしに沿道市街地を視認した場合と比較して、「美しい」「新興的な」「独特な」といった印象を抱く傾向にあるということ。これらの結果から首都高速道路からの車窓シークエンス景観を体験することによって知覚される新たな都市の印象が確認されたといえるだろう。

さらに筆者らはこの新たな都市の地域性が発生した経緯に関する研究を行った*。ここでは、まず先述の沿道市街地の性質変化に関する被験者実験に加えて、被験者の目の動きを捉えるアイマークレコーダーを用いた実験も行うことで、体験者が注視している対象物を把握した。また車窓シークエンス景観の風土・歴史的形成要因として、東京の都市形成の歴史および首都高速道路の計画思想をレビューしたうえで、地形、江戸時代の土地利用、首都高速道路建設前の従前土地利用を特定し、その分布を把握した。こうして把握されたデータの位置の対応関係を分析していった。

結果として車窓シークエンス景観の体験は、古くからの地形的変化や江戸城跡などに残る緑地、さらに従前土地利用によって規定された道路構造などに影響されていることが把握され、さらにその過程では10の史実が橋渡し役となっていることが明らかになった。いくつかその過程を例示すると、台地においてはその地形条件を利用して建設費を抑えつつ都市美に配慮するべく堀割構造や隧道を用いるといった計画思想が存在していたために、車窓シークエンス景観体験者は台地上を抜ける際に擁壁・隧道などの道路構造物を多く視認するという結果につながっていることが明らかになった。また、旧幕府用地内および沿道を通過する際にはそれらの土地が緑地として保全されていることが多いために、車窓シークエンス景観中で

＊高嶺翔太、後藤春彦、馬場健誠、山村崇
「沿道の風土・歴史的要素が都市内高速道路の車窓シークエンス景観に与える影響」
日本建築学会計画系論文集』　第686号、2013年4月

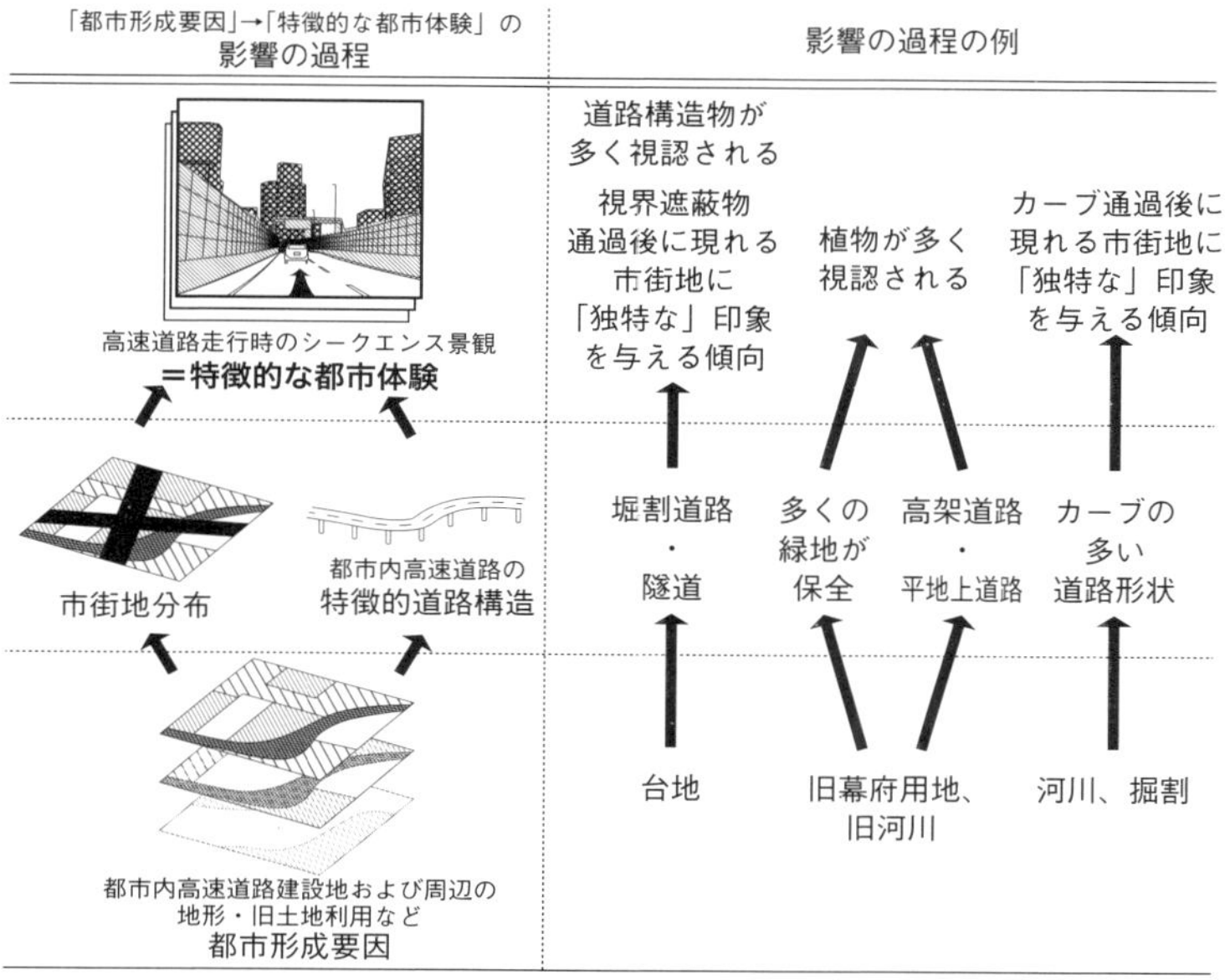


図1-2　都市形成要因の首都高速道路を通した都市体験への影響過程
（2つの参考文献の内容を基本として新たに作図）

植物を多く視認するという結果につながっていることも明らかになっている。

　これら一連の成果からは、一見その機能が最優先されて合理的に計画されたために地域という社会的な概念からは縁遠いように思える都市インフラが、伝統的に都市の地域性を形作ってきたとされる風土や歴史的な要因に影響を受け、さらにその影響を変換し、インフラと接する人びとに対して新たな都市の印象を抱かせることで都市の基層を積み重ねているということが捉えられるだろう。

　2006年には、日本橋上空を跨ぐように走る首都高速道路の扱いに対して大きな議論が交わされた。というのも、老朽化が問題視されている首都高速道路の改築に合わせて日本橋川および日本橋上空の首都高速道路を撤去・地下化して、周辺に商業地を開発する構想が公表されたためである。公表された開発後の街のイメージ図*は江戸時代を模した意匠で整えられており、いかにも歴史を尊重しているかのように思われる。しかしながらすでにみたように、現存する首都高速道路が既存環境と呼応した特徴的な景観を提供し、50年の年月のなかで新たな基層を積み重ねていることを鑑みると、完成予想図に描かれる急造的な姿は表層的にも感じられるのである。現在も首都高速道路の撤去は幾度となく検討されているというが、いずれにしても創出される風景が江戸の一時代のみを捉えたものではなく、この地の基層と深くむすびついたものであることを願う。

### ◉◉◉◉ 地域単元の内外に展開する基層に着目する

都市や地域のなかにはその一帯の核をなすような特徴をもつ特定の地域単元が存在することが多い。核というからには、周辺地域一帯に対して大きな影響力を有しており、さらにそのことを裏返せば、周辺地域の諸問題を内包すると言うこともできる。ではこの核をデザインするにあたり、その表層に潜む基層をどのように探るべきか。たとえば大学キャンパスは、都市を成熟させると同時に都市によって育成されるという研究成果も報告されており、**実際に大学と周辺地域の一体的整備を進める事例が海外でも増えていることからもわかるように、***周辺地域の核としての機能をもつ地域単元といえよう。後藤春彦研究室は、早稲田大学の創設地である早稲田キャンパスの整備指針作成に参画しているが、これを契機として先の疑問に応えるべく、大学キャンパスの内に展開する景域と外に展開する景域を調査している。

内に展開する景域については、赤尾らを中心としたキャンパス形成過程における計画思想とキャンパス風景の関係を探る研究が行われた。****この研究ではまずキャンパス内における風景要素の配置の変遷をレビューするとともに、早稲田大学の建築学科初代主任教授であり、同時期に進んだキャンパス発展において指導的立場にあった佐藤功一の都市の美観に関する思想についてもレビューを行い、そのうえで双方の関連性を分析している。結果としてキャンパスの変遷および今日見られるキャンパスの風景に、佐藤功一の

＊ 日本橋川に空を取り戻す会　http://www.nihonbashi-michikaigi.jp
＊＊ 渡辺定夫「都市における大学立地整備計画に関する研究」『建築雑誌・建築年報』、1985年
＊＊＊ 代表例としてhttps://www.campusservices.harvard.edu/real-estateやhttp://www.facilities.upenn.eduが挙げられる
＊＊＊＊ 赤尾光司、後藤春彦、三宅諭、米山勇
「早稲田大学西早稲田キャンパスの景観形成過程に関する研究:佐藤功一の都市美論と営繕織の活動を通して」
『日本建築学会計画系論文集』第519号、1995年5月

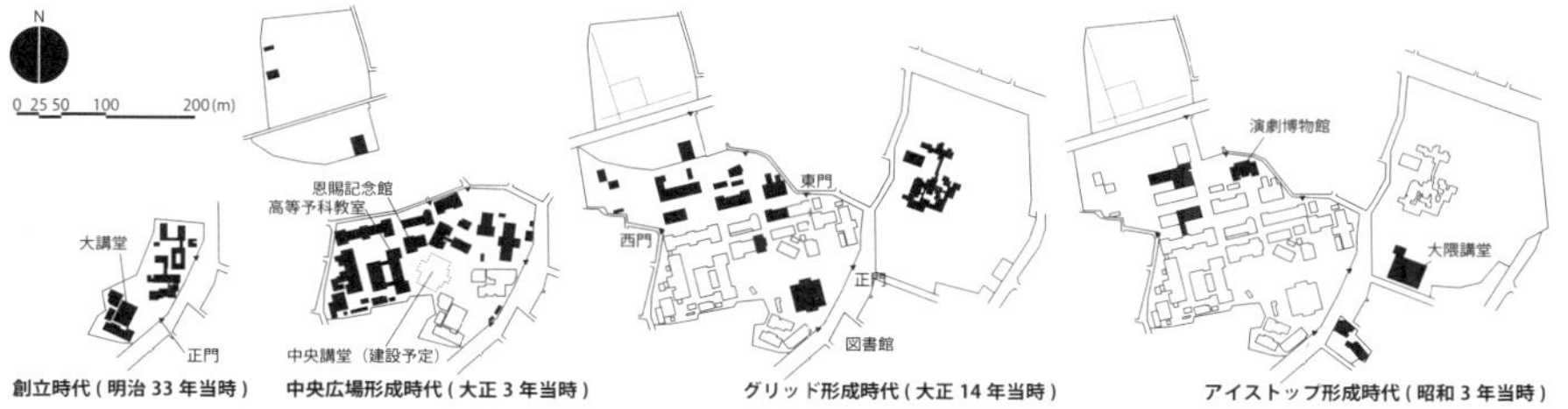


図1-3　早稲田大学キャンパス形態の変遷
（明治33年〜昭和3年、参考文献（P66****）をもとに筆者作成）

考える都市美の思想を読み取ることに成功している。たとえば、佐藤は「統一せらるる形式を有せしむることは、都市の一般プランの上にも、ひいては美観の上にも極めて重要」*と言及していることからもわかるように、まず形式の「統一」を重視していることがわかる。キャンパス変遷においては、佐藤の教授就任後にはそれまで整っていなかった校舎の方向と壁面線を揃えて、まさに「統一」が図られたグリッド状の配置となっている（図1―3）。このことについて佐藤は、「私が明治43年、建築の不規則なのに驚き、その計画図を描いて、その整理を進言した」と述べており、この配置変更に佐藤の思想が反映されているのは間違いないだろう。また一方で佐藤は「變化に過ぎると賤しくなり、統一に過ぎると無味乾燥になる」**とも述べており、「統一」と「變化」の適切な表現を求めている。キャンパスの変遷においては、校舎のグリッド上配置を行った後に、その軸線上のアイストップとなる位置に、周辺の意匠が統一された校舎と対比するかのような特徴的な意匠を有する大隈記念講堂と演劇博物館を配置することで、

＊佐藤功一『都市美論』中央公論、1924年
＊＊佐藤功一『都市美の種々相［第一回都市美協議会における講演記録］』都市問題、1937年

「變化」を与えている。佐藤は「目の基點となる場所、此處に綺麗なるものを建てる必要がある」、「壁の上部が街路より望み得る建物にあっては、上空に向かって突出せる等、其の他の附加物の設けられる方が、建物の外観に變化をあらしめ街衢に一層の美觀を與えるものである」*とも発言しており、ここでもキャンパスの風景創出にあたって重要なこの2つの建物の配置に大きな影響を与えていることがわかる。

そしてこうした風景創出の価値を高めるのは、次のような佐藤の思想であろう。佐藤は美を人間の根本的要求であるとみなし、美が人びとの精神に作用する重要な要素であると説いていたのである。**つまり佐藤は、キャンパスの外観を整えることだけでなく、そこに通う人びと、そしてその人びとを通じて行われる活動の根底に、彼の考える美が作用することを意図しているのである。佐藤の行為は、風景の創出によって大学に社会空間としての役割を与えようとする企てであった。

一方で大学から外に展開していく景域に関しては、李、矢澤らが中心となって大学生や学内事業者と周辺住民の関係性に関する研究を行っている。***これらの研究では、主に大学関係者、大学生や周辺地域の商店主に対するアンケート・ヒアリング調査および周辺地域における用途別施設数の変遷調査がベースとなっている。まずは周辺地域で学生が普段利用する飲食店や書店、レクリエーション施設などの施設数が減少している事実や、商店主へのアンケートから彼らが学生の減少や周辺地域の衰退を感じていることを捉えている。そうしたデータに加え、学生数の大きな変化がないことや学生の遠距離通学者・自宅通学者の増加、出費額の減少などのデータを加味することで、地域の衰退が学生の滞在時間減少に起因していることを明らかにしている。

また先のアンケート調査では、大学が実施し周辺住民も参加可能である生涯学習プログラムに対する周辺住民の認知度の低さが把握されている。同時に大学と地域住民のパートナーシップによるイベント企画を中心とした活動の存在も捉えてはいるものの、総じて教育・研究や組織・施設といった分野における恒久的で幅広い人びとの連携が課題であると論じている。

＊佐藤功一『都市美の種々相［第一回都市美協議会における講演記録］』都市問題、1937年
＊＊佐藤功一「都市の構成美」『佐藤功一全集』、建築談叢・第三巻、佐藤功一全集刊行會、1943年
（注）＊＊＊は、次頁に記載

さらに、周辺地域商店の競合相手になりうる大学生協の存在にも着目し、経営実態調査や生協・商店主に対するアンケート、ヒアリング調査を実施している。結果として、大学生協の経営状態は実態として周辺地域商店と同様に悪化しているにも関わらず、地域住民は大学生協の経営状態はよいと考えており、周辺地域衰退の一因として捉えているといった認識の相違が浮かびあがった。このように大学の外に展開する景域に関する調査では、大学と周辺地域は学生を通して密接に関わっている事実が明らかになった一方で、学生の質が変化していく中で、次なる有効な手立てを打てず、その関係性を地域運営に有効に活用できていない実態を示している。

これら大学キャンパスに関する一連の研究から、特定の地域単元をデザイン対象とする際にその風景に宿る内面的な地域性を探る作業のみならず、周辺地域との関係性の双方に着目することの必要性が示されているといえるだろう。また、佐藤功一の計画思想に関する調査は、大学キャンパスの風景に託された広域的な社会における大学の役割を示唆し、それと同時に周辺地域に対する調査を通して捉えた大学と周辺地域の関係性の実情から周辺社会で大学に求められる役割を明らかにしたが、これらを同時に捉えたこの一連の研究は、複数の視点からその地域単元の独自性・重要性を重層的に把握する有効な試みであったのではないだろうか。

## 4　表層から基層を捉える思考

### ◉流れる風景を俯瞰する

今日、さまざまな社会的空間に属しながら日々の暮らしを送る人びとはいくつもの地域単元の中で交錯し、

＊＊＊李彰浩、後藤春彦、三宅諭「大学周辺地域の衰退とまちづくり活動の展開:早稲田大学「西早稲田キャンパス」と周辺地域を事例として」『日本建築学会計画系論文集』第542号、2001年4月

＊＊＊李彰浩、後藤春彦「大学生活協同組合に対する大学周辺地域商店主の意識と今後の大学まちの課題：早稲田大学生活協同組合と西早稲田キャンパス周辺地域を事例として」第560号、2002年10月

＊＊＊矢澤知英、後藤春彦、李彰浩「大学施設の学外展開の課題と今後の大学まちの整備に関する研究：早稲田大学西早稲田キャンパス周辺地域の大学施設を事例として」『日本建築学会計画系論文集』第574号、2003年12月

見る・見られるといった明瞭な区分は消え、常にお互いが見つつ見られている状況にある。序章で触れたパッツィ・ヒーリーによる都市の定義を振り返れば、「「活動する大衆」の交錯する流れ」にパッツィ・ヒーリー自身も含まれうるということである。しかし一方でその流れに流され続けていてはその特徴を捉えることはできない。彼女は物理的にその流れの中にいながらも、意識の上でその流れを俯瞰する立場に上がり、その特徴を捉えたに違いない。この視点の行き来が重要ではないだろうか。

人びとは歩いたり、まちを眺めたり、昼と夜では異なる感情を抱いたり、物の配置を変えたりと、常にどこかを舞台として時間の経過とともに日々の生活を過ごしている。そうしたいわば日々の流れの中で、一度意識的にその流れを俯瞰し、流れの中に地域性を見出すことは、日々流れの中にある自分とその周りを取り囲む社会とのむすびつきを見出すことである。そしてそれは激しい荒海を航海するための地図と羅針盤を手に入れたようなものである。このような意識的な俯瞰は、見る・見られることが曖昧な今日においては、自分の周りの流れ行く大衆を眺めることでも可能である。先に紹介した『場所の力』において、ビディ・メイソンのライフヒストリーにまつわるインスタレーションが公共空間に設置されたことは、その設置に取り組んだ著者のドロレス・ハイデンらが、自らが住むロサンゼルスにおいて活動する人びとを観察する中で得た、社会的マイノリティに対する視線を活かして実施された取り組みである。

ただし、ここで考えておきたいのは、流れているものが何かということである。確かに人びとも流れているが、近年それにも増してその流量が増加しているのは、目に見えない情報である。であれば、情報の流れを追うことが地域性を見出すためにより優先されるべきことかもしれない。しかしそうした目に見えない情報は、先に例示したインターネット上のコミュニケーションにのめり込む人びとの状況のように、取捨選択されるものである。見えないがゆえにコミュニケーションを断とうと思えば断てるという性質を有する。確かに革新的情報技術が変化させた人びとの社会認識は無視することができないが、地域性を捉える対象としてそれに依存することは、架空の地域性を追いかけてしまう危険性を伴うだろう。よってこれらの情報は、地域という基層を捉える際の表層の一部として扱うことが適切であろう。

### ◉◉手法を頼りに目前の風景に新たな顔を見出す

技術と認識との間にある密接な関係性は疑う余地がない。すでに述べたように、新たな情報伝達技術によって新たな価値観が発生している。いつの間にか浸透してしまった情報技術のただ中で、自身の社会に対する見方が変わっていくことを、ふとした時に気づく人も多いだろう。しかしその技術を能動的に用いることで、風景と地域との新たな関係性を捉えることが可能となる。

これまでまちづくりの現場では地域資源を探る過程で多くの有用な手法が開発されてきた。地域住民の記憶を頼りに内発的な視点からアプローチすることに特化した手法や、外部の人と地域住民とが一堂に会し、まちあるきなどを通して地域を改めて見て回るような共発的な手法も実践されている。

本論ではこうした技術とは別に、「旅人のまなざし」から共発的に形成された社会を読み取るような思考過程を紹介した。そうした思考が地域の可能性をより大きく広げうると考えたからである。そして地域社会を読み取る過程において重要なのは、読み取る際に用いる眼鏡にあたるものである。本論で紹介した技術とは、平面図・断面図などの基本的な描画技術から、風景を捉えた映像のうち動的要素のみを抜き取る映像処理技術や、人の注視点を捉えるアイマークレコーダーなどの高度な情報処理技術、さらにはさまざまなアンケートを通した人びとの心理的様相を探る技術などである。これらはそれぞれ地域の異なる様相を表現するために有用な手法であり、地域の可能性を拡大しうるものである。より多様な技術の適用によって、さらなる地域性を見出すことも可能だろう。

そしてその眼鏡を外せば、またいつも通りの風景の前に立たされるわけであるが、一度脳に刻まれた地域性の認識は、その風景とむすびつく。このことで日常的に地域と自身のつながりを認識できる。物理的には人びとの流れの中にいながらも、意識の上でその流れを俯瞰する視点場を体得できるといえよう。

### ◉◉◉発見的感覚を携える

本章では景域という概念を使って、地域のアイデンティティを社会的空間としての地域から直接的に読み取るのではなく、むしろ一度そうした社会性から離れ、風景の意味を読み替える方法を提示した。人間の動物的な反応、昼と夜といった生活の基本的概念、あるいは素直な感性を頼りに地域特有の風景を見つけ、そこに地域性を見出そうというこれらの方法は、特徴的風景に着眼する以前の段階において、固定的な思考や仮説をもたないからこそ見出すことができた地域性である。これは非常に発見的といえる感覚である。

このような「旅人のまなざし」は非常に重要であろう。2013年に開催された早稲田まちづくりシンポジウムでは、熱海を拠点とするNPO法人atamistaの市来広一郎氏と、全国的なリゾート運営会社である星野リゾートの佐藤大介氏がパネリストとして登壇していたが、現場で活動を展開する両氏の議論はこの重要性を示唆するものであった。市来氏は熱海において観光客ではなく地元住民に向けた体験ツアーを実施しているという。それは、氏の実感である「昭和レトロな感じのすごく面白いお店が多い」ことや「80代の方々がやっている店ってめちゃくちゃカッコいい」といった地域の魅力を、地元住民が楽しんでいないという気づきに端を発しているという。そして訪れたいと思えるまちに必要な要素としてあげている「そのまちの人が楽しそうに暮らしている姿」を創出しようとしている。

一方の佐藤氏は、星野リゾートという大手企業に所属し、大規模リゾートホテルの経営再建などを手がけているが、「その地域独自の文化や自然や食事を体験して楽しみたい、そこが旅のニーズ」という認識のもと、たとえば北海道のトマムにおいては、マイナス30度を下回る現地の寒さを活かし、それによって発生する雲海を宿の売りとするような取り組みを行っている。これらの事例は活動の規模や舞台こそ違えど、一つの地域における風景を「旅人のまなざし」によって読み替え、新たな地域づくりに活用しようという事例である。

そして振り返れば、これらは序章で後藤が触れた、吉阪隆正が解いていた「発見的方法」の延長にあるといえるかもしれない。吉阪研究室出身の地井昭夫は、この「発見的方法」を確信するに至った契機として、昭和40年に大被害を受けた伊豆大島の地に降り立ったときのことをこう語っている。

「はじめて大島を訪れて焼け跡に立った時、わたしたちが成し得た最初のことは、確信の持てる方法論を何も持たないままいわば〈焼け跡に放り出された自分〉を発見することであった。そして裸のまま、自らの目と足で島のあちこちを歩き廻っているうちに、そこに〈わたしたちによって作り変えられるべき世界〉ではなく、全く逆に〈わたしたちひとりひとりがそれによって支えられている世界〉を発見することになった*」

雄大な大自然の前に立ち、心を白紙にしたことで、本能的な能力によって自分の存在を捉え、それを支えている世界を発見したのである。

視覚的概念（可視的形象）と地域的概念（地域単元）を統合する概念としての景域に着眼することは、このように今日発生している社会問題にアプローチする過程において、真正面から社会的解決を探るだけでなく、個々人の人間としての感性や創造性をもつ視覚的概念を取り入れることを可能にする着眼点を、人びとに与えるものであるといえよう。

*「発見的方法　吉阪研究室の哲学と手法 その1」『都市住宅』7508号、鹿島出版会、1975年8月

実践❶

# 地区の計画づくりを契機とした共属感情を広げる取り組み

熊本県菊池郡合志町すずかけ台

吉田 道郎

1996年度から2年間に渡り、後藤春彦研究室では熊本県合志町（現合志市）のすずかけ台団地を対象として、「地区魅力化計画づくり」「みんなの公園づくり」という2つのプロジェクトを実施した。当地は、熊本市のベッドタウンとして1970年代に開発された700戸規模の戸建住宅地であるが、開発後20年以上が経過し、住民の高齢化やそれに伴うコミュニティの希薄化が懸念されていた。

そのような社会状況を背景に、プロジェクトチームで取り組んだ重要なテーマの一つは、可能な限り広範囲にわたって「共属感情をもちうる地域内外の人びと」を生み出すことであったといえる。「共発的景域論」でも述べられたように、この「共属感情」は人びとの中に新たな社会関係性を生み出し、アイデンティティの基盤になると考えられるのである。2年間の活動で計7回の住民参加ワークショップが実施され、延べ600人の参加者を得たが、この成果に至る過程には、多くの主体を巻き込むためのさまざまな工夫が施されている。

一点目の工夫としては、取り組み当初に、住民約30名からなるコア組織として「魅力化委員会」を結成したことである。初年度第一回目のワークショップの前日に、魅力化委員を対象にワークショップ手法の体験として車いすを使った環境点検を実施し、チーム別の作業やまとめ方を学ぶ機会を設けたが、魅力化委員はその後のワークショップでは参加者というより半ば運営側として活躍することとなった。特に2年目の公園づくりの段階では近隣住民も巻き込みながら効率よくワークショップ作業を進める推進役を担った。この魅力化委員が、すずかけ台コミュニティが合意形成技術を習得するための中心的役割を果たしたことになる。

二点目には、若い世代の参加を促した点が挙げられる。地域コミュニティの会合となると、多くの場合、通勤・通学または子育てなどで忙しい青年・壮年層の参加が少なく、定年退職後の高齢者が集まることが多い。無論、地域コミュニティのために人が集まることはそれだけで価値があるが、その際に多様な世代の人びとが集まることで、議論の内容やその後の活動に大きな幅が生まれてくる。魅力化委員会のワークショップ体験では、住民が高校生の参加を促し、結果的に有志の高校生が継続的に参加することとなった。彼らは魅力化計画をとりまとめた模擬議会という発表の場では答弁役を演じ、公園づくりワークショップでは実験的東屋づくりなどのプログラムに参加した。完成した公園が暴走族のたまり場になりかける問題が起きたときにはワークショップに参加した高校生が話し合いで解決したとの話も聞く。

地区魅力化計画づくり・公園づくりのワークショップ風景

三点目は、すべての地区住民に対して参加の機会を設けたという点である。具体的には計画づくりおよび公園づくりの段階でそれぞれ、地区内全戸を対象にアンケートや意見カードの配布・収集を行った。一般的に存在するノーリアクションの人びとに対しても、合意形成を可能な限りスムーズに進めるため、取り組み内容の周知と意見表明の機会の提供を目論んだものである。

四点目は、多様な参加の機会・チャンネルを用意したことである。たとえば計画づくりの第一回ワークショップ（まち歩き）では、ガリバーマップとクイズラリーを組み合わせ、100人を超える参加人数にも対応できるイベント的なプログラムを用意するなど、全7回のワークショップは各回異なる目標を設定し、異なる手法を用いた。さらにそれらワークショップ以外にも、住民による既存公園の使われ方調査、地区内の保育園からの散歩ルート報告、陶芸教室と子どもたちの協力を得たトイレ壁面に貼る陶板の製作、住民手作りのオープニングイベントなど、住民・関係者それぞれの興味や動向に応じて参加の入り口を多様に用意しておくことが、共通体験の積み重ねとなり、その後の地区全体としての参加意欲の向上につながるものと考えた。

こうしたさまざまな工夫を取り入れた一連の取り組みの成果は、1年目は地区魅力化計画策定、2年目はすずかけ台公

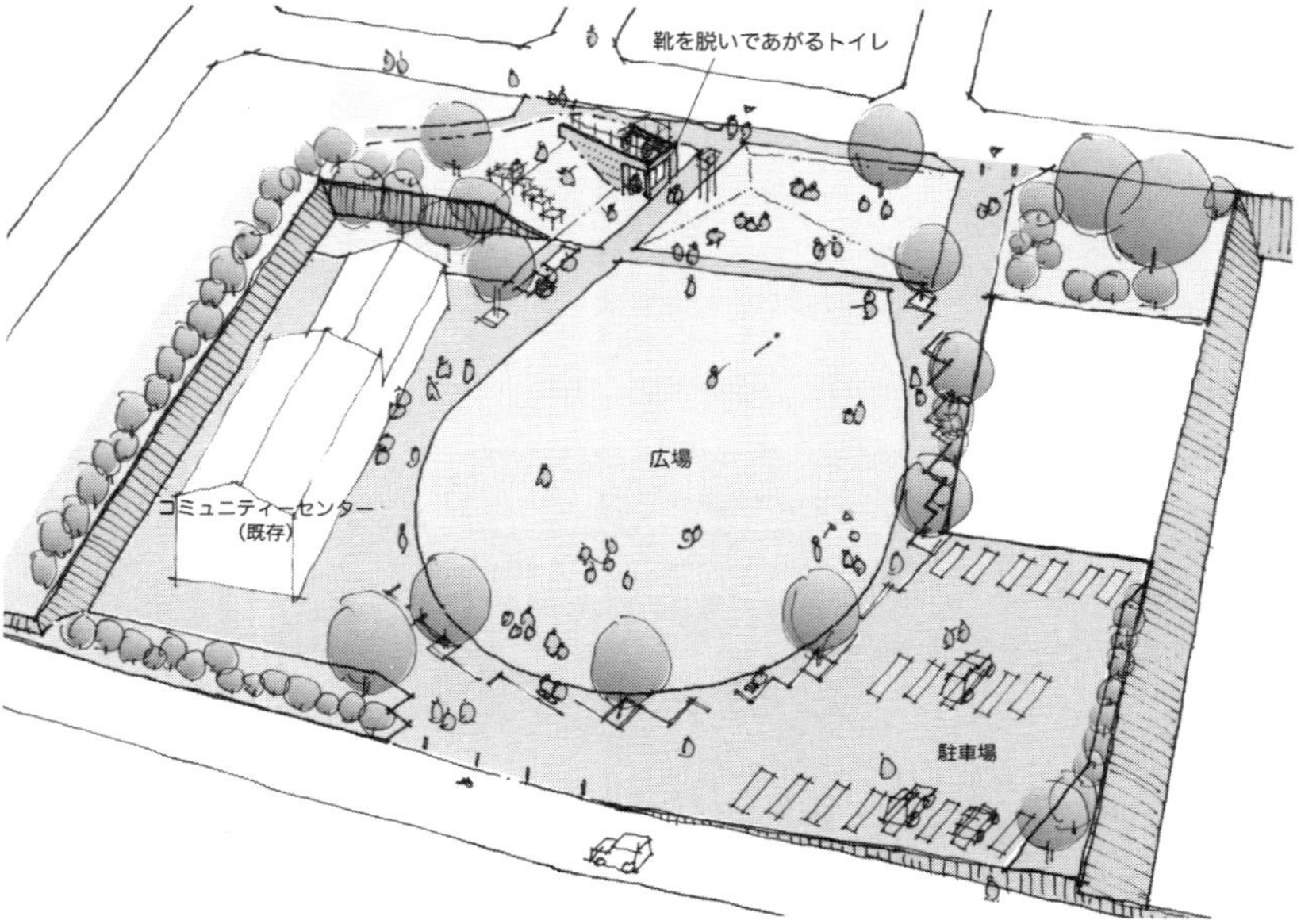

住民ワークショップによりプランが検討され完成した公園

園の完成という形で具現化した。公園内には「靴を脱いで上がるトイレ」や花壇が整備され、その管理は住民の手によって進められている。

2年間に及ぶコミュニティ醸成のための取り組みが公園整備という公共空間に結実したのは、まさに景観が有する表層と基層との結びつきの力の表出を目指した成果であり、『場所の力』にて著者のドロレス・ハイデンがマイノリティ社会に関するインスタレーションを街中に設置した取り組みと一連のパースペクティブにあるといえる。公園という物理的空間が社会的な核となり、基層・表層が組み合わされた景観が連鎖的に生まれていく素地が整ったといえるだろう。

実践❷

# 最小景観単位の設定と共発的アプローチによる景観まちづくり

東京都新宿区
渡辺 勇太

「新宿の景観」と聞けば、あなたはどのようなイメージを想起するだろうか。西新宿の超高層ビル街からＪＲの高架を潜り、歌舞伎町のネオン街へと至る、あの強烈でエキゾチックなシークエンスなどは代表的なものであろう。他にも、早稲田・高田馬場の大学まち、大久保のコリアンタウン、神楽坂や四谷荒木町など独特な賑わいのあるまちもあれば、東京女子医大の周囲や落合方面には意外にも閑静な住宅地が併存しており、新宿区内には個性あるまちがパッチワーク状に展開している。

一方で、新宿区は東京23区で最も早く「景観まちづくり条例」（１９９１年12月）を制定するなど、景観行政において先駆的な自治体であった。しかしながら、同条例では景観形成の具体的な基準までは定められておらず、開発事前協議における指導や助言の内容は区が任命する景観アドバイザー個人の判断に委ねられていたのが実情であり、各地の特性に応じた景観形成の方針を示していくことは、区の重要な課題となっていた。

後藤春彦研究室では、２００６年度から2年間にわたり、新宿区の職員・他大学と共同で景観まちづくり計画の策定に向けたワーキンググループ（ＷＧ）を組織し、基礎調査、成果物の編纂、及び景観まちづくりの実践に向けた一連の活動を実施した。

当ＷＧは、新宿区内に所在する個性豊かなまちに存在（あるいは潜在）する景観資源を再発見し、これらを最大限に活かしたまちづくり活動を展開すべく、新たな計画のコンセプトを「地域の個性に光を当てた景観まちづくり」と設定した。

次に、その実現に向けた手法について検討を進めた。新宿区のように、常に強い開発圧力に晒されながらも、既存の生業が息づく既成市街地において、外部、あるいは内部のいずれか一方のみの力で景観形成を図ることは困難である。そこで、①外部事業者による開発事業の適切なコントロールと、②既存住民や企業による草の根的なまちづくり活動のマネジメ

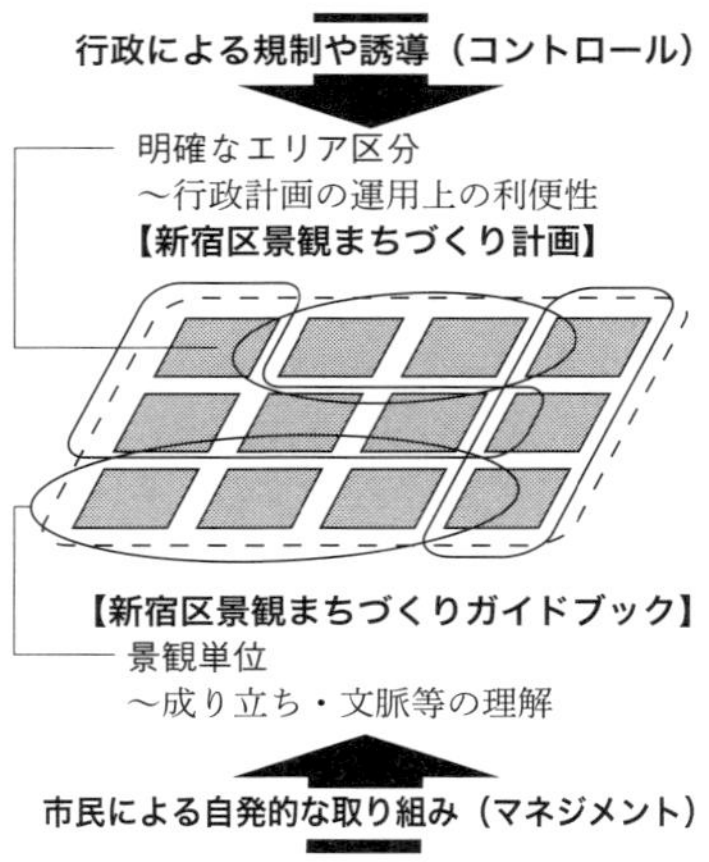


プロジェクトの概念図

ントを相互補完的に進めていくこと、すなわち「共発的アプローチ」によって、より実効性の高い計画とすることを目指した。具体的には、それぞれに対応するツールとして、①行政景観計画（新宿区景観まちづくり計画）、及び②各地の景観特性やまちづくりの指針を一般市民向けに解説した公刊本（新宿区景観まちづくりガイドブック）の2つの成果物を策定することとし、調査活動に着手した。

　調査のプロセスでは、地形図・古地図・歴代の都市計画図など多種多様な地図をトレースして重ね合わせ、土地利用の時間的・物理的・社会的な変遷を把握することに加え、WGのメンバーが区全域にわたって徹底した現地実査を行い、実際に各地の景観を眺め、自然や歴史、各施設、人の流れなど、景観を構成するさまざまな要素と景観の関係を体験的に読み取る作業を通じて、景観構造を同じくする一定の空間的まとまり（景域）を抽出していった。

　ここで留意すべきは、景観はシームレスに連続するものであることから、それぞれの景域は必ずしも明確な境界を有するものではないことである。たとえば、大通りや河川沿いの景観など、比較的広域な範囲に及ぶものは、互いに重なりあったり、既存の行政区を跨いだりする場合もある。この点、当WGでは、行政景観計画については、運用面の実用性に鑑み、明確な境界線を設定してエリア別に景観形成ガイドラインを策定することとし、その一方で、大通りや河川沿いなど比較的広域なレベルでの景観まちづくりの実践に必要な「最小景観単位の再統合・ネットワーク化」といった視点については、「ガイドブック」において補完していくこととした。

　各エリア間の境界線は、川や崖線、幹線道路など「物理的なライン」もあれば、町丁目や江戸期以来の街割りなどに基づく「社会的なライン」によって区切られた部分もあるが、最終的には改めて現地を確認し、今後の景観形成の在り方も踏まえた総合的な判断を積み重ねていくという緻密な作業によって確定させていった。その結果、新宿区は72もの多数のエリアに分割され、それぞれのエリア毎に景観構造の特徴を整理・図解するとともに、それらを踏まえたきめ細かな景観形成ガイドラインが策定されるに至った。

景観計画の施行後（２００９年4月〜）、エリア別の景観形成ガイドラインは、特に区と各事業者との開発事前協議などの場で、各エリアの景観形成の方針の浸透・共有を図るとともに、事業者側のアイデア・ノウハウも取り込みながら更なる改善に向けて協議を進めていくといったかたちで、当初の想定どおりに有用に活用されていると聞く。細かな景観単位を設定し、具体的な方針を示していくことによって、従来よりも高いレベルで指導や助言が行うことが可能となり、またそれらの内容は区（景観行政団体）の正式な計画としての位置づけから一定の拘束力と透明性も担保されている。本プロジェクトは「①開発事業のコントロール」という面においては、画期的なものであったと考えられる。

一方で、「②既存住民や企業による草の根的なまちづくり活動のマネジメント」については、課題を認識することとなった。当研究室では、完成した「ガイドブック」を携え、区の地区協議会で景観まちづくりの実践に向けた講演会を行うなど、積極的に普及活動に取り組んだものの、各地の景観まちづくりを担う人材や組織は足元では見当たらず、その選定や支援・育成に向けた新たなしくみが必要であることが実感されたのである。

個性豊かなパッチワーク状の景観を有する既成市街地において、景観まちづくりの更なる進展に資する知見・ノウハウの拡充に期待したい。

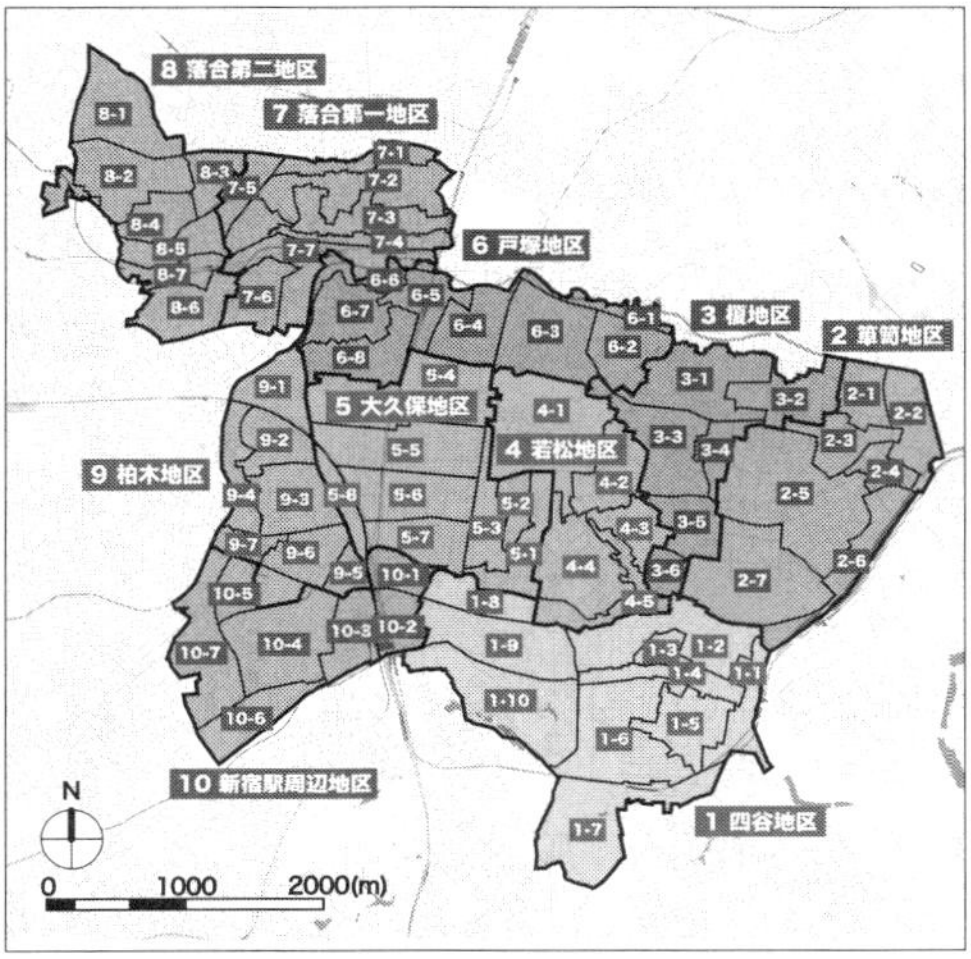

新宿区景観まちづくり計画のエリア区分図

プロジェクトの成果物（計画書＋ガイドブック10巻）

実践❸

# 風景をたよりに地域の隔たりを乗り越える

## 宮城県加美郡加美町

吉江 俊

2012〜14年度にわたる3年間、後藤春彦研究室では宮城県加美郡加美町という東北の小さなまちの景観計画策定に向けて、調査やワークショップ・住民を含む組織の立ち上げに携わることとなった。加美町は、3つのまちが2003年に合併してできた、新しい地方公共団体である。商店街や火伏せの虎舞に象徴される商人の町・中新田、スキー場のある観光地であり地域の景観の目印である「薬莱山」のある町・小野田、豊かな自然資源に囲まれ山間に広がる町・宮崎の3つのまちを、景観まちづくりによってむすんでいくことが求められた。町によって与えられた「美しいまちなみ100年計画」という調査題目には、加美町として長期間持続可能なライフスタイルを探しだす過程で、住民感情や地域社会にいまだ根強く存在する合併以前の3町間の差異を肯定的に捉え、協働への道を探るというテーマも含んでいる。こうしたテーマに応えていくべく、研究室の開設以来取り組み続けてきたオーラルヒストリー調査と、風景資源調査を組み合わせた調査を進めた。

この調査には、共発的景域論を論じるうえで重要な「手法を頼りに目の前の風景に新たな顔を見出す」という姿勢が活かされている。というのも、ここで実施されたオーラルヒストリー調査と風景資源調査という2つの調査は、それぞれ景観のもつ基層・表層を把握する調査と言い換えることができるからである。そして、この2つの調査結果を組み合わせて地域を論じるということは、それら景観の基層・表層に因果関係を見出し、文字通り「目の前の風景に新たな顔を見出す」ということにつながるからである。

3年間の調査のうち、初年度にはまず、100人もの住民を対象とした緻密なオーラルヒストリー調査を実施した。このオーラルヒストリー調査では、地域住民の自宅や職場に学生がお邪魔し、あらかじめ用意してもらった思い出の写真などとともに、地域住民それぞれが生まれてから現在に至るまでの暮らしの歴史を1〜2時間ずつじっくりとヒアリングし

## 住民の記憶

### お祭りの思い出

お祭りは子どもの頃の楽しみの一つだったようです。お祭りでにぎわっているお話がたくさん聞けました。なかでも虎舞は特別だったようです。**（昭和前期〜中期）**

**『私が子どものとき、夏には地蔵通りに夜店が出た。ガス灯の明かりで、お祭りをしたね。ガス灯の匂い…カーバイトかな、あの匂いがすごく強烈に残ってるなあ。』**

**中新田・６０代Ｓさん**

**『熊野神社の春祭りでは、獅子舞が出るんだ。各地域の子どもたちは、獅子舞が通る道に新しい砂を撒いていく役などをやっていた。当時は、地区のお祭りと子どもたちが一体になっていたね。』**

**宮崎・６０代Ｋさん**

**『虎舞は商人の恩返しだった。ここの町は商業の町として近隣の人が買い物に来てくれていた。その人たちへお酒を振る舞ったりしていた。』**

**中新田・４０代Ｔさん**

しかし、後継者不足や若者・子どもの参加が少なくなってきている現状もあります。その影響もあってか、今では少しずつお祭りでの役割も変わってきている様子も伺えました。**（昭和後期〜平成）**

**『商工会青年部は祭りで地場産品を使った料理を出しています。たとえば加美町産の牛串をオリジナルで作って皆さんに売って、地産地消をアピールしたり。』**

**中新田・３０代Ｓさん**

**『秋には文化祭とか、「べごっこまつり」っていうのがある。べごっこまつりは山の斜面でやってるんだよ。２０年前くらいに始まったのかな。地場産品のものを食べましょうっていうことで。』**

**小野田・６０代Ｏさん**

新たなお祭りやイベントは、新しい客層を呼び込んだり地元の産業と深くつながっているものもあるようです。

『加美町協働の景観まちづくりプラン』の「加美町を知る」の章では、
上段に景観・下段に口述史を併記した。図は下段の例のひとつ

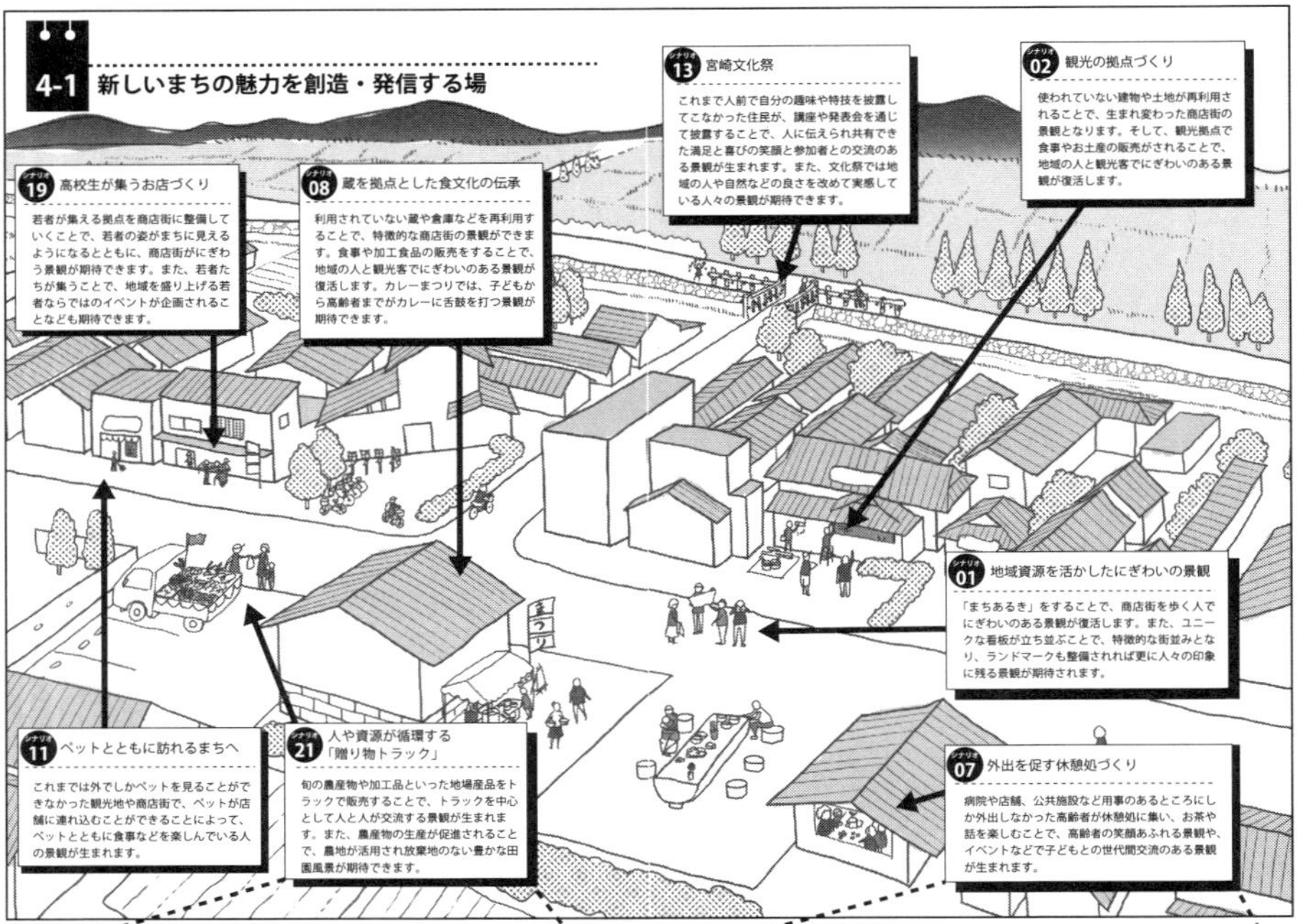


**シナリオ 21 人や資源が循環する「贈り物トラック」**

旬の農産物や加工品といった地場産品をトラックで販売することで、トラックを中心として人と人が交流する景観が生まれます。また、農産物の生産が促進されることで、農地が活用され放棄地のない豊かな田園風景が期待できます。

**シナリオ 07 外出を促す休憩処づくり**

病院や店舗、公共施設など用事のあるところにしか外出しなかった高齢者が休憩処に集い、お茶や話を楽しむことで、高齢者の笑顔あふれる景観や、イベントなどで子どもとの世代間交流のある景観が生まれます。

『加美町協働の景観まちづくりプラン』では、ワークショップを重ねて考えたコミュニティが担っていく取り組みを22の「シナリオ」として整理し、加美町の典型的な風景の中に位置づけていった。図は一例

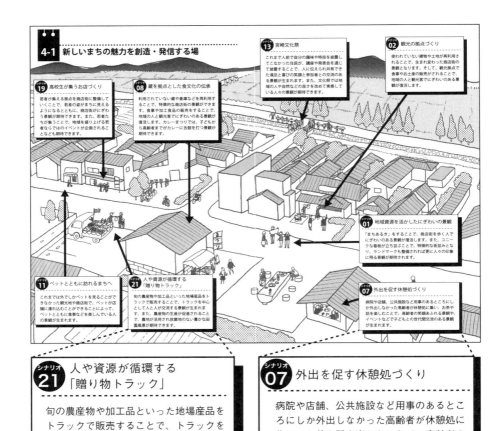

た。この口述の歴史を整理して、地域を横断する暮らしの歴史を記述する冊子『加美町記憶の口述史』を作成した。この調査を通して、たとえば合併前の旧3町など、地域間における人びとのライフスタイルの違いや暮らしの知恵などが整理されていった。

次年度には、学生で手分けしながら約一週間、自転車に乗って町中をくまなく巡り、なりわい・暮らし・自然の3つの風景をスケッチや写真によって記録していく風景資源調査を実施した。このことで、前年度に把握された景観の基層と対をなす表層に当たる部分が明らかになっていった。

そして最終年度には、それら基層・表層を対応させながら地域の資源・課題を整理し、これからの景観まちづくりをどのように行っていくかを体系的に記述する「景観まちづくりプラン」を練り上げるべく、地元住民や行政とともにワークショップを重ねていった。

こうして3年がかりの調査を経て作成された『加美町協働の景観まちづくりプラン』には大きく2つの特徴がある。

まず先述のような「景観の基層・表層の組み合わせ」を的確に表現すべく、紙面を上下2段に分割し、上段には風景資源調査、下段にはオーラルヒストリー調査の成果を掲載しながら、関連性のある項目を近接して配置・掲載するという紙面構成上の工夫をした点である。たとえば祭りの項目では、上段に現在の祭りの様子の写真と説明が掲載されているが、下段には「私が子どものとき、夏には地蔵通りに夜店が出た。ガス灯の明かりで、お祭りをしたね。ガス灯の匂いがすごく強烈に残っているなあ。」といった昭和前期の様子の語りが添えられている。一見単純に思われるこの工夫も、両者の間の関連性を発見するための緻密な調査に下支えされている。

さらにもう1点挙げられる特徴としては、最終的にワークショップを通して練り上げた22の「シナリオ」（地元住民発意の取り組みを「シナリオ」と呼んで深めていくワークショップを行った）を、既存のマスタープランのように地図上にまとめて具体的な場所に関連付けるのではなく、風景のイラストによってまとめたことである。中新田・小野田・宮崎という行政区分の隔りに固執することなく、より日常的に捉えることのできる風景をたよりにして、今後のまちづくりを進めていくことを狙っている。「景観まちづくりプラン」では、加美町の特徴的な風景である商店街・田園に囲まれた住宅地・山間の集落の3つを選び、それぞれの風景の中でシナリオが実現していく未来の想像図を示した。これは、そのままシナリオ集の目次を兼ねている。しかもこれらのシナリオは、必ず実現できるという完成したアイディアに限らず、実現できたらいいという住民たちの夢のアイディアも含まれている。ひとつに定まった未来を描く計画ではなく、いくつもの未来が実現されていけるような知恵を詰め込んだ、「まちづくりのアイディア帳」を作るように目指した。これらのシナリオの一つひとつが実施されたとき、どのように風景が変化していくのかといったスケッチを各シナリオに合わせて記載することで、徹底的に景観の基層（取り組みや社会）・表層（風景）のつながりによって地域を描いていくように、成果物を取りまとめていった。

このように、加美町では景観の表層・基層を一体的に捉えた調査を行い、それらに根差した取り組みの数々を住民とともにまとめていった。これらを通じて、普段何気なく接している風景から景観の基層を読み取り、かつての行政区間の隔たりを超えた「加美町」の風景が実感できる。この新たな舞台で一人ひとりの住民がまちづくりの担い手となりえ、まちづくりのアイディア帳をヒントにした取り組みが実践に移されていく。そんなまちに向かう仕掛けができたのではないかと、今後の成果を期待している。

章2

# 動態的地域論

## 内外の交流を通じた動的平衡による地域の持続

山崎 義人

# I　はじめに

わが国の離島に実際に「宝島」という島があることをご存知であろうか？　その隣に「小宝島」という小さな離島もある。その小宝島の話から、はじめたいと思う。天気予報でみる日本列島の地図では、屋久島と奄美大島の間に線が引かれるか、奄美大島と沖縄が別枠になる。ちょうどその間にトカラ列島という小さな島々が連なっており、そのなかでも人口規模が比較的小さい離島が小宝島である。昭和54年に最後の小学生が卒業し分校が閉鎖され、昭和60年に人口が20名程度まで減少していたが、Uターン家族の長男が小学校に入学する昭和63年に分校が再開された。他の家族もUターンしたり、建設従事者が住み込んだり、平成8年頃には約50名程度に人口は増加していた。筆者が修士論文の調査のために通っていた頃には、小学校再開の契機となった子どもは中学生となっており、卒業を控えていた。調査を終え東京に帰るために待っている船は、この小学校再開の契機となった家族がまさに島を離れる船であった。船が港を離れ、少しずつ遠ざかるのを眺めていると、島に残った子どもたち全員（といっても5〜6人であっただろうか）が、両手を大きく広げていつまでもずっと手を振っていた。あの風景が著者の脳裏に今も焼き付いている。その時から抱いているのは、その地域の土地との関係が希薄な生活をしていては、折角、移り住んできても、人びとはその地域から離れていきやすいのではないか、という想いである。*

本章ではその課題解決に向けて、以前より相対的に開放的な社会になった今日において、現代社会の移動性の高まりを活用して、人間と自然環境との関係を再編しつつ、地域をいかに維持・継承していくのかについて、言い換えれば、動態的な状態で地域を持続すること「地域の動的平衡」について、これまでの研究成果や経験蓄積などを通じて論じている。

＊山崎義人、後藤春彦、村上佳代「島民生活の体系的把握による小宝島の生活環境に関する考察:離島の人口定着と地域維持に関する研究」『日本建築学会計画系論文集』第500号、161-168頁、1997年10月

## 2 人間と自然環境との関係で構築されている地域

### ◉地域とは

地域とはなにかを著者なりに考えるならば、ある範域の自然や環境をかたちづくる人間の暮らしのありさまそのものによって構築される環境や社会だと思っている。地域を論じるということは近代的な設計や計画といった概念によってつくられるものよりも、むしろ人びとの暮らしそのものの中に織込まれている環境を構築する行為の産物に目を向ける、ローカルなまなざしが必要であるように思う。

著者の住んでいた兵庫県豊岡の地では、日本の野生下において絶滅したコウノトリの飼育を続け、平成17年に野生復帰のために放鳥をしている。[*] 現在では100羽ほどのコウノトリが放され、日本列島にとどまらず大陸にも渡るなど大きく羽ばたいている。コウノトリの野生復帰の問題はコウノトリが生きるための自然環境があまりにも変わってしまっていることにある。たとえば農業生産性の向上のために湿田を乾田にしてきたことや農薬の散布によって、コウノトリの餌となる淡水魚や昆虫などが減少してしまっていることである。つまり、人間の都合で環境を制御し造成してきたことが、大きな要因の一つとなり、コウノトリが生息しづらい状況をつくり出してきた。このことは地域を計画する者として反省する必要があるだろう。豊岡を中心として兵庫県但馬地域では、淡水魚が水田に遡上できるように水田魚道を設置したり、農薬をほとんど使わない営農をするなどして、「コウノトリ育む米」というブランドを販売している。人間が自然や環境にやさしいことをすることが、ひとつのブランド・イメージとして定着し、環境に対して意識の高い大阪・神戸などの女性の間ではよく知られるところとなっている。

豊岡には、玄武岩が命名されるもととなった玄武洞がある。円山川の上流域には花崗岩で崩れやすい地域があり、土砂が川に流れ豊岡盆地にやってくるものの、日本海に抜けようとするところにある玄武岩の

＊兵庫県立コウノトリの郷公園HP　http://www.stork.u-hyogo.ac.jp

塊にぶつかることになる。ここに玄武洞がある。結果、豊岡盆地に必然的に土砂は堆積して、河川が蛇行するような氾濫源となる。このような湿原が広がる地域だからこそ、コウノトリが生息できていた。この湿原に自生していたコリヤナギを編んで箱形にした柳行李が地場産業として発達した。これが現在の豊岡を代表する地場産業である鞄産業のベースとなっている。氾濫を繰り返す湿地帯の豊岡盆地に住みこなすために、人びとは地盤を固め、浸水しない高さに維持する必要があった。そこで用いられた材料が玄武洞の玄武岩であった。玄武洞はもともと採石場であったのである。マグマが急速に冷えることで40～50ｃｍ角で高さ20ｃｍほどの大きさに割れて形成される玄武岩の岩石を、円山川の水運で運び、各家の土台として積んだ。玄武洞の隣にある赤石集落をはじめ、自然堤防に集落が発達した立野など、豊岡盆地のそここで玄武岩の石積みを土台としたまちなみが見受けられる*（図２―１）。

図2-1　玄武岩とまちなみ

地域固有の人びとの暮らしと環境との関係について見つめ直したい。その関係のあり方を変えることによって、新しい地域イメージや地域アイデンティティをも形成することが可能になってきているのである。

### ◉◉風雨と構築環境

地域を観察するうえで防風林は興味深い事例である。風雨という外的な環境要因に対して、人びとがどのように対応して自分たちの暮らす環境を構築してきたのかを、手にとるようにみることが

＊山陰海岸ジオパーク　http://sanin-geo.jp/modules/geopark/index.php/what/index.html

図2-2　八丈島のカゼクネとオリ

できるからである。

絶海の孤島で鳥も通わぬと言われた八丈島。東京は竹芝桟橋から夜に定期船に乗り込み、一晩かけて３００ｋｍほどの距離を黒潮に揺られていると辿り着くことができる。もちろん、飛行機では羽田から1時間ほどで行くことができるが、島を旅するには船で行くにかぎる。

海上を抵抗なく吹き抜ける風をまともに受けるので、島は常に風の影響を受けている。しかも八丈島は台風の通り道である。巻いて吹く台風の風や潮を防ぐために、民家と菜園を囲むように石垣が構えられ、そのうえに防風林が設けられる（図2―2）。それが集まりブドウの房のように集落空間が構成されており、沖縄のフクギで囲まれた民家に似ている。この石垣と防風林のことを地元の言葉で「カゼクネ・オリ」と呼ぶ。かつての陣屋が構えられた大里地区では、海で削られて丸みを帯びた玉石が石垣に用いられていて美しい。この玉石を流人が海から運んでくると食事が与えられたという話がある。三根地区にはもっと庶民的な石垣があり、八丈富士から噴火した溶岩を重ねている。八丈島には、八丈絹という織物がある。特に黄色い柄をした黄八丈は有名である。防風林にはカイコの餌となる桑が植えられている。桑の木は根を張るので、足下の石垣を根が固める効果がある。桑の根元には、「今日葉を摘んでも明日にはもう新しい葉が出る」ことから名づけられた明日葉や、昨今では化粧品やヨーグルトの具になる換金作物のアロエなどが植えられている。このように台風から自分たちの生命や食料を守るとともに、さまざまな産物を提供する石垣と防風林には、イシバサマと呼ばれる神が宿っていると信じられている。

つまり、防風林というのは防風という単一の機能のために構成されているわけではなく、地域に存在する無機的・有機的な素材や資源を複合的に組み合わせることで、多様な役割を担うように構成されている。さらに、地元住民の価値体系の中に位置づけられているのである。*

### ◉◉◉人間と自然環境との関係

これまでみてきたように、人間は地域に内在し、その自然や環境を読み取り、そこにある素材を活かしながら安全で快適な居住環境や生業環境を構築して生きてきた。そのような地域ストックが多く残存しているといえる。人間と地域の自然環境とを二元対立的に捉えるのではなく、総合的に全体的に捉える視点の必要性は、地理学や哲学、社会学や経済学などの諸分野において、今日、共通認識になりつつある。

このような人間と環境との関わりを大別するならば、「環境に対する知覚からの捉え方」と「環境への人為的介入からの捉え方」との二通りに大別できるのではないかと考えている。**

#### 環境に対する知覚からの捉え方

イーフー・トゥアンは現象学的地理学の視点から「トポフィリア（場所愛）」という概念を提示し、知覚・態度・価値・世界観から、人びとと場所あるいは環境の間の情緒的なむすびつきを捉え、人間と環境の本

＊速水研太、山崎義人「八丈島三根地区における集落景観について」早稲田大学卒業論文、1995年
＊＊山崎義人「高流動性社会を背景とした過疎地の集落環境の利用管理に関する研究」早稲田大学学位論文、2004年3月

質的な関係を論じている。[*] 和辻哲郎の「風土」に強い影響を受けているオギュスタン・ベルクは、哲学的な存在論と地理学を架橋し「人間という存在が大地に自らの存在を刻み込み、逆にある意味では大地によって刻み込まれ」る通態的理性という概念を提示し、人間の存在と風土の存在を統一することで近代の理論的な枠組みの超越を論じている。[**] わが国においても、たとえば土木分野の中村良夫は風景学を論じる中で「環境と人は物心一如の系である」としている。[***]

この環境に対する知覚からの捉え方は、人間の主観的な知覚としての環境像を総合的に分析していくものである。言い換えるならば、人間による意味づけや価値づけが人間にとっての環境のあり方そのものであると考え、環境を人間が価値づけし、その価値観にもとづき人為的に秩序化した構成物として捉え、その原理や意味体系を把握するアプローチであるといえる。

## 環境への人為的介入からの捉え方

農業経済学者の永田恵十郎は地域資源と公益的機能という2つのキー概念を拠り所とし地域資源の国民的利用について論じており、地域資源の管理を行う主体として人間は生産活動を行いながら、同時に公益的機能を生み出す「見えざる国富（ストック）」をつくりだしているとしている。[****]

近年、人類学や民俗学、社会学など人間の社会文化を取り扱ってきた分野において「環境」との関係を取り扱う分野が発展してきている。たとえば生態人類学者の秋道智彌らは「人間の暮らしを環境のかかわりのなかで捉えようとしているのが生態人類学」であるとし「最大の関心事は生活」にあり「第一義的な課題は、ある地域における人びとの生業基盤の解明にある」[*****]としている。

環境への人為的介入からの捉え方は、人為活動による既存の状態の撹乱に対応して、安定的で均衡的な状態への環境の遷移を分析していくものである。言い換えるならば、ある環境におけるエネルギー流や物質循環の中にありながら、人間が生活し生産することで固有の文化的・経済的領域を形成し、またそのこ

＊イーフー・トゥアン（著）小野有五、阿部一（訳）『トポフィリア　人間と環境』せりか書房、1992年
＊＊オギュスタン・ベルク（著）中山元（訳）『風土学序説　文化をふたたび自然に、自然をふたたび文化に』筑摩書房、2002年
＊＊＊中村良夫『風景学入門』中公新書、1982年
＊＊＊＊永田恵十郎『地域資源の国民的利用　新しい視座を定めるために』農山漁村文化協会、1988年
＊＊＊＊＊秋道智彌、市川光雄、大塚柳太郎『生態人類学を学ぶ人のために』正解試走車、1995年

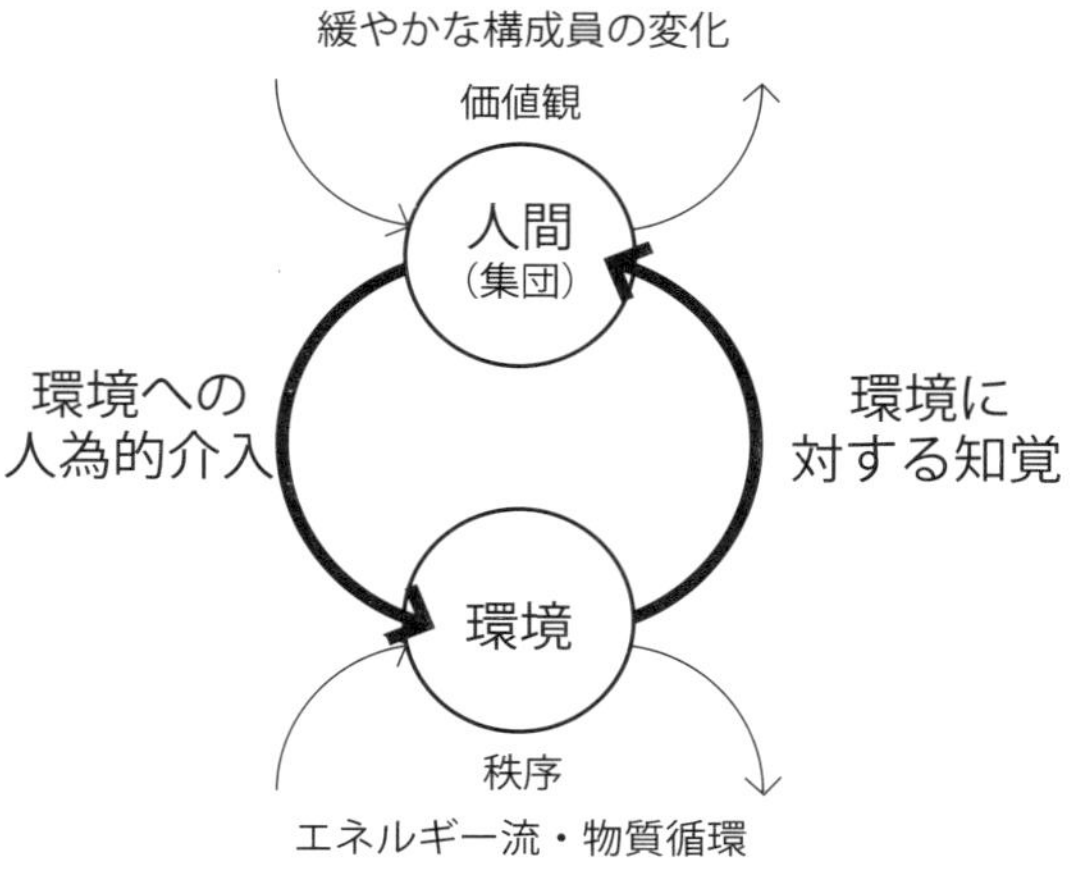


図2-3　人間と環境の関わり

とが新たなエネルギー流や物質循環といった環境の安定的な状態を生み出していく関係を捉えるアプローチであるといえる。

この同じ現象を人間と環境との関わりとして一体的に捉えると図2―3のように整理できる。人間（集団）が人為的に環境に秩序をつくることにより、環境から人間（集団）に天恵や恐怖がもたらされ、環境の価値として認識する。しかし、緩やかな構成員の変化により人間（集団）の価値観が乱れ、環境のエネルギー流・物質循環により絶えず環境の秩序は撹乱する。このような乱れを知覚することによって絶えず人為的介入し環境に秩序をつくる必要がある。このような人間と環境の関わりは、人間（集団）に価値観を生み出し、環境に秩序を生み出す、相互生成的な関係であると理解できる。

### ◉◉◉◉環境の秩序を読み解く

近代以降、住まい方や働き方は大きく変化し、それに伴い身近な環境も変貌を遂げた。そうした変化を生活者の目線から記録することは環境の秩序を読み解くうえで重要な作業である。

後藤春彦研究室では、「まちづくりオーラル・ヒストリー」なる方法論の構築に取り組んできた。生活者によって共有されてきた地域に内在する社会的記憶を、個々人の口述史を採集し、それらを編集しながら出現させ、身近な環境を構成している地域文脈を理解する試みである。言い換えるならば、人間（集団）の価値観を捉えることで、相互生成されてきたはずの環境の秩序を読み解く試みである。

小田原で試みたまちづくりオーラル・ヒストリーは、小田原の東海道沿いのさまざまな生業文化をつまびらかにするとともに、それらに対応した地域の空間構成の理解の手助けとなった。現在の小田原のなりわい観光へ素材を提供することにもなった。

まちづくりオーラル・ヒストリーは「人生」という市民一人ひとりの生涯という時間的な単位から、環境を捉えようとしている。人生という営みは、空間を場所化する行為の連続に他ならないからである。空間に手を入れ、使い込んでいくことにより、さまざまな意味が発生し、価値体系が築かれ、記憶として蓄積されることを通じて、空間は場所と呼ぶべきものになり、環境に秩序が与えられる。人びとの暮らしの営みと環境との応答関係によって環境に秩序が与えられ、まちの歴史から人びとは自らの価値観を宿すことができるのである。さらに、まち歩きなどのまちづくりワークショップ方法や既存史料と合わせて活用することで、相互生成された人間（集団）の価値観や現前する環境の秩序を理解し、受け継いでいくことが求められる。*

## 3　開放的になった動態的地域

### ◉開放系となった地域の課題

前近代的な地域社会では人口の流動がほとんどない閉鎖系として安定的に持続してきたため、環境も持続的に管理され保全されてきた。今日においては生活と生産は分化し、地域社会の人口の流動性が高まる

＊山崎義人、後藤春彦、佐久間康富『まちづくりオーラルヒストリー』都市計画58巻103、35-40頁、2009年

ことで相対的に開放系に転換した。つまり、人間（集団）の価値観と環境における秩序の相互生成の関係は弱まり、地域社会の空間的単位性も弱まっており、地域の主体が減少するとともに、多様な人びとが往来しながら地域社会が存立する動態的な状況になりつつある。こうした動態的地域では、地域と関係の希薄な近代的な生活様式の浸透と、地域主体の喪失という2つが今日的な課題となっている。

## 近代的生活様式の浸透

高度経済成長期以降に人口移動が進んだことで、90年代後半から現在に至るまで、わが国では人口の約2／3が人口集中地区内に住んでいる。さらに、日本列島の津々浦々に至るまで近代的生活様式が浸透しきったという認識は共通のものとなりつつある。たとえば、文化人類学者の米山俊直が、「〝農村〟に生活する人びとの具体的な行動様式は、都市生活者のそれと、多くの点で共通であるとみなしてよい。農業や漁業、あるいは山林業という生産の形態によって束縛されている時間的な制約を別にすれば、その生活の大部分は都市生活者の異なっているわけではない」*と指摘している。つまり、都市と農村とにかかわらず社会関係が一時的であり地域との関係が弱い近代的な生活様式をわが国のほとんどの人びとが送っているのが現状である。これらのことから団塊ジュニア世代以降はほとんどが都市に住まい、近代的生活様式しか知らないということを意味している。

## 地域主体の喪失

一方、今日のわが国において、いかに世代を超えて地域主体を継続していくのかが大きな課題である。社会学者の山下祐介は、２０１０年代に入っていよいよ戦前生まれの人びとがこの舞台から退場していくことで、これまで地域を守ってきた地域主体の喪失を問題視している。** こうした状況下で、社会関係が継続的で地域との関係が強い前近代的な生活様式をおくってきた地域主体が継続されない問題が顕在化してくる。

＊米山俊直『都市と農村』放送大学教育振興会、1996年
＊＊山下祐介『限界集落の真実』筑摩書房、2012年

◉◉地域主体の継続への慣習の知恵

これらの課題を解いていくためのひとつのヒントは、前近代的な慣習の中にあるのではないだろうか。兵庫県姫路市の坊勢島は、姫路港から南西約20ｋｍに位置し、人口約３０００人、就業者の約半数が漁師という漁業が主産業の離島である。昭和55年より断続的に人口が増え続けており、昭和60年からは世帯数も増加を続けていた（現在は減少に転じている）。人口動態を調べてみると、転入と転出はほぼ同数で、出生数が死亡数を上回る自然増の傾向が約25年間継続していた。内海の本土に近接する離島１２３島のうち、１９７０年から２０００年の30年間で継続的に人口増加の傾向を示している離島は坊勢島だけで、年齢別構成をみても今日では珍しい裾野の広がった人口ピラミッドになっていた。*

民俗慣行を調べてみると「新宅わけ」という、息子が結婚し世帯を構えるときに新宅を与えるという慣行があることがわかった。新宅わけは基本的に、息子の数だけ家（間借りの場合もあるが基本的に持ち家）を親が用意するものであり、娘には与えられない。「新宅わけ」と人口の自然増とに関係があるのではないかと推察された。隠居研究の第一任者である民俗学者の竹田亘は、「隠居も分家も、別居の直接動機は新婚者のための婚舎を提供することに」あると指摘している。** また、広原盛明は大都市部における研究で「結婚時において一定水準（標準的）の住宅を確保しようとする結婚行動が、女性の結婚年齢を引き上げ、全体として出生率の低下をもたらす」と指摘している。*** つまり、坊勢島では「新宅わけ」が機能し、この逆転現象が起きているのではないかと考えた。すなわち、一定水準の住宅を確保できることによって女性の結婚行動が早くなり出生率が高くなっているのではいないか？

詳しく調べていくと、次のことがわかってきた。結婚・子育てなどライフステージに応じて島内を１～２回程度転居することで、居住者を入れ替え、家族を入れ替え、住宅・宅地を連鎖的に利用して、住宅・宅地の所有関係や居住関係を変化させながら、坊勢島に居住している。①こどもの成長や長男の嫁を迎え

＊山崎義人「地域を維持・継承させてきた住まい方」『住民主体の都市計画』学芸出版社、224-232頁、2009年
＊＊竹田亘『民俗慣行としての隠居の研究』未来社、1964年
＊＊＊広原盛明「出生力回復のための大都市住宅政策に関する研究（2）」『住宅総合研究財団研究年報』No.22、321-329頁、1995年

るために新居を構え転居する。②転居して空いた住宅・宅地は、他の居住者が隠居や新宅わけの住まいとして使う。隠居や新屋（新宅わけ）といった家族の住まいの継承にかかわる地域固有の慣行に、子育てのための転居という要素が加わり、居住者が連鎖的に住み替えを行うといった現代的な居住システムとして発展してきていた。婚姻や子どもの成長に応じた住宅・宅地の確保の容易さが、出生や子育てにとって好条件を提供し、人口増加や継続的な地域居住に好影響を与えているものと考えられた。*

考えてみると新屋（新宅わけ）や隠居という慣行は、住宅・宅地の早期相続である。人口減少局面に入り、経済成長が続いていく見込みがない社会であれば、価値が少なくなるかもしれない資産を持ち続けるよりも、もっと生産力があるところに投資し、価値の拡大を図ることが得策だろう。坊勢島の事例から人口減少社会における継続的な地域居住を眺めると、生涯現役的な価値観ではなく、隠遁生活的な価値観でゆずり合うことで、実は地域社会全体の新陳代謝を活発にし、活力を生み出し、結果的に、個人の利益にもつながっていくのではないかと考えさせられる。若者の生活活動・生産活動を大いに支援する地域固有の慣行がある地域からは、若者は転出せずに地域を継承していく可能性が高いことを示す事例として位置づけられる。「地域主体の継続」には、世代交代のあり方が一つの大きな鍵であることがうかがえた。

## ◉◉◉外部からの主体の巻き込み

もう一つの方向性として、移動性の高まりを逆手にとって、地域主体の継続のために地域外部からの主体を巻き込んでいくことで地域に動的平衡の状態をつくりあげていくことが考えられる。

### Uターン

かつて想定された団塊世代の定年帰農などよりも、実際は団塊ジュニア前後の若い世代の方が、さまざまな交流などを通じて、軽々と農山漁村に入り込んでいる。たとえば、宮崎県西米良村での研究によると、

* 山崎義人、橋本大、他「人口増加を続けてきた坊勢島の居住システムの考察」『日本建築学会計画系論文集』第612号、57－62頁、2007年2月
* 山崎義人、橋本大、他「坊勢島におけるライフステージに応じた地域内転居システム」『日本建築学会計画系論文集』第616号、85-90頁、2007年6月

平成6年〜平成15年までの間に転入者が161名（総人口の1・2％）にのぼり、当時の全国平均の倍ほどの割合を示していた。この研究のテーマは西米良村のUターン者の増加要因が何であるかを明らかにすることであり、Uターン者34名に対してアンケートを行い、転入理由や転入を決めた時期、転入に影響を与えたものなどを尋ねていった。転入する直接的な理由は、家族・親戚が存在することと、就職口があることであったが、着目すべきは転入に好影響を与えているものとして、村民自体の交流や活動が盛んであること、神楽などの地域の伝統文化を大切にしていることが挙げられていたことである。つまり、就職口や住宅の確保もさることながら、積極的な地域資源の活用がUIターンにつながっているということである。*

奄美大島の南側に近接する加計呂麻島のほぼ中心に位置している瀬相集落は、人口減少を続けていたものの、昭和52年に奄美大島と結ぶカーフェリーの就航以来、徐々に人口増加に転じた。昭和52年時点では、22世帯39人であり、集落の自治会に相当する部落会は存続しておらず、もちろん、その下部組織に相当する青（壮）年団、婦人会、老人会などもなくなっており、集落の活動としてのお祭りや清掃作業も行われなくなっていた。この集落を対象とした研究によると、その後、平成12年の時点で39世帯89人に増えて、転入者の多くが役員を引き受けることにより自治会が復活していた。自治会が共用の空間で清掃活動や祭事を行うなど、転入の経緯や年齢、性別によって転入者が集落における活動に参加している実態が明らかにされている。つまり、自治会が機能しなくなるほど衰退した集落社会でも、一定程度人口が増加し集落社会を再編していくことで、特に地域社会を支える共用の空間の利活用が盛んに行われることにつながっていくことがわかる。まさに人間と環境との相互生成的な関係を再編しているといえる。**

これらのことを踏まえると、個人の生活が近代的になろうとも地域の伝統文化や村民の交流活動は大切であり、地域の外部からの主体を巻き込んでいくうえで、共用の空間を活かした祭事などの地域社会レベルの伝統的な行事・活動が重要な要素であると思われる。

＊岡崎京子、後藤春彦、山崎義人「Uターン者増加の過程における転入要因の変遷」『都市計画論文集』No.39、25-30頁、2004年10月

＊＊丸山弘敏「人口流入過程における『集落構造』の変化と転入者の役割」早稲田大学修士論文、2002年

## 家族を支えるサポートネットワーク

愛知県・長野県・静岡県の県境の山がちな地域である愛知県北設楽郡豊根村を対象として、過疎高齢化が進展した地域において離れて暮らす家族の村への往来を積極的に家族ネットワークと位置づけて、その実態と課題を明らかにするため、2001年3月に旧豊根村の坂宇場地区と三沢地区の全203世帯を対象にアンケート調査を行った。親の世帯、兄弟の世帯、子の世帯で、1年間に往来があった世帯を「外世帯」と定義して、その家族構成と往来目的などを尋ねた。年1回以上帰省する人の数は633人であり地区居住者の倍以上いた。2時間前後の距離圏に住んでいれば月1回以上帰省することが可能であった。単身世帯は帰省回数が少ないが、結婚して子どもを生む前は月1回程度、子どもが生まれると2ヶ月に1回程度、子どもが小学校を卒業すると3ヶ月に1回程度の帰省頻度であることがわかった。外世帯は40歳未満の場合は、友人・知人に合うなど休暇の娯楽を兼ねて帰省しているが、40歳以上になってくると実家の親の生活支援やケア、病院の通院などのために帰省している傾向があることがわかった。都市から村へ通ってくる家族が農村の居住者の生活を支援しており、家族関係は広域的なネットワークの中で継続しているることがみてとれる。*

水田耕作とリンゴの栽培が盛んな長野盆地の山間部に位置する長野市信更地区の赤田区の農家58戸を対象に、地域外の家族による農作業の労働力について実態を明らかにした。農業従事者の平均年齢が60歳未満の農家では、子や妻の姉妹など、2名ほどの手助けを得ることで農家の人数の少なさを補うことができ、農作業が効率よくなっていた。平均年齢が60〜70歳の農家では、体力の低下を補うため、農繁期には夫婦の兄弟姉妹や子が3名ほど手助けすることにより比較的広い面積の耕作を可能にしていた。平均年齢が70歳以上の農家では、耕作面積は小さくなるものの、高齢者が耕作を続けられるように妻の兄弟が2名ほど役割分担をしながら支えていた。このように家族のサポートネットワークは生活に関係することだけでなく、生産に関することにも当てはまっていることがわかる。**

＊分権型社会の都市ビジョン研究会「中山間地域における家族ネットワークに関する研究」『中山間・離島/多自然居住地域の地域づくり支援分科会研究報告書』、14-20頁、2002年

＊＊細田祥子、後藤春彦、山崎義人「中山間地域における地域外家族による農作業の労働力の特徴と意義」『日本建築学会計画系論文集』575号、69-76頁、2003年11月

都市から通ってくる家族が農村の居住者の生活・生産活動をサポートするダイナミックなネットワークを想定することができよう。なにもUIターンのように移住しなくても、都市からの短期間の移動者でも地域に貢献する重要な主体となり得るもので、それらを積極的に位置づけていくことが考えられる。

### 外部人材とのパートナーシップ

徳島県海部郡美波町役場の臨時職員として実際に木岐まちづくり協議会の事務局を担当した後藤春彦研究室の学生は、2010年度の都市漁村交流の活動の全般に参画しながら、一部の企画も行った。その活動をまとめた研究では、木岐地区での漁村においてまちづくりを展開していくパートナーシップを形成するために3つのフェーズがあると整理している。「胎動期」と名づけられたフェーズ1では、1つのテーマのために編成された組織によって地域資源の再発見がなされる。この時に成功体験が動機付けとなり、フェーズ2へと移行する。「拡散期」と名づけられたフェーズ2では、複数の組織が小さな拠点を構え、小さなリスクの事業を展開しながらノウハウが蓄積される。「統合期」と名づけられたフェーズ3では、地域協働体が総合的な地域運営を目指していくようになる。また、このような、まちづくりが地域内で展開していくための、地域の外の協力者の重要性を指摘している。*

「田舎で働き隊!」や農村六起インターンシップなどの外部人材派遣制度を活用しながら地域ビジネスの創出に取り組んでいる宮崎県西臼杵郡高千穂町では、温泉茶屋や宿泊施設、農家レストランや民宿、エコミュージアムなどが地域ビジネスとして立ち上がっている。高千穂町を対象とした研究では、地域外の人的支援のネットワークを積極的に活用し、外部人材との協働による地域ビジネスの創出について、その展開プロセスを明らかにしている。外部人材は、再訪や地域活動への参加を繰り返すことで地域との関わりを深めていき、次第にファンからサポーター、そして積極的な協力者となる。その人数が増えていくことで、地域外の協力者のネットワークが形成されていく。

＊跡部嵩幸、後藤春彦、遊佐敏彦、山崎義人「小規模漁村における地域運営のパートナーシップ形成のプロセス〜徳島県美波町木岐地区を対象として〜」『日本建築学会計画系論文集』667号、1601-1610頁、20011年9月

一方で、地域ビジネスの創出に向けた活動やそのための空間の創出によって、さまざまな交流・活動のコンテンツを用意しながら、外部人材を活用するノウハウを地域内の主体が身につけていく。これらの活動を通じて、組織間の連携もみられるようになっていた。地域内の主体と外部人材は協働活動を展開し相互に作用しながら、地域ビジネスを創出していた。*

地域おこし協力隊などの外部人材派遣制度が注目され、地域創生の動きとともに、その数が増加している。しかし、さまざまな問題も抱えており、特にその外部人材と地域のマッチングが課題視されている。そうしたマッチングをするコーディネート組織が存在する緑のふるさと協力隊に着目し、外部人材とのパートナーシップのあり方について研究を行った。緑のふるさと協力隊を新規に受け入れる自治体は、体制づくりが未熟なために、隊員を受け入れる際の地域とのマッチングをコーディネート組織である緑化センターに一任にしており、外部人材である隊員の活用のあり方も不明瞭な状況になっている。受け入れて2〜4年経過すると、自治体の担当者の隊員に対する要望が明確化する。さらに、経験を積み5年以上になってくると地域内に隊員を受け入れ、活用する体制が築かれる状況へと発展していく。このような状況から外部人材と地域とをマッチングするコーディネート組織は特に受け入れの初期に大きな意味があることがわかった。**

都市や農山漁村を往来し地域に貢献する主体は、なにも血縁・地縁のあるものに限らない。昨今では、団塊ジュニア以降の若い世代が、軽々と過疎地の農山漁村に入り込み、さまざまな交流・活動を展開している。そして、交流から協働へといかに関係を発展させていくかが今日的な課題である。

* 金子奈津「地域ビジネスの創出に向けた地域と外部人材の協働に関する研究」早稲田大学修士論文、2012年
** 野田満、後藤春彦、山崎義人「人的支援の効果的活用に向けたコーディネイト組織の役割」『日本建築学会計画系論文集』705号、2423-2432頁、2014年11月

## 4　環境の秩序を読み解く動態的地域のまちづくり

現代社会のモビリティをフルに活用してのびのびと自由に動き回り、ＩＴを駆使して情報発信を自由自在に行い、都市や農山漁村においてネットワークを構築している若者たちを、地域社会が巻き込みながら地域に貢献する主体として育成していくことが重要である。

### ◉早川町のまちづくり

山梨県に早川町という、人口が最小で高齢化率が最大の町がある。２０１４年の春先に山梨県から長野県にかけて大雪となり、早川町では孤立集落が多く発生してニュースとなったことを記憶している人も多いだろう。そこに「日本上流文化圏研究所」なる不思議な名前のまちづくりを行うＮＰＯがある。１９９６年、設立当初は早川町役場の一組織だったが、その後独立してＮＰＯとなった。設立当初は後藤春彦研究室のメンバーが支援しながら、町民の暮らしに光を当てる「２０００人のホームページ」プロジェクトに重点的に取り組んだ。町民全員を取材し、山での暮らしについて聞き取りし、ホームページ上で紹介するという試みであった。まちづくりオーラル・ヒストリーの原形はここにあったといっても過言ではない。次第に研究室の枠組みを外れ、さまざまな数多くの学生たちが都市部から早川町に訪問するようになり、さまざまなプロジェクトが展開していった。当時、学生だった人びとが早川町のさまざまな活動に参加するために、いまでも町を訪ねてくる。町民ひとり一人が語った地域への想いは、その後のまちづくり戦略を導きだすうえでの基礎的な資料になった。

掘り起こされた山の暮らしの文化や、そのための技術や知恵を持つ人材を活かすしくみとして、「あなたのやる気応援事業」を実施してきている。町民から地域資源を活かした商品開発や起業などのアイデアを募集し、審査に通ったものには助成するというものである。遊休農地を活用したブルーベリー農園の開園や、早川町の資源を来訪者などに伝えるネイチャーガイドの事業化、集落にかつてあった手打ちそば屋の復活など、地域資源を活かした町の新しい魅力が生まれてきている。

その後、あなたのやる気応援事業の助成金をまかなうため、「早川サポーターズクラブ」を立ち上げた。早川町を応援する町外在住の人びとに年会費5000円でクラブ会員になってもらうしくみであり、会員には町内の観光施設の割引や年6回発行の情報誌「やまだらけ」の送付などの得点が用意されている。さらに会員向けの早川ツアーを定期的に行ったり、情報誌「やまだらけ」の編集も地域外のボランティアが中心に行うなど、さまざまな機会で地域外の人材が地域に貢献する主体として位置づけられている。また、地域住民自身が地域資源を掘こして魅力を紹介するガイドブック「めたきけし」を作成し販売したり、町内の古写真を収集したりすることを通じて、地域独自の資源を再評価する「はやかわおもいでアルバム」などの活動も展開している。*

一方で過疎高齢化が進展し、集落の共同作業がままならなくなったある集落を対象に、共同作業への地域外からのボランティアを受け入れている。集落の草刈り、お宮の掃除、お茶摘み、ブドウの収穫など、共同作業のみでなく季節ならでは体験もボランティアに体験してもらいながら集落住民と交流を深めている。ボランティアを人足として捉えるのではなく、集落の将来を一緒に考え実現していく仲間として捉えることを大切にしている。先の大雪の際にも、雪かきのボランティアが全国から駆けつけた。

また、地域外の人びとが早川町の人びとの価値観を知り、早川町の環境の秩序を理解していくプロセスそのものが、地域に貢献する外部の主体を作り上げていくプロセスでもあったといえる。地域内の主体の力を引だしつつ、外部からの人材を上手く活用し、地域に内在する資源や環境の秩序を再発見しながら、まちづくりをともに展開していく。そのことで、人間の価値観と環境の秩序の相互生成的な関係が再構成していく可能性があるように思う。

＊早川フィールドミュージアム公式サイト　http://fm-hayakawa.net/top　2014年

## ◉◉動的平衡としての地域の持続

相対的に開放系の社会になった今日において、地域としての人間と自然環境との関係を持続させていくことについて、これまで論じてきた。人びとの暮らしは、地域の土地や場所、空間との関係が希薄な、移動しながら生活する生活スタイルが大半を占めるようになった。地域との関係の強いライフスタイルから地域社会が持続していくための大切な知恵を学びつつ、移動してくるさまざまな人びとと社会関係を多様にむすびつけながら、自分たちの地域の文脈や環境の秩序を再度、彼らとともに深く理解する作業を通じて、地域との関係を取りむすびなおしていく地道な活動が必要であろう（図2―4）。これらのことを通じて、動的な平衡の状態として地域が持続していくに違いない。

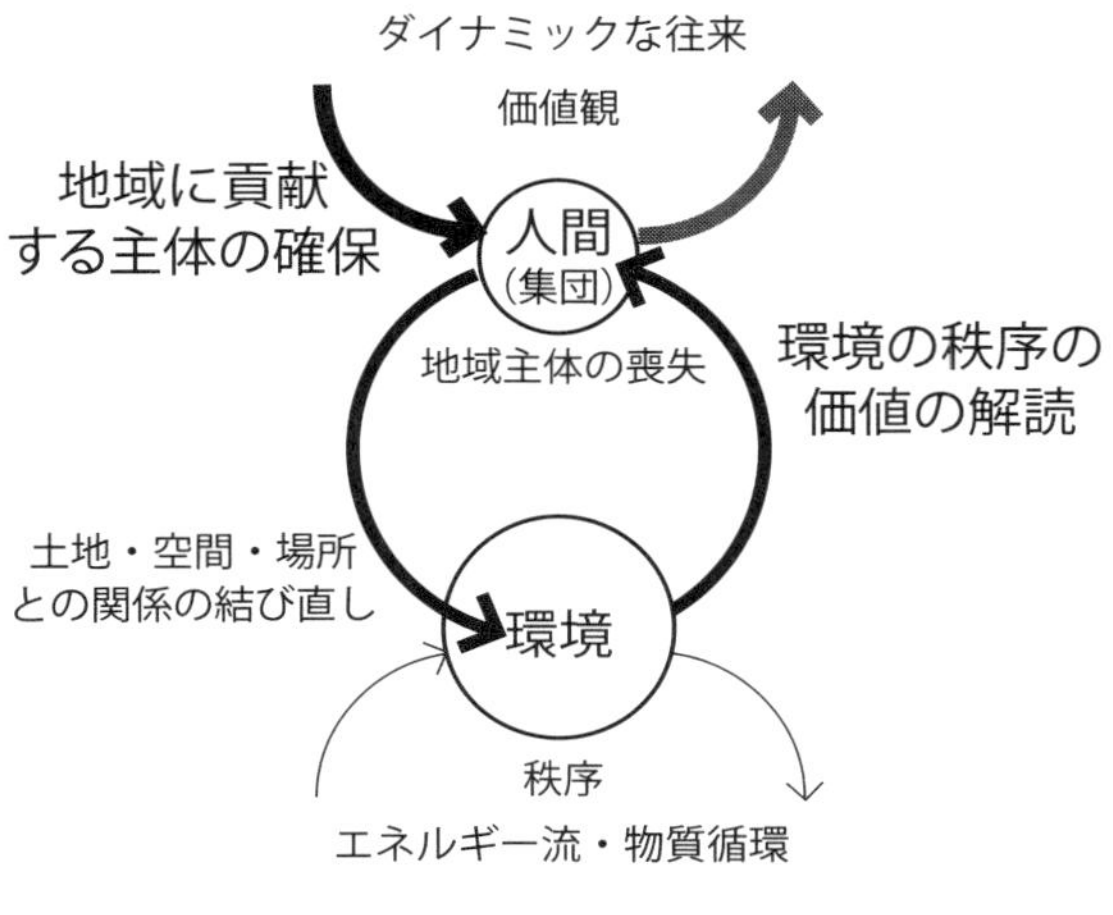


図2-4　動的平衡としての地域の持続

実践❹

# 地域に根ざしともに育ち合う関係を目指して

## 山梨県南巨摩郡早川町　日本上流文化研究所の活動

鞍打 大輔

日本上流文化圏研究所（以下、上流研）とは、山梨県早川町が1996年に設立したまちづくりの中間支援組織である（2006年にNPO法人化）。その背景には、早川町が1994年に策定した総合計画『日本・上流文化圏構想』（以下、上流圏構想）がある。

上流圏構想では、「水系主義」を唱えている。かつては川を中心に、水も人も物も移動し、一つの生態系と文化圏が育まれてきたが、明治以降の国土計画は、水系を分断し海沿いに都市や工業地帯を造った。これによって、上流域の資源は一方的に下流域に流出し、上流域は急速に活気を失った。しかし、経済発展や効率至上主義が行き詰まり環境問題に関心が高まるなか、わが国の国土のあり方として流域圏に着目し、そのなかで上流域の存在意義を見直す必要があるのではないだろうか、というのがその基本的な思想である。

そして、この構想のシンボル施策の一つに、町内外の知を集積させるプラットフォームとしての上流研の設立が掲げられ、理念の実現がそのミッションとなっている。筆者は、元々早川町とは縁も所縁もなかったが、上流研構想の策定に関わった後藤春彦研究室在籍時（大学4年時）に早川町と出会い、上流研の設立当初から現在まで、学生研究員、正職員、事務局長としてその運営に携わってきた。早川に移住して17年目になるが、その間、何を考え、どういう戦略を持って活動してきたのかをまとめたい。

まず企画したのが、全町民を取材しホームページ上で紹介する「2000人のホームページ」プロジェクトである（平成10年〜）。これは、上流域の暮らしを支えて来た人びとの生活の知恵や技術、いわゆる民俗知を住民への聞き取りを通して収集しようとする試みである。同時に、町民と膝をつき合わせて話をすることで、我々の人となりを町民に知ってもらい、町民と上流研スタッフの相互理解、信頼関係づくりを促進させたいという思惑もあった。聞き取りは、上流研スタッフと大学生ボランティアがあたり、4年でほぼ全世帯を訪ね終えた。約1000人をホームページに掲載するとともに、上流研のその後の活動を円滑に進める基盤ができ上がったと考えている。

次の段階として、住民活動のサポートという上流研の立場への理解を促すと同時に、地域資源の活用促進、またまちづくり活動に取り組む主体の掘り起こしを狙い、「あなたのやる気応援事業」を企画した（平成14年～）。住民から地域資源を生かした商品開発や起業のアイデアを募集し、審査が通ったものには活動資金を助成するとともに、住民に責任を持って活動してもらう事業である。

山村留学セミナー（移住者募集）の様子

山村留学セミナーで学校の魅力をPRする地元の子ども

こどもクラブの様子

この事業を通して、集落の女性たちによるそば屋の立ち上げ、遊休農地を活用したブルーベリー農園づくりなど、30件以上のプロジェクトが生まれた。近年は、比較的若い世代や移住者からの応募も多くなってきたと同時に、活動間の連携も活発になってきている。今後、さらなる連携を促し、それぞれの活動が点から線へ、面へと、地域を動かす大きなうねりになることを期待している。

一方で、過疎高齢化の流れは止められず、ここ20年で人口は半減し空き家や遊休農地なども爆発的に増えた。上流圏構想で守り再生したいと考える上流域の暮らしに、存続の危機が訪れているのもまた事実であった。そこで、集落の維持、活性化を目指した「集落サポート事業」および「移住希望者の受け入れ事業」に乗り出した（平成20年～）。

集落サポート事業では、初年度に全集落の状況をヒアリングして回り、翌年からモデル集落を公募し、具体的なサポートに入るという流れで、これまでに町内36集落中5集落をサポートした。ボランティアや企業のCSR活動を受け入れた村仕事の維持や、集落から町外へ他出した人びととの関係を再構築し伝統文化の維持を図る集落も出てきている。

ただし、「あなたのやる気応援事業」とは違い、モデル集落に積極的に手を挙げる集落が少なく、サポートしたくてもできないのが現実である。これは、移住希望者の受け入れに関しても同様で、移住者を積極的に受け入れたいという集落は少数派である。

この原因としては、住民間で集落の将来に対する話し合いがされてこなかったことや、集落の人口減少や高齢化が極度に進展し諦めムードが出ていることなどが考えられる。現状のままではよくないと思いつつも、自分が先頭に立ち責任を引き受けてやるまでの意欲はないといったこともあるだろう。要は、この課題に対する住民の主体性をどう引き出せるかということであり、さまざまな策を講じているつもりではあるが、中間支援という立ち位置でそれに対する抜本的な手段はまだ見つかっていない。

ただ、光がない訳でもない。町教育委員会が進める「山村留学」がその1つである。当初は、都市部から子どもたちを受け入れることに対して、学校や保護者からなかなか理解を得られない状況にあったが、平成25年度に早川北小学校の全校児童が4人になることがわかり、統廃合の危機を感じた教師が立ち上がり保護者を巻き込みながら児童数確保に取り組みはじめた。上流研も情報発信などの面でサポートし、翌年には児童数が18名に増加するという大きな成果をあげた。

それ以降も、教育委員会、学校、保護者、上流研が連携し、町ぐるみで山村留学を推進しており、東京で開いた子育て世代向けのセミナーには4者に加え、実際に山村留学をした方や地元の小中学生も参加し地域や学校をPRしている。また、山村留学や田舎暮らしを体験するツアーを、保護者が独自に企画実施するといった動きも生まれている。

我々には、住民が本気になる瞬間を見定め、そこで的確かつ効果的な手を打つことが求められている。そして、上流研はサポートというスタンスを表に出し過ぎず、一住民として、住民とともに達成感や感動、喜びを分かち合うことが大切なのではと感じている。

最後に、上流研がこれから力を入れていきたいと考えているのが、地域の将来を担う人材の育成である。移住者の受け入れや、町外の力を借りることも重要ではあるが、最終的には地域で生まれ育った人間が地域を支えていく状態を目指したい。現在は「子どもクラブ」(平成24年〜)を通して、小中学生を対象に地域の自然や歴史、文化にふれる体験活動を実施している。これに加え、将来的には中高生を対象にまちづくりやビジネスについても学べるような場を作っていきたいと考えている。

詰まるところ、早川町の暮らしに価値を見出し、山の中で暮らし続けるための生活基盤を自ら作り上げられる人材の育成と、そうした人材が何世代にも渡って生まれ続ける再生産のしくみづくりが、上流研の使命になると考えている。

実践❺

# まちづくりドゥタンクによる共発関係の構築

## 神奈川県小田原市

山崎 義人

小田原市は、2000年4月から市役所企画課内に小田原市政策総合研究所（以下、政策研）を置いた。これは、2000年の地方分権一括法の施行に合わせたもので、それまでの国から県、そして県から市町村へと、トップダウンで事務が降りてくる構造は基本的に改められ、市町村が自ら政策を考え自ら実践するという時代の分岐点に、戦略的に設置せれた行政シンクタンクだった。

しかし、所長になった後藤春彦は、思考を蓄積する「シンクタンク」ではなく、行動を伴って成果を蓄積する「ドゥタンク」を標榜した。小田原市の総合計画に関与していた後藤が、政策研の所長に内定していたのは、1999年の夏か秋のことだと思う。ちょうどその頃、筆者は勤めていた都市計画コンサルタントを辞し、博士後期課程に復学することを後藤に相談していた。こうしたご縁で筆者は、2000年4月の復学とともに、政策研の副主任研究員を2年間勤めたのである。活動はその後も7年間続いたが、その間、研究室のメンバーが政策研に関わり続けていった。

ここに無形学を捉えるうえでの1つのポイントがあると思っている。それは、まちづくりの主体の中核部分に人材を派遣するという方法論である。これは、早稲田大学でこれまでにもよく試みられてきた常套手段的な方法論である。後藤は、三重大学工学部助教授に就く前に、宮城県旧中新田町に都市

市職員と市民と専門家のチーム（筆者を含む）でのまち歩き調査の様子

デザイン専門官として派遣され、まちづくりに関与していた。この経験が普遍的な方法論として展開していったのだろう。山梨県早川町にある、日本上流文化圏研究所も、まずは行政シンクタンクとして設置され、後藤研究室に在籍していた鞍打が在学中から関わっており、設置から20年近く経つ今もまちづくりに関わりつづけている（実践❹参照）。さらに言うならば、これらの取り組み以降展開していく、学生を地域に派遣する地域づくりインターンの会や地域おこし協力隊などの人材派遣制度は、こうした方法論を一般に展開していったものであるとも言える。

しかし、政策研や上流研などがそれらと異なる点は、ただ単に人材を地域に派遣するだけではなく、まちづくりを主体的に展開するセクターを用意する点である。つまり、まちづくりのセクターの設置と人材の派遣はセットで行われるという仕掛けなのである。これにより、地域内部の人材と派遣された外部の人材とが新しい社会関係を取り結んでいくプロセス自体を、まちづくり活動の駆動力として利用している。

筆者が政策研に関与した2年間は、行政職員だけのグループと、市民と職員とがコラボしたグループの2つがあり、大学教員や建築家・都市計画コンサルタントといった実務家たちも、そのグループにモデレーターとして参加していった。それぞれに、「20世紀遺産・別邸建築等の保全と活用」「交流の舞台・旧東海道周辺のまちづくり」というテーマが与えられ、現地フィールドワークを重視し、地域資源を再発見しながら活動が展開され、年度末に市長にまちづくりの提案がなされるという取り組みだった。当時、別邸を活用した「庭園交流」や旧東海道を活かす「なりわい交流」などのコンセプトがまちづくりの方針として掲げられ、市長へ提案された。現地フィールドワークでまちを歩き、さまざまな建築や場所を訪問し、地元の方々へのヒアリングや、ミニシンポジウムをまち中で幾度も展開していき、一般市民を次第次第に巻き込んでいく政策研の活動プロセスそのものも、まちづくり活動の一環として位置づけられた。まちづくりオーラルヒストリーという手法のうち、特に採集した市民の語りをいかにまちづくりに還元すべきか、という命題は、政策研における地域資源の再発見とまちづくり活動の展開というプロセスで育まれ、また社会実験的な試みが許容される「研究所」という枠組みを活用して、その還元する方法のいくつかが試されたのである。

それまで小田原といえば、北条早雲や小田原城、東海道宿など、戦国時代から江戸時代までの歴史と、それにまつわる歴史的資産に意識が向けられていた。政策研の活動やその後の市民活動によって、小田原に存在していた近現代の歴史的文化的資産の豊富さにあらためて脚光を浴びせることができたとともに、市民がより身近なまちの歴史や文化へ関心を寄せることができたと考えている。

当時のまちづくり活動は現在も小田原のまちの中に根付いている。旧東海道には旧網問屋の建物を改修したお休み処である「小田原宿なりわい交流館」が立地し、旧東海道を散策する際の拠点となっており、周辺に多く点在する小田原のさまざまな「なりわい」を紹介する「街かど博物館」へのゲートウェイ的な役割を担っている。「清閑亭」(旧黒田長成別邸)は、「小田原邸園交流館」という別名をもち、政策研の市民と職員がコラボしたグループから派生した特定非営利法人「小田原まちづくり応援団」により現在運営されている。また、リニューアルされた小田原地下街にも「なりわい」という基本コンセプトは引き継がれている。

まちづくりのための新しいセクターの形成とそこへの若者の派遣、彼らによるまちの身近な地域資源の価値の再発見とその活用という、主体と地域の関係の再構築によって、持続的なまちづくり活動を下支えする仕掛けになっていると考えられる。

実践❻

# 「地域の意志」を顕在化する地域総出の都市・漁村交流

## 徳島県海部郡美波町木岐地区

跡部 嵩幸

### 木岐に必要なことやけん、やってみんけ！

木岐地区は、徳島県海部郡美波町の中央部に位置し、木岐漁港周辺の「木岐浦」、農村風景が広がる「奥」と「白浜」からなる約700人の集落である。少子高齢化が進み、基幹産業であった漁業は、漁獲高の低下、後継者不足が進んでいる。このような状況を打開するため、住民を主体とした都市・漁村交流を手法としたまちづくりが行われてきた。

2003年、前年から行われてきた漁業体験ツアーをきっかけに、女性を中心としたまちづくり住民組織「わいわいｋｉｋｉ」が結成され、ツアーを継続するとともに、産直や食堂などへ活動を展開していった。また、同年は、旧由岐町による「地域づくり推進条例」の施行を背景に設立された「木岐椿公園愛護会」や、数年前から活動を行っていた「木岐奥次世代会議」といったまちづくり住民組織も独自の活動をはじめていった。

2008年、それまでの活動の延長線上に「木岐まちづくり協議会」が設立された。この協議会は、既存のまちづくり住民組織を主力としながら、活動の統合と、地域のさまざまな組織・団体（木岐漁業協同組合、木岐小学校ＰＴＡ、木岐婦人会など）との連携を目指していた。筆者と木岐との出会いは、この年に協議会が後藤春彦研究室に依頼したコミュニティ計画づくりであった。計画づくりでは、地域の強みや課題を筆者らの五感を通じて読み込むことを重視し、フィールドワークや地域の方々との対話といった手法を用い、発見的に地域のあるべき姿を捉えていくアプローチをとった。

筆者は、コミュニティ計画策定後の2010年4月からの1年間（後藤春彦研究室修士2年時）、臨時職員として美波町役場に在職し、主に産業分野（観光・水産業）の事業補助にあたるとともに、夜間や休日は協議会の事務局の一員として木岐のまちづくりに参画した。1年間に渡る活動の羅針盤となったのは、住民との密なコミュニケーションであった。コミュニティ計画策定時から蓄積され続けた地域の声からは、2つの課

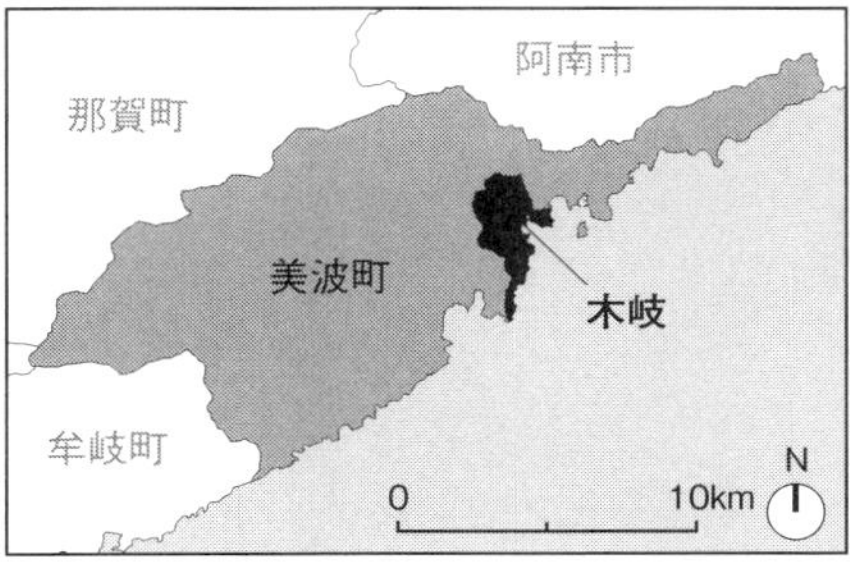


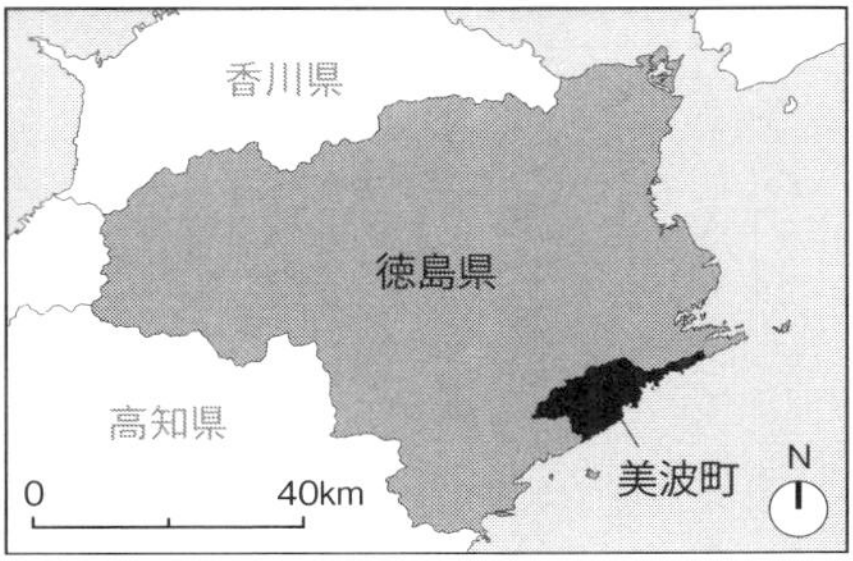


木岐の風景と地理

題が浮かび上がっていた。1点目は、基幹産業である漁業の活性化が必要であるにも関わらず、漁協との連携が不足しているということである。2点目は、まちづくりの担い手が高齢化し、新たな担い手獲得が必要不可欠であるということであった。

筆者は、これらの課題に反応するようにまちづくりに取り組んだ。ここに、まちづくりの中核部分に派遣された人材が起こす化学反応を考察するポイントがある。木岐の場合、住民との密なコミュニケーションにより、いったん筆者に蓄積された個別の情報が活動を通じて組み合わされ、漸進的に地域のさまざまな組織・団体のベクトルが揃っていくという反応が現れた。1年間の活動を振り返ると、特に重要だったのはケーススタディ（地域のさまざまな組織・団体が独自に行っていた活動を、協議会がハブとなり関係する組織・団体が連携するようにアレンジ）と、自らが中心となって企画・運営したモニターツアー（多様な活動を組み合わせることで地域総出のプロジェクトを創出）であった。

ケーススタディは3つあり、一つ目は「お魚料理教室」である。6月5日に、魚食普及と担い手の獲得を目的として、漁協役員とPTAの協力を得て、木岐の海産物を使った料理教室を開催した。企画運営や海産物確保に取り組む中で、漁協と連携するベースが形成され、協議会の構成組織からは新たな担い手が参加することになった。二つ目は、「盆踊り」である。8月14日に、お盆に帰省している人との交流を目的として、漁協とうきき連（地元鳴り物グループ）の協力を得て、「盆踊り」を実施した。ここでは、港設備の活用での漁協との連携のベースが形成され、協議会の構成組織以外との協力関係が生まれることになった。三つ目は、「磯で遊ぼう！」である。8月22日に、交流人口の拡大および木岐の海の魅力発信を目的として、漁協、わいわいｋｉｋｉ、婦人会の協力を得て、子どもたちを対象としたイベントを実施した。漁場活用での漁協との連携のベースが形成され、ここでも協議会の構成組織から新たな担い手の参加がみられた。このような取り組みで培われたノウハウの統合とコミュニティビジネス化に向けた実証を目的として、モニターツアー「おとなの修学旅行」を10月9～11日に実施した。連携を重ねてきた、漁協、わいわいｋｉｋｉ、木岐椿公園愛護会、木岐奥次世代会議、婦人会、ＰＴＡ、うきき連、その他有志の協力が得られ、木岐の生活体験を軸とする内容となった。協力者たちは、それぞれに交流プログラム（漁業者による漁業体験、木岐奥次世代会議による農業体験、婦人会／ＰＴＡによる料理体験、うきき連による阿波踊り体験など）を提供し、それらをまとめて1つの商品とした。

盆踊りの様子

磯で遊ぼう！の様子

お魚料理教室の様子

　筆者は木岐のまちづくりにおいて、①漁協との連携不足、②まちづくりの担い手不足、という2つの地域の課題に反応し、以前から行われてきた活動のアレンジや、コーディネートをしたに過ぎない。しかし、「おとなの修学旅行」の後に漁業者からいただいた「やっと、まちづくりが目指していることがわかった」という感想からは、地域のさまざまな組織・

おとなの修学旅行の様子

団体の活動のベクトルが揃うことによって、住民それぞれが潜在意識のなかで持っている地域の理想像の共通部分が顕在化されつつあることがうかがえた。住民主体のまちづくりの課題解決には、このような住民相互の「活動⇄理解」の循環が必要不可欠であると思う。その際、筆者が木岐の外から来た人間であったために、地域のさまざまな組織・団体の間を自由に行き来しやすかったこと、一つひとつの活動で密なコミュニケーションを続けていたことが「活動⇄理解」の潤滑油となったともいえる。

地域の再生には、基幹産業と暮らしを支える地域のさまざまな組織・団体が各々の役割を果たしていくことが必要である。しかし、個々の活動は必ずしも目的を同じとしていない。限られた資源を活用していくためには、形のない「地域の意志」を引き出し、大きなベクトルに統合し、顕在化していかなければならない。木岐での出来事からは、それまで形のなかったものがリアリティを持って目の前に立ち現れるような感覚を抱いている。

章3

# 重層的都市論

隣り合う他者と関わりを持つための場の理解

佐久間康富

I

# 都市とは何か

## 隣り合う他者と関わりあい新たな価値が生まれる場所

本章では、多様な要素が重なり合う都市空間の意義を論じたい。端的に結論づければ、「隣り合う他者と関わり合い、新たな価値が生まれる場」が都市空間の意義である。また、多様な機能が重なりあう場を捉えようとした後藤春彦研究室の試みの紹介を通じて、多様な要素の捉え方を論じたい。

### ◉都市空間を理解しやすく整理されたことによる生活の分離

まず、わたしたちのコミュニケーションを取り巻く状況を振り返っておきたい。

わたしたちの社会は、血縁、地縁、選択縁によるつながりがあると言われているが、特に近年、インターネットをはじめとした情報技術の発展、ＳＮＳなどのコミュニケーションツールにより、時空間を超えてさまざまな人たちとつながることが可能になっている。時空間の制約を超えて関心のある人たち同士で自由につながることができるようになった一方で、特定の関心に分断された小さな集団が数多く生まれることになった。関心の近しい人たちと関わり合う技術、居心地のよい関係を補完させる技術は発達したが、異なる関心を持つ、異なる世代、異なる属性の人たちとの関わりの欲求はむしろ少なくなっているのではないか。異なる人びととの関わりはコミュニケーションの前提が共有されておらず、しばしばすれ違いが起こりうる。コミュニケーションの前提を確認しながら対話を重ねざるを得ず、結果、心理的負荷が伴う。それに対して、関心、世代、属性が似通った人たちとの関わりは前提が共有されており、前提への配慮なく対話が可能であり、結果、居心地のよいコミュニケーションによる場が成立する。

情報技術を介したコミュニケーションによってつくられた場が非常に居心地よいように、わたしたちの身の回りの環境も似通った機能で構成されると居心地のよい環境となる。養老孟司が「脳化社会」[*]と称したように、人びとの頭の中にある社会像を具現化したものが都市という環境の一面である。

わたしたちの身の回りの環境としての都市をかたちづくる基盤を構成してきたのが「都市計画」である。都市計画は都市計画法の定義によれば、「土地利用、都市施設の整備および市街地開発事業」に関する計画とされている。土地利用計画にて都市空間の機能の配分を行い、都市施設の整備によって人びとの生活を支える基盤と都市の骨格をかたちづくり、市街地開発事業によって都市を更新する。「都市計画」によってわたしたちの都市の基盤はかたちづくられてきたが、わたしたちが頭の中で考え、形あるものにしてきた環境そのものであり、その結果、ある居心地のよさが感じられるようになっているといえる。

そもそも、都市計画は産業化に伴い発生した都市問題に対する居住環境の確保を命題として誕生した。[**] 19世紀、産業革命の母国イギリスを経て、わが国においても同様の必要で都市空間に対して用途の配置が行われてきた。[***] 1919年、市街地建築物法、旧都市計画法の制定にはじまり、市街地建築物法の改正（1938年）、建築基準法の制定（1950年）、新都市計画法（1969年）、建築基準法の改正（1970年）、都市計画法・建築基準法の改正（1992年）と、工業の環境悪化要因、事務所などの非住居系用途の侵入から住環境を守るための改正が重ねられてきた。大規模な工場が集積する工業専用地域と住宅が集積する住居専用地域などの土地利用は隣接することなく分離され、住環境の安寧、生産環境の保全が都市を構成する大きな基盤として実現してきた。その結果、都市生活者のライフスタイルは、生産設備が立地する商業系用途や工業系用途の都市空間と、住宅が立地する住居系用途の都市空間を人びとが行き来することから成り立ち、厳しい通勤ラッシュ、帰宅時間の遅い働き手不在の食卓といった生活を招いたともいえるが、商店、飲食店等が少ない住宅団地の生活も、生産施設の大気汚染、水質汚濁、騒音などの公害から距離を置き、静穏であこがれのライフスタイルであり続けてきた。異なる機能と隣接することなく「居心地のよい」空間が実現してきたといえる。

* 養老孟司『現代社会と都市化　脳生理学者の現代文明論』三輪学苑、1998年

** 日笠端、日端康雄『都市計画（第3版）』共立出版、2003年

*** 坂真哉「建物の用途に基づいた規制について―住宅を中心として―」『コンバージョンを通して考える住宅という用途』第26回住総研シンポジウム資料集、5-20頁、2006年

*** 石田頼房『日本近現代都市計画の展開』自治体研究社、2004年

## ◉◉居心地のよさを越えて。隣り合う他者との関わりによって生まれる価値

しかしながら、その居心地のよさの獲得と引き替えに、異なる他者との関わりの機会を失ってきたともいえる。関心、世代、属性の近しいものによるコミュニティの居心地はよいが、新しいメンバーの参画はなく、新しい観点の提供もない退屈なものになる。機能を分離したことで得られる居心地のよい住環境は、静穏であこがれのライフスタイルであり続けてきたが、平日の昼間は人気がなく、商業施設のにぎわいからも距離があり、静穏であるがどこか退屈である。想定外の機能、出来事に出会うことなく、穏やかではあるが、変わりばえのない日常が続くことになる。

こうした課題を乗り越えるためには、わたしたちがかつて選び取ってきた居心地のよさを越えて、隣り合う他者との関わりを再構築していく必要がある。都市が都市である要素の一つに、異なる関心、世代、属性の他者と関わり合うことができることにある。異なる関心、世代、属性の他者と関わり合うためには、実空間の存在が助けになる。情報技術を介したコミュニケーションでは、社会的前提を確認しながらの対話は難しい。一方が発した言葉が通じているか通じていないか、相手の表情、しぐさなど言葉で表される以外の反応を確認する必要があるためである。隣り合う他者の振る舞いは、ときには居心地の悪さにもつながるが、実空間での言葉を尽くした関わり合いによって、新しい見方を提供することもしばしばある。そうした可能性が、実空間での隣り合う他者との関係に見い出すことができる。

たとえば、近年の近隣における問題として、公園に遊ぶ子どもたちの声や、幼稚園の子どもたちの声が騒音として捉えられる事例がしばしば報告される。隣り合う異なる世代の他者との関わりが希薄なためであると言われているが、日頃、騒音として子どもたちの声を捉えていた人も、孫ができたときに他者としての子どもが自身の関わりのある存在に変わる「かも」しれない。公園でケガをした子どもを助けたことをきっかけに子どもたちと挨拶をするような関係になる「かも」しれない。背景の理解できない他者に対

する想像力を発揮することは難しいが、人となりを理解した他者に対する想像力を発揮するのは容易である。他者に対する想像力によって、騒音として捉えられていた子どもたちの声が、地域の活力の表れとして理解されるようになる「かも」しれない。想定の事例にすぎないが、こうしたそれぞれの生活者の認識を超えるような出来事と関わることができるのも、異なる関心、世代、属性の他者と関わることのできる都市空間において成立することであるといえる。都市空間の意義は、「隣り合う他者と関わり合い、新たな価値が生まれる場」といえないだろうか。

図3-1　グランドプラザ（富山市）

それがわかりやすく現れているのが、都市における広場ではないか。たとえば、近年、全国で「まちなか広場」と呼ばれる都市の中心部で広く市民が利用できる広場が次々と設置されている。* グランドプラザ（富山市）（図3―1）、アオーレ長岡（長岡市）、姫路駅北駅前広場（姫路市）、うめきた広場（大阪市）、札幌駅通り地下歩行空間（札幌市）、バードハット（鳥取市）などの全国各地でおよそ30の挑戦をみることができる。いずれの事例からも公共空間を自動車中心の場所から歩行者中心の場所として取り戻し、人びとが関わり合う場の誕生を求める人びとの大きなうねりが感じられる。都市の成り立ちにあわせて生まれた「広場」が、現代の都市において改めて希求されているといえるのではないか。

* まちなか広場研究会　http://machinakahiroba.com/

広場では他者と関わり合うことができる。ヤン・ゲールは、広場における行為を「必要活動」「任意活動」「社会活動」と整理し、他者と関わりある行為を「社会活動」と呼んだ。[*] シャッター街となった商店街を歩いても楽しいことはない。誰も留まっていない大きな広場は薄ら寒い印象がある。ヨーロッパのオープンカフェで留まる人びと、その横を通り過ぎる人びと、その間にはお互いに「見る—見られる」の関係が成立し、まちなか広場では多くの人が思い思いの時間を過ごす。イベントがあれば、舞台の演者と買い物の途中立ち寄った人との交歓、舞台を見ている人同士の関係も期待できる。年老いた人は、横で転ぶ子どもに目を細める一方、小さな子どもは着飾った壮年の男女にあこがれることもあるかもしれない。家の中では出会えない人たちとまちなかの広場では出会うことができる。人びとのコミュニケーションが通信技術に依存するようになった分、かえって他者との交歓が求められている。こうした日頃の生活では想定しえない、これまで関わることのなかった人たちとの出会い、異なる他者との関わりが「都市に住むよろこび」であるといえる。

こうした事例はインターネットで書籍を販売するAmazonと街場の本屋との対比からでもうかがえる。[**] Amazonでは、「ロングテール」と呼ばれるように多くの種類、豊富な品揃えにより、特殊な本も購入することができるが、購買者があらかじめ想定している本や検索キーワードによって見つけられる本しか出会うことができない。一方、街場の本屋は限られた店舗面積に置かれる本しかないが、購買者が想定していなかった新しい本とも出会うことができる。実空間には、購買者自身が五感を使って検索し、未知なる世界に踏み込む可能性がある。他者との交歓、想定をこえた出会いが偶発的に起こり得ることに実空間の価値がある。

こうした「他者」との出会いの機会をつくり、場所の価値を高めることが「まちづくり」「地域づくり」の重要な手がかりになっている。

＊ヤン・ゲール（著）北原理雄（訳）『建物のあいだのアクティビティ』鹿島出版会、2011年
＊＊東浩紀『弱いつながり—検索ワードを探す旅』幻冬舎、2014年

### ◉◉◉ 交流によって生まれる「新たな価値」

それは、都市空間にだけ求められるものではない。農山村でも同様である。日本の農山村は人の往来が少ないと思われがちだが、古来より、街道沿いや交易地などを中心に、人が行き交ってきた。こうしたところに他者との出会いが生まれる「都市」的な場が成立してきた。かつて往来があった場所は、その地域独自の気候風土に根ざした産品と他地域との交流により独自の生活文化が醸成されてきた。その営みが蓄積された街並みは現代でも往事の気配を感じさせるものとなっている。農山村であっても人びとの往来による他者との関わりによって新たな価値が生み出されてきたといえる。

図3-2　地域づくりインターンによる地域住民との交流機会

現代でも、都市農村交流の実践のあるところでは、農山村でも多くの他者と出会うことができる。人の往来が少ない、対話の前提が共有されているコミュニティではお互い多くを語らずとも理解し合える居心地のよい場が成立している。居心地のよさはあるが、自分自身や住まう地域のことを改めて問い直すような機会はない。しかし、コミュニケーションの前提を共有していない他者を前にすると、自分自身や地域の暮らしの有り様を改めて言語化し、言葉を尽くして説明する必要に迫られる。自分自身や暮らしの有り様を言語化する一方で、他者の有り様に耳を傾けることで、自分自身の有り様を再定義し、新しい可能性への気づきが生まれる機会となる。これが、宮口が説く都市農村交流による農山村の「新たな価値」*といえる。

たとえば、全国各地に広がった「ツーリズム大学」の端緒となった九州ツーリズム大学**に取り組んでいた熊本県阿蘇郡小国町では、全国各地の講師陣が集まるだけでなく、学びに来る人と地域住民らが出会う場が用意されている。2016年からはツーリズム大学を発展するかたちで開設された「ムラの暮らし研究所」がその場づくりを受け継いでいるが、専門知識のある地域外の人びとが定期的に地域を訪れ、地域の人たちと出会う場において他者との交流により「新たな価値」が生まれ続けている。地域にもその実践が広がり、商店に消えていた灯りがともり、若い世代が戻ってくるような魅力的な場づくりが続けられている。

「協働の段階」の都市農村交流***と言われる動きにみるように、また、小田切らによる「田園回帰」****という言葉にみるように、近年、農山村を訪れる都市住民が増え、特に現役世代が農山村に関心を持ち、実際に移住しはじめている。1994年にはじまった「緑のふるさと協力隊」*****、1998年国土庁（その後国土交通省）によりはじめられた「地域づくりインターン事業」******などをきっかけに、若者と農山村の交流のチャンネルがつくられてきた（図3―2）が、特に2009年にはじまった総務省の「地域おこし協力隊」*******のように国による政策的支援もあり、多くの農山村に若い現役世代が訪れている。こうした動きに乗り遅れまいと、多くの地域が受け入れをはじめているが、他者との交流による自己変革の覚悟としくみが準備されていないと、現役世代を迎え入れても「新たな価値」は生まれることはない。都市農村交流によって多くの人びとが訪れるようにすることはもちろんであるが、「新たな価値」が生まれるためには、他者を受け入れ、隣り合う他者に積極的に関わり、自己を解体するようなゆらぎへの可能性を開きつつ、他者を受け入れることが重要である。

* 宮口侗廸『新・地域を活かす　地理学者の地域づくり論』原書房、2007年
** 九州ツーリズム大学　http://manabiyanosato.or.jp/2dai/2dai.html
*** 佐久間康富、青山幸一、筒井一伸、「「協働の段階」の都市農村交流と「うごめく人々」によるコミュニティモデル」『都市計画』第62 (2) 号、38-41頁、2013年
**** 小田切徳美『農山村は消滅しない』岩波書店、2014年
***** 『農山村再生若者白書2010』編集委員会『緑のふるさと協力隊 どこにもない学校―農山村再生・若者白書〈2010〉』農山漁村文化協会、2010年
****** 宮口侗廸、木下勇、佐久間康富、筒井一伸『若者と地域をつくる―地域づくりインターンに学ぶ学生と農山村の協働』、原書房、2010年
******* 椎川忍、小田切徳美、平井太郎、地域活性化センター、移住・交流推進機構『地域おこし協力隊 日本を元気にする60人の挑戦』学芸出版社、2015年

## 2　要素が重なりあう重層的な空間の理解の試み

こうした他者をはじめとする多様な要素と隣り合うことにこそ都市空間の意義はあるが、先にみたようにわたしたちは異なるものが隣り合うことに対して心理的負荷を強いられ、必要とされる行為を分離することで「居心地のよい」環境を実現してきたともいえる。後藤春彦研究室では、こうした相反する関係を一つずつひもときながら多様な要素を捉えようとする試みを重ねてきた。以下にその試みを振り返っておきたい。

### ◉「建築スケールにおける用途混在」の発生

「建築スケールにおける用途混在」とは、建築スケールでの行為を都市スケールから把握しようとするときに、行為自体が時間的・空間的に細分化されている様態のことである。その結果、建築スケールでの行為が都市スケールでは把握できなくなっていることを指している。

都市化を先導した第2次産業を中心とした産業社会から、第3次産業に特化した情報社会への転換によって、情報技術の発展、工業の軽量化が進み、生活者、事業者の住まい方、働き方において「住むところ」と「働くところ」が明確に規定できなくなってきている。住宅の中で書類作成などの生産行為が行われ、町の喫茶店でも、軽量化した情報装置を用いながら、打ち合わせや書類作成が行われる。建築内で行われる人びとの行為自体が時間的・空間的に小さな単位に細分化してきている。また、都市活力の賦活において、ＳＯＨＯ、コミュニティ・ビジネスといった「小さな単位で新しい機能が進出し、地域経済を活性化し」[*]ていくことが望まれている。これらは住宅とみられる建築に外観からは判別できない工場や事務所などの用途が含まれている。野嶋ら[**]による地方都市

＊小林重敬「知の時代の地域再生―コンバージョンとSOHO―」
『コンバージョン、SOHOによる地域再生』学芸出版社、12頁、2005年

＊＊野嶋慎二「眼鏡関連産業の立地動向と職住形態特性に関する研究」
『第14回環境情報科学論文集 環境情報科学 別冊 環境情報科学論文集』、189-194頁、2000年

＊＊野嶋慎二、渡邊将樹「業種と職住形態からみた事業所の立地動向に関する研究―福井市での事例―」
『第15回環境情報科学論文集「環境情報科学 別冊　環境情報科学論文集』、
151-160頁、2001年11月

＊＊小森宗泰、野嶋慎二「伝統工芸産地における住居との関係からみた事業所の立地動向に関する研究」
『日本建築学会計画系論文集』第586号、119-126頁、2004年

の住宅地における非居住機能の実態を扱った報告、羽鳥らによる[*]都市のマンションや集合住宅に非居住機能が入り込みはじめている報告にあるように、住まうための器であった住宅、マンション、集合住宅にさまざまな生産活動が展開している。ニュータウンに目を転じてみても、人びとの生活形態・就業形態の多様化に伴い、開発時に予測されなかった住み手の新たなニーズが生まれ、各住戸内において事務所、各種趣味教室などの非居住機能が展開している。[**]

これらは建築時の確認申請とは違った用途として利用されることになるが、都市活力の賦活という観点、ストック型社会への転換という観点からは、こうした事例がより好ましいものとして拡大していくことが期待される。

### 「建築スケールの用途混在」の2つの捉え方

「建築スケールの用途混在」を都市計画の立場から議論する場合、行為の主体が建築内において「行為の自己認識における用途の類推をする場合」と、他主体が「建築物の外観から用途を類推する場合」と2つの観点が現れてくる（図3―3）。

「行為の自己認識における用途を類推をする場合」は、建築内で行われる人びとの行為自体が時間的・空間的に小さな単位に細分化し、一見して判別しがたくなっていることを指す。情報技術の発展により自宅での書類作成などの生産行為が一人の個人として実現可能になり、これらの営み自体は絶えず移りゆくことができる。自宅でテレビを見て休息していたときに、携帯電話が鳴り仕事の連絡を済ませたと思えば、食卓で食事を取ることもでき、その直後に、食卓で、書類作成や、仕事の関係者にメールで連絡を取ったりする。細分化された一人ひとりの生活者による、都市における自由な営為の表れともいえる。

「建築物の外観から用途を類推する場合」は、前項でみたとおり、「住むところ」と「働くとこ

＊ 羽鳥洋子、岸本達也「東京23区における集合住宅の用途混合の実態に関する研究―GISを用いた調査と分析―」『日本都市計画学会都市計画論文集』第40-3号、163-168頁、2005年

＊＊ 小島摂、後藤春彦、佐久間康富、上原佑貴、山崎義人「ニュータウンの集合住宅における非居住機能の空間的・時間的側面からの実態と評価―多摩ニュータウンの併用住戸を事例にして」『日本建築学会計画系論文集』第611号、101-107頁、2007年

＊＊ 竹沢宜之、喜安真司、重村力「千里ニュータウンの成熟に伴う計画外非居住空間の発生」『日本都市計画学会学術研究論文集』第19号、475-480頁、1984年

＊＊ 伊丹康二、柏原士郎、吉村英祐、横田隆司、阪田弘一「千里ニュータウン、泉北ニュータウンにおける自然発生施設の分布特性」『日本建築学会計画系論文集』第537号、101-108頁、2000年

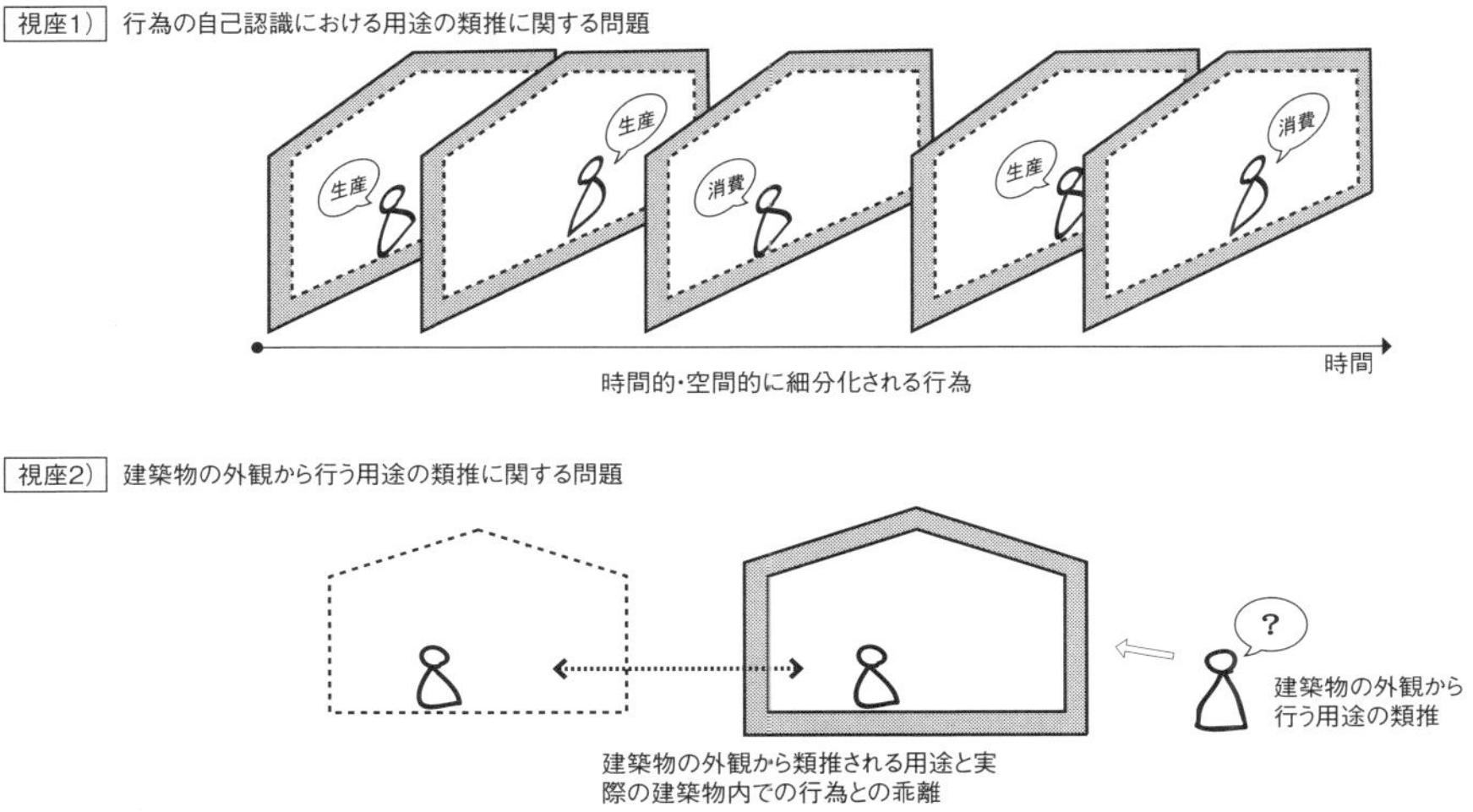


図3-3 「建築スケールの用途混在」の２つの捉え方

ろ」が明確に規定できなくなり、建築内で行われる人びとの行為が時間的・空間的に小さな単位に細分化してきている。そして、人びとの行為自体も建築物の形態からも自由になり、建築物の外観から用途を類推した場合、外観からは判別されない行為となって出現してきていることを指す。「用途」とは、「ある空間の形態に対応して行われる人間の行為、アクティビティを認識可能な型にわけたもの」とすることができるが、これまでは建築を中心とする空間の形態に対して行われていた人間の行為が、ある程度齟齬なく対応していた。街並みを構成する建築物のうち、商店と見えるものについては商業の営みがあり、工場と見えるものについてはものづくりという生産行為が行われており、しもた屋と見えるものは生活行為が中心となっていた。しかし、建築内で行われる人びとの行為が時間的・空間的に細分化したことによって、建築物の外観から用途を類推した場合、外観からは判別されない行為が営まれることが出現している。都市計画として建築物の形態を通じて土地利用の制限を行ってきたことの限界を示すものともいえるが、ストックを活用において新たな可能性を開くものともいえる。

## 墨田区におけるニット産業における職住関係の実態把握

佐久間、佐藤らは、墨田区のニット産業における事業所の職住関係を明らかにしている。[*] 1960年代、東京の下町の工業集積は活況を呈していた。墨田区は江東・足立・葛飾・荒川・台東区とともに城東地域を形成しており、メリヤスを中心とした繊維産業の集積地であったが、中国など東南アジア諸国の廉価な商品とヨーロッパ諸国のデザイン性に優れている商品の板挟みになり、産地の空洞化が進んでいる。それでも2000年頃で約250社の集積があり職住併用形態が特徴的であった墨田区のニット産業を対象に、職住関係に着目した事業所建築物の特徴を明らかにしている。7割近くの事業所建築物内に経営者住宅がある形態が残っており、上層階に居住機能、下層階に非居住機能が多いことが明らかにされている。調査の過程で、建築物の各階の立体用途図を作成し各階の用途と立地の関係を分析したり（図3―4）、増築、隣家の買収を経て時間とともに工場の使われ方が変遷している様子を表した「ファクトリーヒストリー」図の作成が試みられている。

## 多摩ニュータウンにおける非居住機能の実態

小島らによって、多摩ニュータウンの非居住機能の実態を明らかにした研究がある。開発から30―40年が経過しようとしているニュータウンは、団地の更新を課題としつつも、既存ストックを活用した新たな住まい方への萌芽もうかがえる。小島らは多摩ニュータウンを事例として、各住戸内に展開している学習教室、会社事務所といった非居住機能の実態を明らかにした。[**] 非居住機能として、ピアノ、生け花、英会話といった学習教室、保険、会計、設計、電気工事といった会社事務所といった利用が多く、独立を機に住戸内で開業した事例、自宅の隣の棟の空き家で開業した事例などがある。こうした利用だけでなく、な

＊佐久間康富、後藤春彦、佐藤賢一
「ニット産業の事業所建築物における外観からは見えない用途の混在―東京都墨田区のニット産業における事業所の職住関係を事例にして」『日本建築学会計画系論文集 』第639号、1085-1093頁、2009年

＊＊小島摂、後藤春彦、佐久間康富、上原佑貴、山崎義人
「ニュータウンの集合住宅における非居住機能の空間的・時間的側面からの実態と評価―多摩ニュータウンの併用住戸を事例にして」『日本建築学会計画系論文集』第611号、101-107頁、2007年

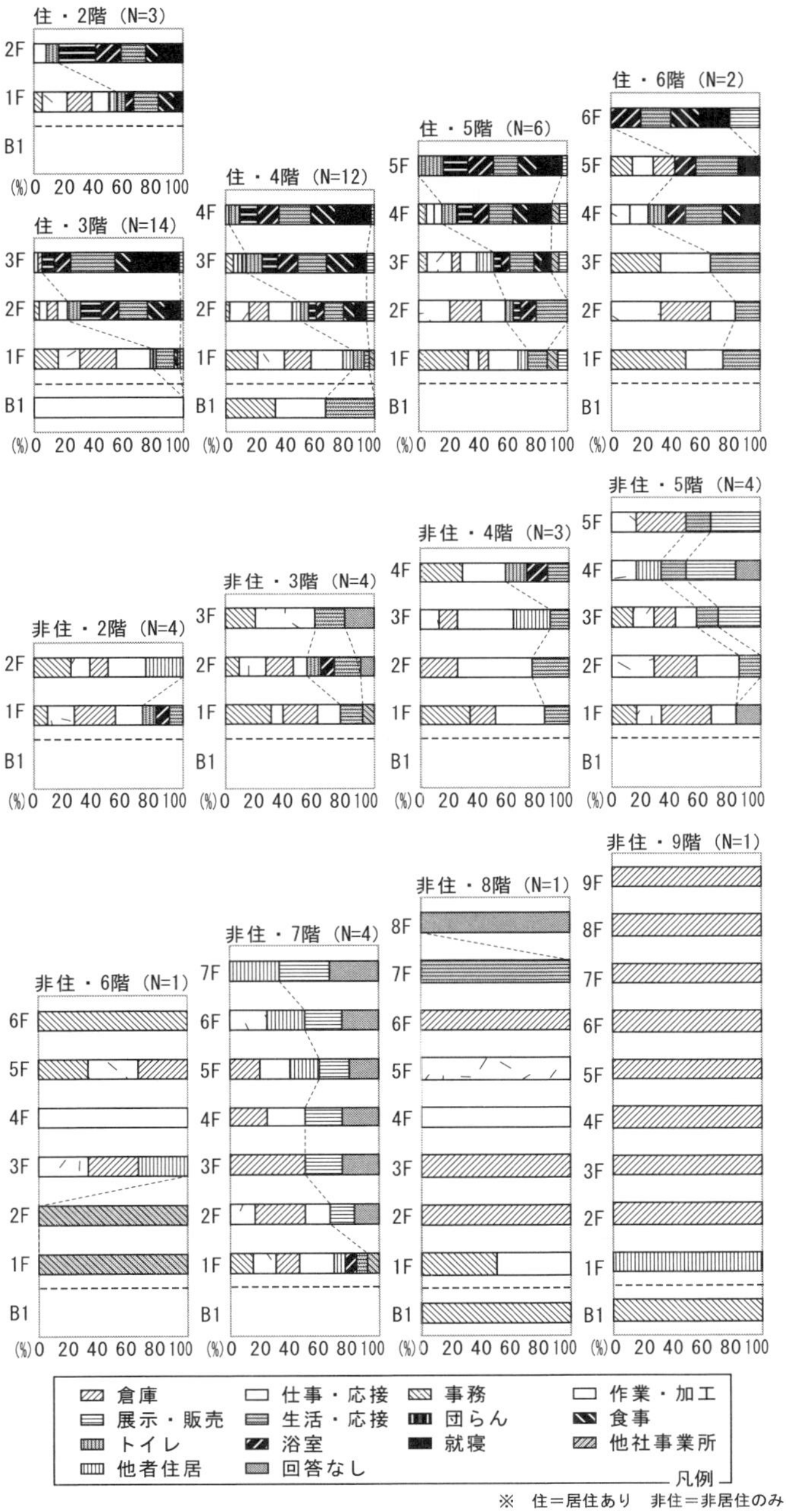

※　住＝居住あり　非住＝非居住のみ

図3-4　墨田区のニット産業を構成する建築物の立体用途図

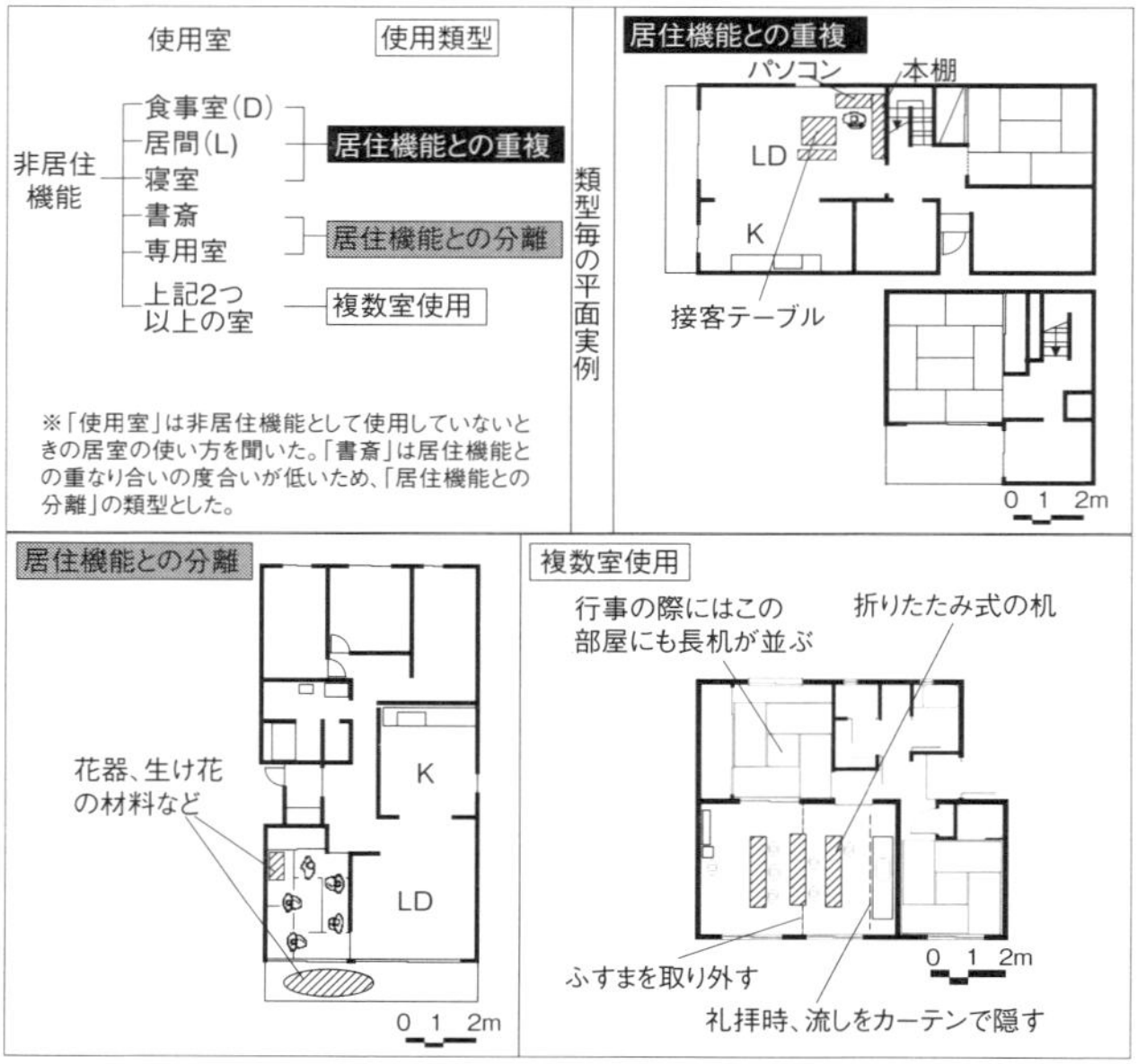


図3-5　多摩ニュータウンに発生する非居住機能

かには漆器販売の事務所兼倉庫、住宅内のリビングを中心にキリスト教の礼拝空間として使用している例もみることができた（図3―5）。

全般的な傾向としては、70―80年代に供給された団地が年月の経過により、居住者がリタイア、セミリタイア層になり、新たなニーズを受け止める形ではじまっていることと、パソコンを個人で持つことが一般的になりはじめた1995年以降にはじめた事例が多いことなどが明らかにされている。居住を専らの用途とする住宅団地においても、居住年月の経過に伴い、新たに発生した空間ニーズを住戸内に非居住機能を展開している。多様な就業形態、生活スタイルを受け止め、既存ストックの有効活用につながることが期待されている。

### 秋葉原における商業集積の重層的混在

秋葉原は、昔からある店舗の閉店や新

凡例 :ラジオ無線 :電化製品 :パソコン部品 :映像・書籍 :ゲーム :玩具 :メイド・アイドル :雑貨免税 :飲食 :その他

図3-6　秋葉原の商業集積の用途・フロアーマッピング

規店舗の参入による都市更新を通じて活力のある商業集積を維持している。鈴木らは、秋葉原を新旧の用途や多様な機能が重層的に混在した都市として位置づけ、建物内の混在、数街区での街のスケールでの混在と混在のタイプによる事業変化を明らかにしている。*その結果、単業種特化型ビル、多業種混在型ビルの2種類が存在すること、単業種特化ビルの残存と他業種混在型ビルの拡大により商業集積地としての秋葉原は更新されてきたこと、同一業種が建物を共用する混在と多業種が建物を共用する混在によって、時代の変化を柔軟に受け止めてきたことを明らかにしている。特に街の用途を捉える新たな手法として「フロアー・マッピング」を考案し、街のスケールで、建築フロアーの階層ごとの業種の混在を可視化することに成功している（図3―6）。

## ◉◉都市空間における多様な主体関係の記述の試み

### 団体自治と住民自治の関係の記述

2000年代の半ばに全国各地で平成の大合併が推進され、全国の市町村において合併による効率性の向上を理由に自治の単位の再編が進められた。行政によるまちづくり、いわば「団体自治」の立場からの再編が進められたのである。その一方で、合併の結果、住民によるまちづくり、いわば「住民自治」をいかに維持継承していくのかが全国的な課題となっていた。そのなかで、2005年に旧新吉富村と旧大平村の合併によりできた福岡県築上郡上毛町《こうげまち》では、市町村合併後、総合計画が策定されていたが、団体自治がフルセットでまちづくりを担う計画になっていた。相談を受けた後藤春彦研究室では、市町村合併を、団体自治をフルセットで提供する時代から、団体自治と住民自治が相互補完により地域自治を担う時代への転換点として捉え、進むべき道を示した。具体的には、各部局の機能により効率的に分けられた取り組みを描いた総合計画を縦糸に、地区の単位を共有する住民による取り組みを描いたコミュニティ計画を横糸

＊鈴木淳、後藤春彦、馬場健誠
「秋葉原における商業集積の重層的混在に関する研究―フロアー・マッピングを用いた業種立地の変化の分析―」
『日本建築学会計画系論文集』第712号、1307-1317頁、2015年

に、両者を重層的に編み直した関係を描いた。* これは後述する実践例にみるように、住民自治による地域づくり活動が展開する羅針盤となったといえる。

新宿区歌舞伎町シネシティ広場にひそむ「光の際」

山近らは、新宿コマ劇場の建て替えを機に大きく変わろうとしている新宿区歌舞伎町シネシティ広場において、タブレットなどのデジタル機器を活用し、シネシティ広場における利用実態調査、Ｔｗｉｔｔｅｒを活用した生活エピソードの採集を通じて場所性の把握を試みた。** シネシティ広場での利用実態調査からは、照度の高い場所に人びとが滞留し、照度の連続して高い「光の際」と呼ばれる部分が歩行空間として選択される傾向にあることを明らかにした。人びとのふるまいに働きかける異なる他者が出会う広場において、漫然と人びとが滞留するのではなく、照度という観点から広場の中にも構造があることを解明し、多様な要素が関わりあう関係の一端を明らかにすることに成功している。

## 3　重層性を理解する方法の枠組み

◉５つの重層性の捉え方

これまで取り上げた事例をはじめ、後藤春彦研究室で多様な要素の重層性の把握と表現が試みられてきた。既往の事例も含めて、これらの多様な要素を把握する方法の枠組みを俯瞰しておきたい。

ある単位空間において多様な要素が重なり合う重層性をどのように理解し、関係主体の間で共有するか。吉阪隆正は「人間がこれを観察したり感じたりする時には全部を区別できないので、不連続なものとして

＊ 後藤春彦「複合的な課題を多世代と多主体が協働して解く」『人口減少社会における多世代交流・共生のまちづくり』公益財団法人日本都市センター、2016年

＊＊ 石黒雅之、馬場健誠、申炳欣、伊藤裕菜、大石祐輔、斎藤竜大、高橋洸介、林泰資、山近資成、横内秀理「考現学のデジタル化による都市空間の再解釈と可能性」、日本都市計画学会、都市計画ポスターセッション、2012年

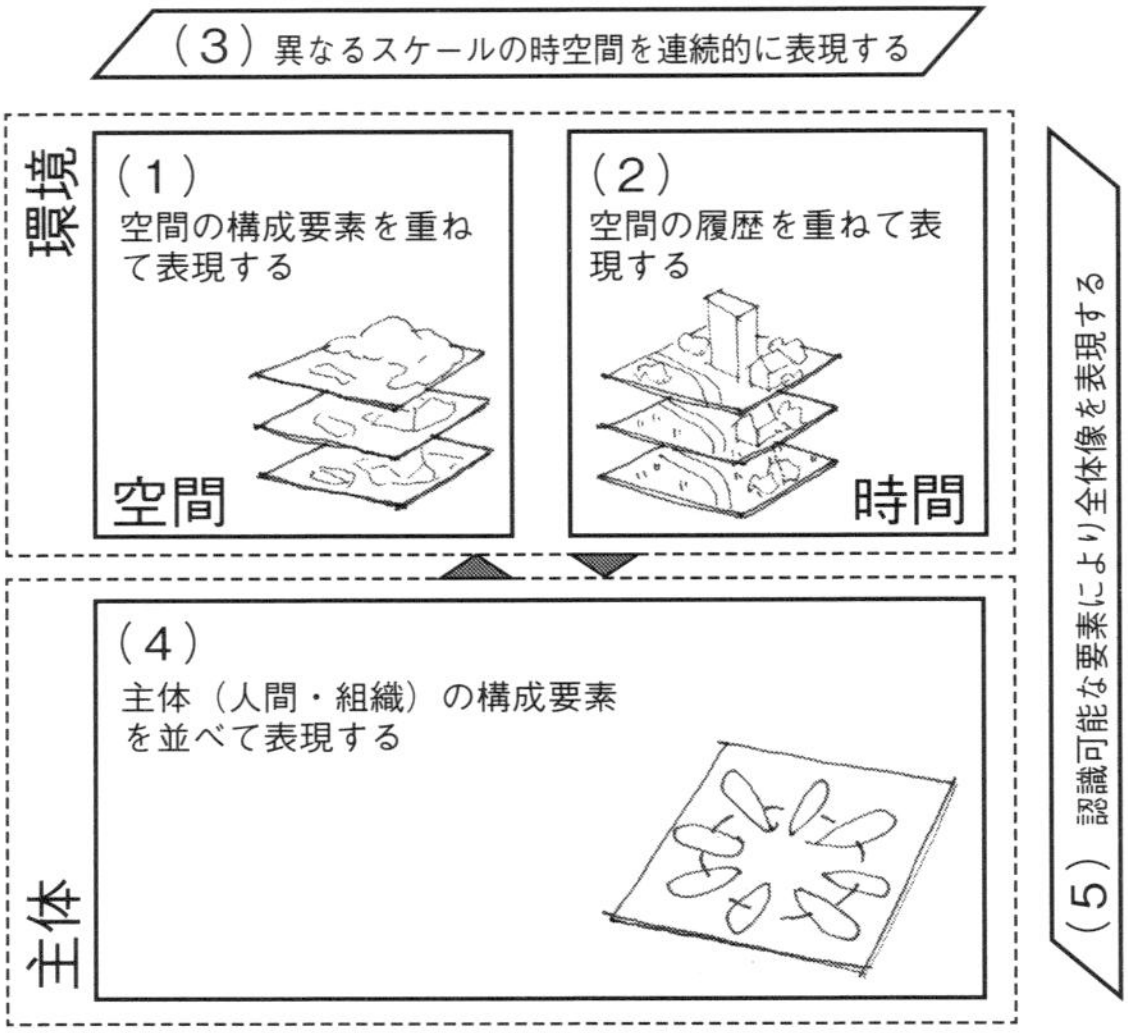


図3-7　重層性を理解する枠組み

扱った方が理解し易い。しかしまた勝手にバラバラに分割してしまえば混沌とした迷いの世に戻ってしまうので、その切り方に一定の秩序が欲しくなる。」と言った。* このように、わたしたちはわたしたち自身あるいは身の回りの環境をありのまま理解することはできない。認識可能な要素に分節したうえで、それを連続的に重ね合わせることで統合的な理解が可能になる。表現しようとする対象によって、以下のような5つの捉え方が想定できる（図3―7）。

**空間を構成する異なる要素を重ね合わせて空間のありようを表現する【環境（空間）】**

ある単位空間に存在するさまざまな要素を別々の層（レイヤー）に分けて理解し、各構成要素をそれぞれ取り出して理解したうえで、その重なり合いとして重層性を表現する。要素間が関わり合ってある単位空間が構成されていることを示すことができる。たとえば、イアン・マクハーグによる『Design with Nature』で紹介されたような多様な自然的要素から構成されるランドスケープの表現

*「発見的方法　吉阪研究室の哲学と手法 その1」『都市住宅』7508号、鹿島出版会、1975年
** イアン・マクハーグ『Design with Nature』集文社、1994年

や、各用途の立体的な重なり合いを表した「立体用途図」（図3―4）などがその事例となる。**

**空間を構成している要素の変遷を重ねて表現する【環境（時間）】**

多様な要素で構成された重層的空間を、その遷移から理解する。多様な要素で構成された重層的空間はその要素の成立には一定の時間が必要となる。その多様な要素を個別要素に分節して理解するだけでなく、さらに時間的な変遷として理解したうえで、統合的なありようを表現するものである。たとえば、佐藤らによって試みられた「ファクトリーヒストリー」という手法*や、鈴木らによる秋葉原の多様な用途の遷移（図3―6）**は、その都市的な用途の重層性を空間的な関係だけでなく時間的な遷移とあわせて統合的に理解しようとしたものである。後藤春彦研究室で取り組んできた「まちづくりオーラル・ヒストリー」という手法***も市民一人ひとりの記憶を基にした口述史を積層させ、コミュニティ史として編集することで、まちづくりの将来像の基礎を築こうとする試みである。さらに、人びとの生活の営みが色濃くにじみでた身近な景観としての「生活景」も、「A→（A+B）→（A+B+C）」と層が重なるように変化していく様を表したものだといえる。****

**異なるスケールの時空間を連続的に表現する【時間+空間】**

ある単位空間における要素を異なるスケールにおいて連続的に理解する。わたしたちは町を歩いているときに、視野に入る視覚像の認識と、地図を頭に描きながら移動する空間認識をあわせて統合的に理解している。視覚像として知覚される小さなスケールと、地図的空間認識で知覚される大きなスケールを重ね合わせ地域のイメージとしての景観を統合的に再構成して理解している。これは後藤春彦による景観の定義である「可視的形象と地域単元をあわせたもの」として表されているものである。*****その事例として説明される街並みの表現としてのストリート・ビューと、衛星画像を

* 佐藤賢一、後藤春彦、佐久間康富「生業に着目したまちづくりに関する研究　その4「職住一体ユニット」について」『日本建築学会学術講演梗概集』495―496頁、1997年

** 鈴木淳、後藤春彦、馬場健誠「秋葉原における商業集積の重層的混在に関する研究―フロアー・マッピングを用いた業種立地の変化の分析―」『日本建築学会計画系論文集』第712号、1307-1317頁、2015年

*** 早稲田大学後藤春彦研究室、後藤春彦、佐久間康富、田口太郎『まちづくりオーラル・ヒストリー「役に立つ過去」を活かし、「懐かしい未来」を描く』水曜社、2005年

**** 後藤春彦「生活景とは何か」日本建築学会（編）『生活景―身近な景観価値の発見とまちづくり』学芸出版社、2009年

***** 後藤春彦『景観まちづくり論』学芸出版社、2007年

シームレスに行き来するグーグル・アースで表現される空間体験に表れているといえる。近年、活用が広がってきたドローンによる映像からも同様の連続性を体験できる。また、これから遡ること約30年、チャールズ・イームズらによって制作された「Ｐｏｗｅｒｓ　ｏｆ　Ｔｅｎ」*において試みられた、異なる時空間のスケールを自在に変化しながら一つの対象として連続的に認識しようとする試みにも同様のまなざしをみることができる。

**環境に働きかける主体を構成する異なる要素を重層的に表現する【主体】**

わたしたちはわたしたち自身を統合された一つの像として理解するのは難しく、さまざまな関係の中に現れてくる役割から認識されるイメージの重ね合わせでわたしたち自身を理解している。環境に働きかける主体の行為、社会的関係も同様に、異なる要素を統合されたものとして理解される。あらゆる要素が重なり合っているものとしての身体と、それを支える生活が関係づけられて表現される。行政によるまちづくりの各部局に分けられた多様な要素を、コミュニティを単位に結び合わせた上毛町の総合計画とコミュニティ計画の関係にみることができる。また、限定された活動範囲で多様な活動領域が重なり合う「地域型ＮＰＯ」**の活動の理解などが事例となる。地域型ＮＰＯとは、既存の地縁組織とテーマ型のＮＰＯをつなぐものとして、活動地域を限定し複数のテーマを総合的に扱うＮＰＯである。多摩ニュータウンを中心に活動するＮＰＯ法人ＦＵＳＩＯＮ長池の事業領域は、住宅、環境というハードの領域はもちろん、健康、教育、育児、食、消費、ゴミといった身体活動を支える領域、広報、情報、コミュニティといった人びとの間をつなぐ領域が示されている。***その他、堺市東区登美丘地区を中心に活動するＮＰＯ法人さかいヒル・フロント・フォーラムの活動領域においても、防犯まちづくりを中心に同様の図式が示されている****（図３—8）。

＊ フィリップ・モリソン、フィリス・モリソン、チャールズおよびレイ・イームズ事務所（著）村上陽一郎、村上公子（訳）『POWERS OF TEN　宇宙・人間・素粒子をめぐる大きさの旅』日経サイエンス、1993年
＊＊ 卯月盛夫、饗庭伸「地域の合意形成における地縁組織とNPO」『造景』23号、1999年
＊＊＊ 富永一夫、中庭光彦『市民ベンチャー「NPOの底力」まちを変えた「ぽんぽこ」の挑戦』、水曜社、2004年
＊＊＊＊ 佐久間康富「地域の担い手の発見と地域型NPOにみる場づくり」岡崎昌之（編）『地域は消えない—コミュニティ再生の現場から』、日本経済評論社、2014年

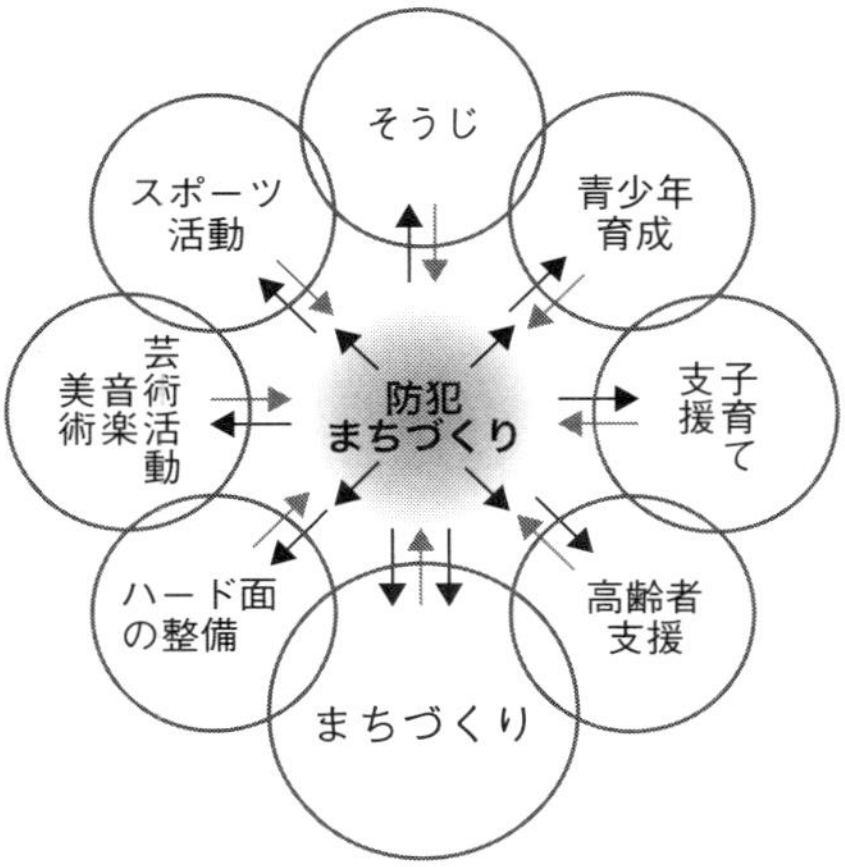


防犯まちづくりからスタートして、人がつながり、
その人の種々の活動によって防犯まちづくりが進む

図3-8　地域型NPOとしてのさかいヒルフロントフォーラムの活動領域図

**認識可能な要素により全体像を表現する【主体＋環境】**

ある環境における異なる要素の関係を言語のように表した「パタン・ランゲージ」も、この枠組みの事例の一つとして理解することができる。パタン・ランゲージとは「空間の質」を記述、共有し、専門家・非専門家を架橋する創造のためのツールとなることが期待された手法として、C. アレグザンダーによって開発された。* 建築において繰り返し登場する253のパタンをある定まったフォーマットで記述し、設計者と生活者の間にある技術的な断絶を超えて、建築空間における「名づけ得ぬ質」を実現しようとするものである。これら253のパタンは互いに関連、連携し合い、1つの大きなゆるやかな体系をなしている。わが国でも神奈川県足柄下郡真鶴町の「美の基準」(1992年)、埼玉県川越市・川越一番街商店街の自主協定である「町づくり規範」(1988年)、奈良県生駒市の「生駒市景観形成基本計画」(2014年)など、パタン・ランゲージを用いた街並みルール・方針の記述が実践されてきた。建築・都市計画の分野では、近年は言及されることが少なくなったが、ソフトウェアの開発の分野で注目されはじめ、** さらには実践知を共通言語化する方法として組織デザインや教育のデザインなどに応用されはじめている。特に、井庭崇(慶應義塾大学総合政策学部准教授)によってパタン・ランゲージの考え方を用いた学習、プレゼンテーション、コラボ

＊C.アレグザンダー（著）平田翰那（訳）『パタン・ランゲージ―環境設計の手引き』鹿島出版会、1984年
＊＊井庭崇ほか『パターン・ランゲージ:創造的な未来をつくるための言語』慶應義塾大学出版会、2013年

レーションなどといった「人びとの行為」を記述の対象とした取り組みがある。[*]

アレグザンダーのパタンは、繰り返し登場するパタンによって主体を取り巻く環境の「名づけ得ぬ質」を表現し、井庭のパタンは、認識可能な振る舞いのパタンによって創造的な主体の振る舞いを表現しようとしたともいえる。パタン・ランゲージは、主体と環境相互の重層性を分節された要素を重ね合わせることで表現したものといえるのではないか。

# 4 隣り合う他者へ働きかけることの可能性

## ◉他者に対する働きかけの必要

### 相互に規定する主体と環境

冒頭、多様な要素と関わり合うことが都市空間の意義と記した。本章の結びに、身の回りの多様な要素へ働きかけができる主体の可能性を述べたい。

多様な要素と隣り合うわたしたちは、多様な要素から働きかけを受けて自己を規定するだけでなく、一つの主体として多様な要素で構成される環境に「働きかけ」ができる。人間である主体は周囲の環境から独立しては存在しないが、環境もわたしたちの働きかけによってよりよくすることができる。

人間が自己同一性を獲得しようとする際に、なにもない空間から人間として主体を確立することはできない。家族構成、生活文化、言語、宗教などの与えられた環境を手がかりに自己同一性を確保し、環境との相互関係の中で主体が確立されていく。和辻[**]によれば風土という環境と人間の関係において「寒さを感

* 井庭崇+井庭研究室『プレゼンテーション・パターン創造を誘発する表現のヒント』慶應義塾大学出版会、2013年
**和辻哲郎『風土—人間学的考察—』岩波書店、1935年

ずる」というときに、「すでに我々自身が寒さの中に出ているということに外ならない」という認識から、「風土は人間存在が己を客体化する契機であるが、ちょうどその点においてまた人間は己を了解するのである」とし、人間が自己認識を確立する際に、風土に大きく規定されていることを示している。また、桑子*によれば、「個性の起源は、人間が身体を持っていることであり、個性とはその身体の配置と履歴である」とし、やはりその身体が配置されている場によって、個の理解が規定されていることと、時間的な履歴が大きく影響していることを論じている。さらに、J．ギブソンのアフォーダンス理論**においても、アフォーダンスは「動物にとっての環境の性質」であり、「環境としての物体の持つ性質が、知覚する主体にとって物体自身をどう取り扱ったら良いかについてのメッセージをユーザーに対して発しており、その相互関係において人間が認知をしている」とするものである。いずれも、人間自身の存在自体、またその存在の理解において、主体を取り巻く環境に大きく依拠していることを論じている。

では、主体はすべて環境によって決定されるかというと、そうではない。まったく手つかずの自然という環境は、現代ではほとんど想定しえない。わたしたちの頭の中のイメージが具現化した都市空間がそうであるように、すべてにおいてある主体の意思により形づくられた環境に身を置いている。さらに、各主体がそれぞれ自らの置かれている環境に対して「働きかけ」をすることができる。必要があれば、手を入れ、改善し、必要があれば適した場所に移動することもできる。こうしてある主体による働きかけによって、環境は改変され、それ以降の主体にとっての環境を形成する。こうして主体と環境はそれぞれ独立して存在するものではなく、相互規定しあう関係のなかで成立している。

### 環境に対する「小さな意思」から生まれる「計画」

こうした主体と環境の関係、主体と主体の関係のなかで、環境に対して「働きかけ」をする「小さな意思」が「計画」の根源にある。たとえば、下町のように家々が思い思いの形で成立し、それぞれの家々の生

＊桑子敏雄『わたしがわたしであるための哲学―自分の頭でいかに考えるか』PHP研究所、2003年
＊＊佐々木正人『アフォーダンス―新しい認知の理論』岩波書店、1994年

活がうかがい知れる街並みを歩いていると、自然発生的にその街並みが成立したかのように感じることがしばしばある。しかしながら、いずれの場合も、その前提には一人ひとりの主体による環境に対する「小さな意思」が働いている。これこそが、「計画」の根底にあるものではないか。

さらに、こうした「小さな意思」が「計画」となるためには、主体が複数の場合を想定しなければならない。ある主体が、他者に対して「小さな意思」を伝えようとするとき、他者との対話が生まれる。対話により確認されたものが「計画」となる。ある主体の「小さな意思」は、主体と環境の関係、主体と主体の関係のなかで、最初は曖昧な状態で立ち上がってくる。ある環境において「なんとなく気持ちがいい」、「なんとなく違和感がある」といったような状態である。こうした曖昧な状態では他者と対話するのは難しい。曖昧な状態から認識可能なものを切り出し、身振りをふまえ、図を描き、言葉を尽くして表現することができて、はじめて他者と対話することが可能になる。こうした曖昧な状態から「小さな意思」は生まれ、「計画」の出発点となる。「計画」とは複数主体で構成される都市という環境へ働きかけようとする主体の意思をわかりやすく整理し、表現されたものであるといえる。

## ◉◉重層的な理解と環境への働きかけ

### 細分化された個人をゆるやかにつなぐ──「不連続統一体」

一人ひとりの主体の「小さな意思」から発想してきた主体と環境の相互関係について、吉阪隆正は「不連続統一体」という言葉で表現している。先にみたように吉阪は「不連続統一体」という用語の説明[*]において、「自然界の現象は無限小から無限大まで連続している。（略）人間がこれを観察したり感じる人間がこれを観察したり感じたりする時には全部を区別できないので、不連続なものとして扱った方が理解しやすい。しかしまた勝手にバラバラに分割してしまえば混沌とした迷いの世に戻ってしまうので、その切り

＊「発見的方法　吉阪研究室の哲学と手法 その1」『都市住宅』7508号、鹿島出版会、1975年

方に一定の秩序が欲しくなる。この所の人間の精神活動『不連続体に切りながらも、それらに統一性を与えようとすることをＤＩＳＣＯＮＴと称している』」としている。また、同様に後藤は「20世紀の方法論は『分ける』ことであった。「分ける」ことにより課題を単純化し、そこへ向けて最適な解を与えることが最も効率的な方法であった。（略）それに対して、21世紀の方法論は『分かち合う』ことである。価値や課題を他者と一緒に共有することにより、多世代と多主体が参画する地域社会が形成される。」*としている。

近年、「ワンフレーズ政治」といわれるようにわかりやすい言葉で進むべき方向性が示され、またわたしたちものそのわかりやすさが居心地よく感じている。しかし、わたしたちがつくり上げてきた都市空間とそこにあわれた問題にみるように都市空間は多様なものが重層し、時に矛盾を抱えながら存在している。吉阪が「不連続統一体」という言葉で、後藤が「分かち合う」という言葉で表そうとした、個人の自由意思と全体の調和という時に相矛盾する必要を、コミュニティの居心地のよさやわかりやすさを超えて、各主体の小さな意思を尊重しながら、個人をゆるやかに取りむすび、ゆるやかかつ動的に統一性を与えることのできる、都市空間への重層的な理解と働きかけが求められている。

＊後藤春彦「複合的な課題を多世代と多主体が協働して解く」『人口減少社会における多世代交流・共生のまちづくり』公益財団法人日本都市センター、2016年

実践❼

# ゆるやかなプラットフォームの形成によるコミュニティ自治の醸成

福岡県築上郡上毛町

山口 泰斗

ワークショップにて地域の課題や取り組みを話し合う住民

２０００年代半ばに「平成の大合併」の大号令のもとに進んだ全国の自治体の統廃合は、自治体経営と行政サービスの効率化を進めたが、ともすれば旧来の自治体単位で培われてきた地域の個性や文化を失わせる懸念をはらんでいた。

新吉富村と大平村の合併により誕生した福岡県上毛町の合併後のまちづくりに、後藤春彦研究室は２００６年から関わった。行政が「団体自治」をフルセットで提供する時代から、「団体自治」と「住民自治」が相互補完により地域自治を担う時代への転換点として合併という機会を捉えた。個性豊かで多様な才能を持った住民が手を取り合って地域の課題を解決し、七福神が舵取りをする宝船のように持続可能な地域経営をしていく「住民自治」を醸成していくことを目指した。

そこで、行政によるまちづくり＝「団体自治」の計画である総合計画と、住民によるまちづくり＝「住民自治」の計画であるコミュニティ計画を、昭和の大合併以前の旧４村を単位として、４地区ごとに住民ワークショップを通じて策定す

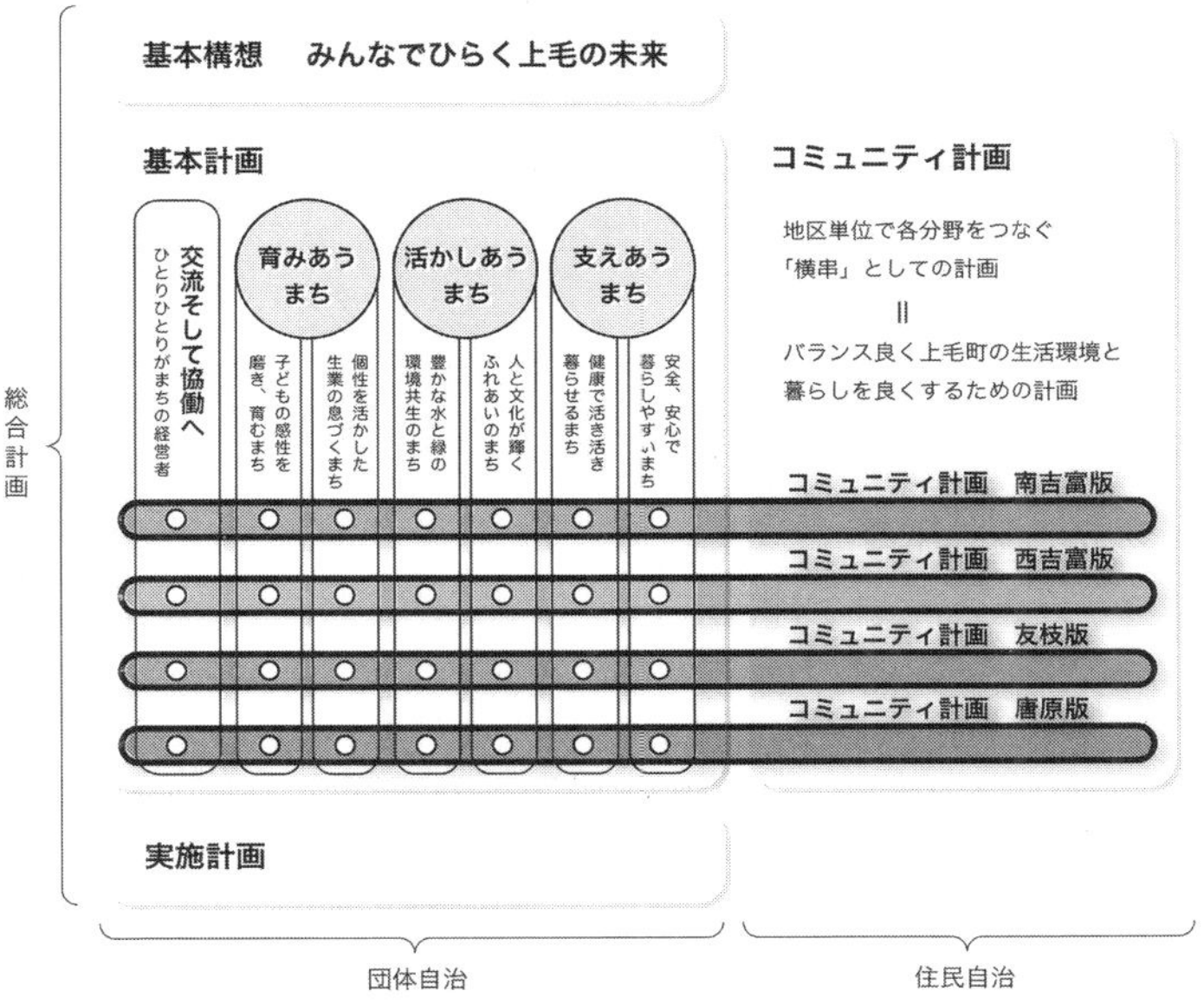


総合計画とコミュニティ計画の関係

ることを提案した。これは、行政の分野別の取り組みを定める総合計画を縦糸とし、住民による地区毎の取り組を束ねるコミュニティ計画を横糸として、縦横に編み重層的に統合することにより、団体自治と住民自治を相互に補完し、総体として1つの町の進むべき道を示す羅針盤となることを意図していた。

提案を基に、一連のワークショップが実践され、参加した住民自らが4地区の地域課題の解決や新たな価値の創造に向けたさまざまな取り組みを検討し、最終的には88のプロジェクトを内包するコミュニティ計画がまとめられた。

さらに、参加者たちの想いが詰まったコミュニティ計画を実現していくため、次年度には町が「地域づくり活動事業」を開始した。コミュニティ計画に位置づけたプロジェクトを実際に動かしていく担い手を募集し、活動資金の助成や情報発信などにより担い手を支援するものであった。この事業の初年度には約20団体が地域づくり活動をはじめ、3年後には29団体・延べ445人（町民の約5％）が関わるようになった。

こうして、事業開始から3年が経過し、地域づくりのネットワークが形成され、初年度の認定団体が卒業する年には、全ての団体が加盟する「地域づくり協議会」が設立され、同協議会が事務局を置く「いぶきの里」が地域づくりの拠点として設置された。これにより、地域住民自らが進むべき方向性

# 友枝地区
## プロジェクト一覧

### ◇友枝地区 19 プロジェクト

**01. 計画運営組織** 初

- 計画の運営・推進 -

友枝地区 19 のプロジェクトを推進していく組織を住民の手で結成し、進捗状況を把握するなど計画を運営していきます。また地区の新しい取り組みの企画運営をしていきます。

Tomoeda

**02. 地域拠点をつくる** 初

- 交流の拠点づくり -

井戸端会議から友枝の未来の話まで、あらゆる人が集まり語らえる地域拠点をつくります。また、地域情報の掲示やイベントの開催などを行います。

Tomoeda

**05. 友枝新聞**

- 地域情報の発信と共有 -

町民を紹介する記事や、地域拠点のニュース、地区内のイベント情報の掲載などを新聞として発行して、新しい関係構築のきっかけづくりをします。

Tomoeda

**06. 友枝は教育の場**

- 子どもの地域教育の支援 -

友枝の子どもたちをはじめとして、町内外のあらゆる地域の子どもを受け入れて、農業や里山歩きを通して、自然と近い生活を体験できる環境づくりを進めます。

Tomoeda

**09. 助け合いネット** 重

- 地域人材の発掘と活用 -

豊富な経験と知識を持った眠った人材を掘り起こし、農作業の指導や代行などの作業をお手伝いします。

Tomoeda

**10. 食育・地産地消**

- 地域の物は地域の中で -

友枝の農作物のおいしさを活かして、学校給食やお弁当づくりで積極的に地域の農作物を使い、食育・地産地消を推し進めます。

Tomoeda

**13. 棚田バンク**

- まずは松尾 -

美しい棚田の景観が残る松尾で、町内外の人を招いて農業体験をしてもらい、友枝を知ってもらいます。また同時に棚田の保全活動を行っていきます。

Tomoeda

**14. 旧中央公民館の利用**

- 伝統建築物の積極的な利用 -

旧中央公民館を、地域の資源として積極的に利活用していきます。

Tomoeda

**17. 農業のある風景の継承**

- 棚田や古い石垣の風景を残そう -

棚田や家屋の石垣修繕、点在する鏝絵《こてえ》の保存など、農業のある風景・地域の伝統的な家並みを後世へ残していきます。

Tomoeda

**18. 活き活き生活**

- 地域活動の提供 -

個人の専門知識を活かした仕事の提供や、趣味活動の情報提供など、活き活き参加できる地域活動を作っていきます。

Tomoeda

### ◇友枝地区からはじまる上毛町全体プロジェクト

**01. みなさんおはよう**

- あいさつからはじめよう -

いつの時代も人と人の繋がりが大切であり、皆で協力しあっていくことで初めて様々なプロジェクトが可能になります。まずはその第一歩としてあいさつを快くかわしていきましょう。

All-Koge

**02. 人材バンク**

- 地域の人材をに活躍の場を -

「人材バンク」を立ち上げ、町内の技術を持った人やふるさとに帰ってきた UI ターン者などが、 地域の仕事に関わり活躍していけるような情報提供を行っていきます。

All-Koge

**06. 上毛印のブランド化**

- 地元産業の活性化 -

ブランド認定組織を立ち上げ、地元食材や地元生産品を「上毛印」としてブランドに認定していき、地元の生産物の質を高めると共に地域産業の活性化を図っていきます。

All-Koge

**09. 世間遺産**

- 地域活動の促進 -

「世間遺産認定機関」を立ち上げ、良い活動を行っている人材や、地域住民によって良く手入れされている史跡などの物や場所を、上毛町の宝として世間遺産に認定し、町も協力して周知していきます。

All-Koge

ワークショップでは４地区ごとに全部で88のプロジェクトが提案された

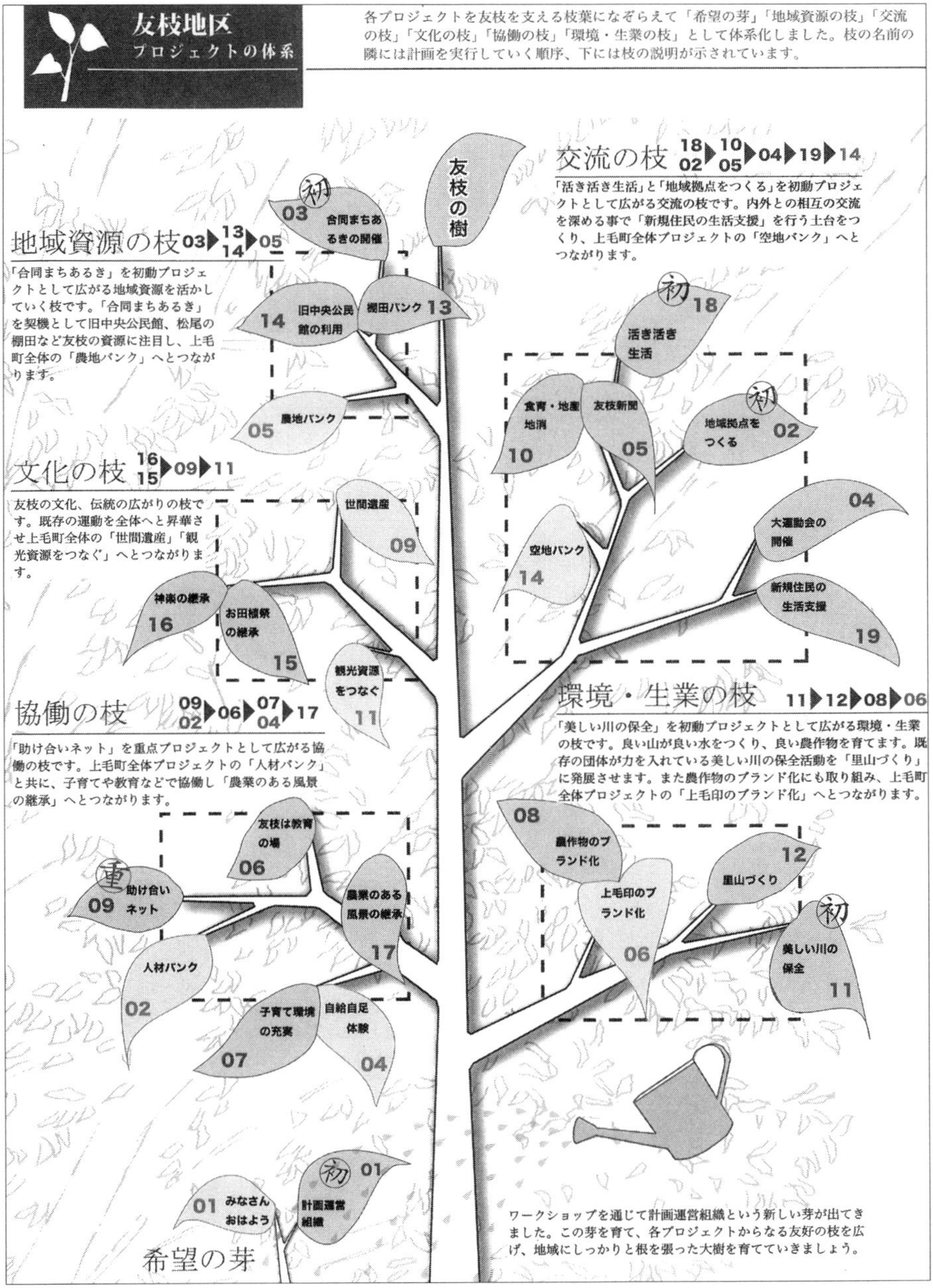


上毛町友枝地区で挙げられた22のプロジェクトの体系図。
「友好の枝を広げる」というスローガンを反映して、各取り組みを友枝を支える枝葉になぞらえて表現した。

を決定する地域づくりを進めるようになった。

ここで重要なポイントは2つある。

1つは、コミュニティ計画を作ると同時に、そのプロセスを通じて、住民自治に向けた住民同士のつながりと地域づくりの機運、すなわちプラットフォームを醸成したことである。実際に、地域づくり活動事業の初年度に地域づくり活動団体として活動をはじめた住民のなかには、その前年度のワークショップの参加者も多くいた。もともと地域の衰退に危機感を持っていた住民が、ワークショップへの参加を通して仲間と出会い、ともに地域の将来像と自分たちができることを構想することにより、実際に活動をはじめるきっかけになったともいえる。

もう1つは、最初から行政主導での形式な協議会や拠点を設立せず、地域づくり活動事業の開始から3年後に、各団体での活動が活発になり、団体同士の関係性が深まった時点で、ボトムアップで協議会と拠点を立ち上げたことである。同事業を開始した当時は合併してまだ間もない頃でもあり、旧2村の住民が互いの「人」や「地域」をよく知らない状況であった。そんな中、研究室の学生が同町に住み込みながら、行政職員とともに各地域の各団体のもとを訪ね、「わが地域の宝」を活かした活動の様子や、それぞれの想いを持って笑顔で汗をかき地域づくりに取り組む「人」を、町の広報誌に毎月掲載して紹介した。この情報発信は、後に「上毛のいぶき」として、地域づくり活動事業専用の広報誌が季刊で発行されるようになり、団体相互の情報共有や町民への情報発信を担った。ここで意図したことは、各地域づくり団体に対して行政が支援するのではなく、団体や人を相互にむすびつけることにより互いがもつ課題を補完的に解決し相乗効果を生む、コミュニティがもつ力によるエンパワメントと、行政からの押し付けではなく、同じ立場の住民が自発的に地域づくりに取り組む姿勢に共感することにより後続で立ち上がる団体を創出し地域づくりの裾野を広げる、自発と共感によるアウトリーチである。

一連のコミュニティ計画策定から地域づくり活動事業のプロセスを通して、人的ネットワーク（社会関係資本）が形成されるとともに「人が豊かで地域づくりが盛んな上毛町」というまちのイメージが醸成された。それを基盤として、その後も新たな事業が展開され、町外からも「この町に関わってみたい」と人が人を惹きつける好循環が生まれている。

人口減少の時代においては、限りある人や資源を有機的に紡ぎ、地域のさまざまな主体の相互補完により地域の個性と文化を育み次世代に受け継いでいく、人的ネットワークを基盤とした地域経営、すなわち「コミュニティ自治」が求められている。

実践❽

# デジタル機器による場所性の把握の可能性

## 東京都新宿区歌舞伎町シネシティ広場

山近資成

東京都新宿区歌舞伎町は都会の喧騒を代表する場所である。アミューズメント施設に加え飲食店やキャバクラ、性サービスなどの風俗店が入り交じり雑居ビル群を形成しているこのまちでは、各々の欲求を満たそうと来訪者が昼夜問わず行き交い、猥雑な雰囲気を漂わせている。この独特な雰囲気が、歌舞伎町の中心に位置する新宿コマ劇場の建替を機に変わろうとしていた。新宿コマ劇場のシネコンへの建替とあわせて、隣接するシネシティ広場や、新宿駅へ伸びるセントラルロードについて「整然」とした整備計画案が提出されていた。

歌舞伎町には、設計者の石川栄耀による「夜の都市計画」を実現するための意図が随所にちりばめられており、今でもそれらの一部は確認できる。石川は、東京大空襲によって焦土と化したこの土地に、「景観の封閉」を行うためのT字路を設置し、T字路を進んだ先の終着点としてシネシティ広場の配置することで、見ず知らずの人びとが持つ欲求を満たしながら最後には集団的に酔い賑わうことができる場所を構築しようとしていった。石川の意図は実現され、ある時期にはシネシティ広場は中央に位置する噴水で若者たちが騒ぐ「ヤングスポット」として名を馳せながら、「社会交歓」の場所としての性質を有していた。一方で、２０１１年当時の整備案には、石川の設計意図のように歌舞伎町全体が持つ場所の特徴に呼応した意図は影を潜めていた。

こうした状況のなかで、石川の設計から今日まで歌舞伎町が培ってきた場所性とは何かを見つけ、それを将来に活かすことを目指したのが当取り組みであった。２０１２年１～６月までの半年間で、歌舞伎町で人びとの行き交いの終着点となるシネシティ広場を対象に、利用実態や利用者の歌舞伎町に抱くイメージから、広場デザインの要素を抽出していった。

このプロジェクトでは、２つのことを目指した。１つ目は、利用実態をタブレットと「アプリ」を使って行うことで、広場の利用実態を空間と関係づけて明らかにしたことである。２つ目は、ＳＮＳの情報を拾い集めることで、歌舞伎町という

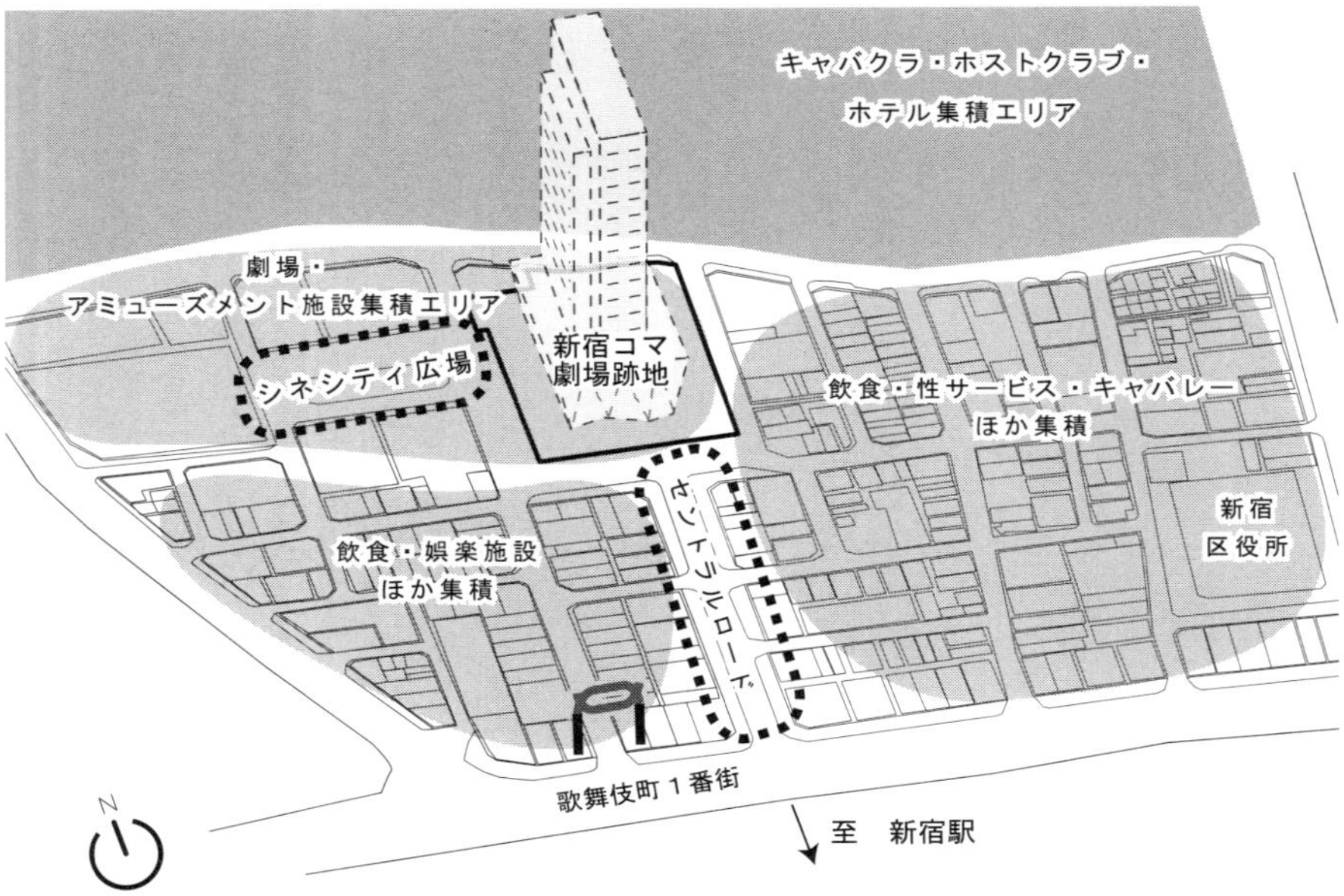


歌舞伎町概要

場所に人びとが持つイメージを抽出することである。以上を踏まえて、シネシティ広場に歌舞伎町の場所性を表現したデザインを行い、デジタル機器の可能性を追求していった。

### ①デジタル機器を介した広場の利用実態の調査

夜間におけるシネシティ広場の利用実態を調べるため、広場および広場に隣接するビル屋上から往来する人びとの滞留行動を調査した。広場からは通常のカメラアプリによる定点撮影を、ビル屋上からは競馬の写真判定で使われる空間上の特定断面の状態を時間上でつなぎ合わせるカメラアプリを用いて撮影を行い、広場を利用する人びとの行き交いを観察していった。

観察によって把握できた行動実態を、それぞれ表したのが次頁の図である。広場を行き交う人びとの行動には、新宿駅とホテル・ホストクラブ・キャバクラ集積エリアを縦断する南北の移動が主であり、広場内を横断する東西の移動は少なく、また夜間の広場利用は限定的で乏しいことが見て取れた。そのなかで、広場で滞留・移動する人びとの特徴を捉えるため、別途照度計を用いて広場の照度を採取してきたところ、照度が高い場所の付近に人びとは滞留し、移動する際には照度が連続して高いところ、または、照度の変化が少ない明暗の分かれ目に沿うルートを選択していることが確認できた。ビル

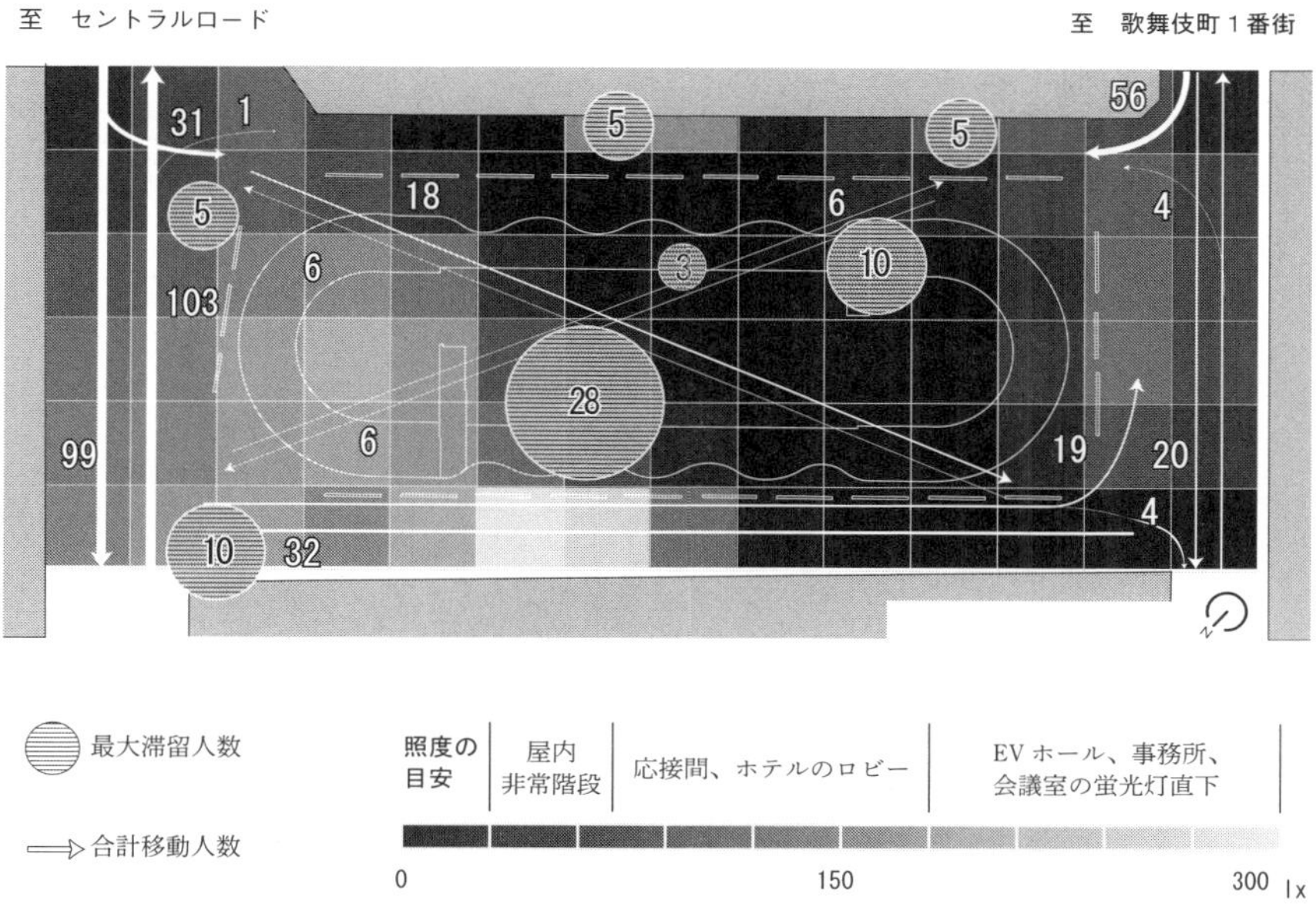


広場における滞留行動の実態

屋上からの観察では、同様のことが顕著に確認できた。照度が高いところでは人びとは移動し、照度の高い場所から一歩引いた場所に人びと（実際にはその多くが客引きであった）の滞留が確認できた。

以上のとおり、2方向からの滞留行動観察と夜を演出する光の関係性を追うことで、夜間の広場利用には明暗の分かれ目である「光の際」が関係していることを発見した。

## ②デジタル機器を介した歌舞伎町のイメージ調査

シネシティ広場をはじめとした歌舞伎町に人びとが抱くイメージを分析するために、Twitterを活用した調査を行った。具体的には、「歌舞伎町」が含まれるツイートの中から、発信者の「行動（歩く、見るなど）」と発信者が注目した場所や人などの「都市の要素」、感情表現を含んだ文全体として「生活エピソード」が含まれる「つぶやき」を採取した。

採取した「つぶやき」をテキストマイニングで分析し、発信者たちが抱く都市像を整理していった。その結果、「享楽感」「嫌悪感」「郷愁感」「迷宮感」「虚脱感」「地元感」のイメージ像が抽出され、都市の要素に紐づいたイメージの抽出に成功した。たとえば、郷愁感では娯楽施設や街路などの「都市の要素」と紐づいた「つぶやき」があり、迷宮感には人や街路などの「都市の要素」に紐づいた「つぶやき」があった。

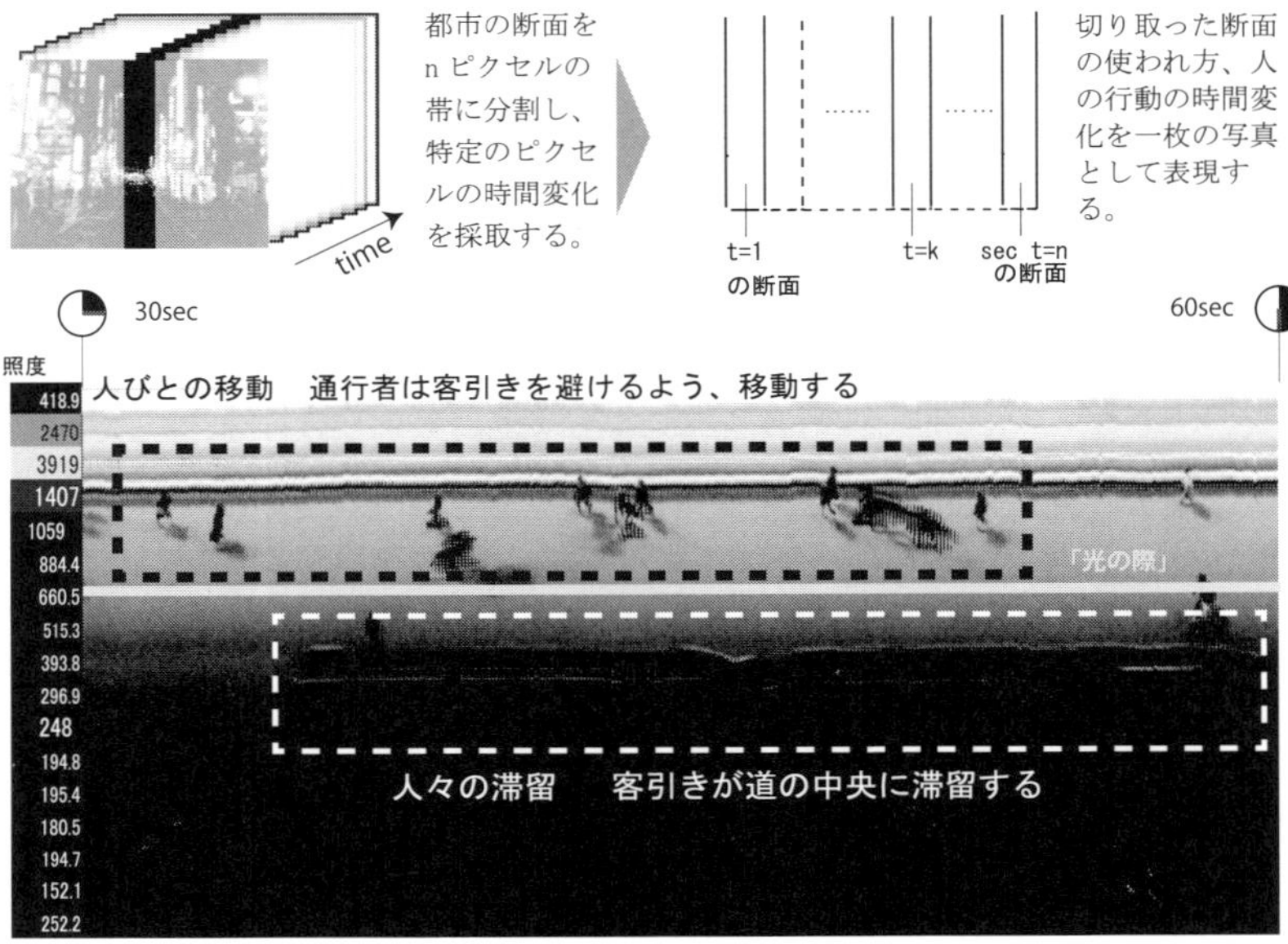


広場における滞留行動と光の関係

以上のとおり、行動や明るさ、イメージなどさまざまな側面から場所性を考察するうえで、デジタル機器は十分に有用であった。最終的にわたしたちは、分析結果より、行動特性を反映した広場のデザインを提案することができた。

１９９５年の「インターネット元年」から20年が経過しデジタル機器の機能・可能性は年々拡大している。計算や情報伝達手段としてだけではなく、クラウドといった外部装置としての成長は、我々の記憶だけでなく感覚を拡張させてきている。

当取り組みではデジタル機器を介して、シネシティ広場のデザインを提案するうえで、行動と光の関係性を時空間上で視覚的に捉えられただけでなく、イメージ調査において直接的に観察者に干渉せずに人びとが残した情報を採取・分析することに成功した。複合した要素から場所の特性を捉えることをデジタル機器は可能にしたのである。

都市をつくる諸要素が複雑に絡み合う現代において、場所性を捉え直すということは一筋縄ではいかない。しかし、時空間に人の活動やモノが積層されることによって特定の場所に無意識にできる環境を把握することは、都市計画・まちづくりの分野でも今後重要になってくるだろう。そうした意味で、デジタル機器を介した調査手法の深化が必要となってくるだろう。

章4

# 社会的空間論

## 遷移する都市のマネジメント

佐藤 宏亮

I

# 変わりゆく街・変わりゆく人

## ◉変わりゆく街

東京や大阪などの大都市の都心部を中心として、主要駅の周辺では大型再開発プロジェクトが進められている。グローバル資本が都市に流れ込み、政治的経済的力学が周辺地域へ作用する。しかし、建設された超高層ビルの足下を見れば、そこにはいまだに昔ながらの住宅市街地が広がっている地域も多い。古い建物が並ぶノスタルジックな風景は超高層ビルの異様さを際立たせるが、夜になればネオンサインの煌めく繁華街に一変する。目を凝らして見てみれば、コインパーキングが街を浸食し、軽量鉄骨とガラスでラッピングされた商業テナントが住宅市街地の空隙を埋めていく。都市部の住宅市街地において土地利用の転換が進んでいくのは、グローバル資本が土地価格を押し上げ、相続が困難になっていることも要因の一つだろう。既存の建築ストックの老朽化が進み、空き家、空き店舗の増加が都市的な広がりを持って進むなかで、再開発に頼ることなく段階的に都市の更新を図っていかなければならない時代が到来している。

このような状況と符節を合わせるように、インターネットやSNSの普及によって情報伝達の速度はあがり、さまざまなメディアが都市の変化を映し出していく。そこで語られるシーンの多くは都市の文脈からは切り離され、発信された情報は個々人の都合によって自由に編纂されていく。社会学者である吉見俊哉はこのような都市を「ザッピングされる都市」と表現した。[*]「ザッピング」とはテレビなどを視聴するときに、次々にチャンネルを替えることを指す用語であるが、都市が一続きの物語において、主人公としての「私」を演ずる都市から、「私」の断片をザッピングしていくように、さまざまな物語の中に「私」を映し出していくような都市へと移行しているというのである。リアルな活動の場としての街と人との関係はますます稀薄になり、断片的な都市文化のみが消費されていく。そして、人びとが新しい都市の情報を求

＊吉見俊哉「迷路と鳥瞰　デジタルな都市の想像力」吉見俊哉、若林幹夫（編）『東京スタディーズ』紀伊国屋書店、2005年

め、それに応じるために変わり続けることが求められる市場の運動の中で、都市はまるでファストファッションを何層にも着込んだかのような多義性を帯びる。むしろ、このような変化の要請に対して柔軟であることこそがグローバル都市の強さであるともいえるだろう。見る角度によってさまざまな見え方をする都市は、当然の帰結として均衡状態へと遷移していく。都市に横たわる、既存の地域社会が長い年月をかけてつくりあげてきた深遠な物語は姿を消し、地域の個性は影を潜める。その先にあるのは、もはや投資先としても魅力を失った真っ白なキャンバスでしかないかもしれない。

### ◉◉変わりゆく人

都市の主要なアクターの変化にも目を向けてみたい。* 1947年生まれからはじまる戦後のベビーブームによって形成された団塊世代は定年退職を迎え、それぞれの価値観にもとづいて第二の人生をスタートさせている。かつて地方から都市部へと流入し、膨大な住宅需要を生み出しながらわが国の高度成長を支えてきたコーホートのライフスタイルの変化が現代都市に与えるインパクトは小さくない。一方で、都市部に生まれ育った団塊世代の子世代は大きな人口波動を形成し、現代社会の主要なアクターになっている。共働きによる経済的安定や職住近接志向などが相まって都心部への人口回帰を牽引し、自宅に必要な機能を街中に展開しながら都市との関わりを強めている。中心市街地においては若者が新規出店をはじめ、長らく続いたシャッター商店街の風景の中に賑わいを生み出しているし、不動産市場における空き家や空きスペースなどの既存ストックを活用したビジネスモデルの成長も都市部における職住近接の新しいライフスタイルの萌芽と連動しているといえよう。その反動として、都市郊外においては高度成長期以降の短期間に形成された開発団地において高齢化が進行し、地域の自律性の喪失が社会問題となっているが、広いスペースを活用しながら農とともに暮らす新しいライフスタイルも芽生えつつある。

このような社会の変化に海外からの移民というファクターが加わってくる。わが国の人口は2008年

＊詳細は以下の文献を参照していただきたい。
日本都市計画学会（編）「都市継承期のコミュニティモデル」『都市計画』第302号、2013年

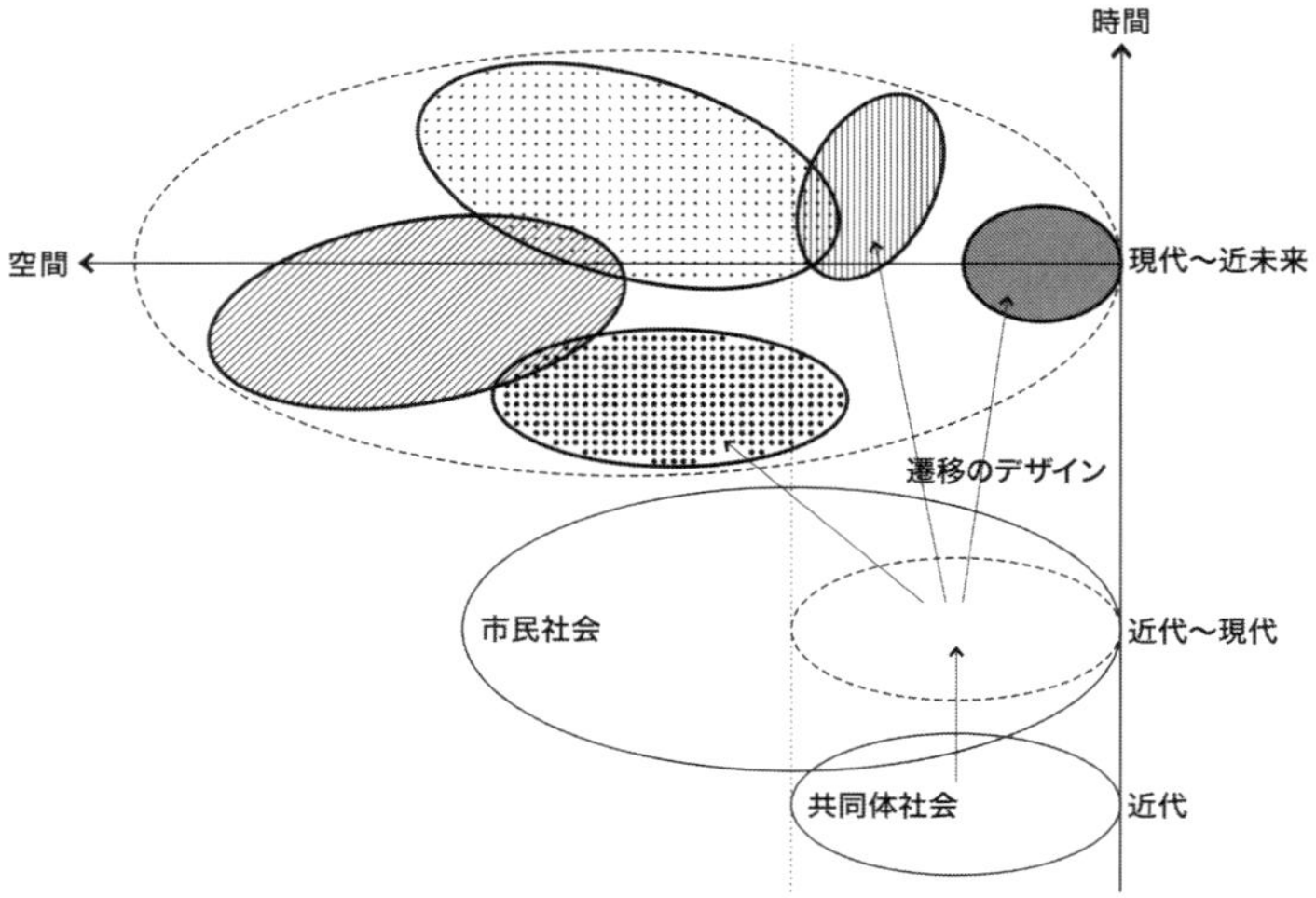


図4-1　遷移する都市の概念図

以降減少を続けており、将来的にも人口減少が予測されているが、このような人口動態の間隙を埋めるかのように、海外からの多数の移民が都市部を中心に流入している。１９６０年代までは60万人台で推移してきた外国人登録者数は２００５年末に２００万人を超えた。グローバル化の中で高まる国際的な人口の流動性はインナーシティに外国人コミュニティを形成し、トランスナショナルなネットワークを構築しはじめている。

わが国は戦前戦後の混乱や高度成長を通して世代間、地域間での人口の偏在という極めて偏った社会構造を生み出してきた。そして、その影響はさまざまな形で後遺症となって顕在化しつつある。高度成長期に見られたような急激な人口増加とそれに伴う郊外へのスプロールといった、都市の外形的変化は現代社会においてはそれほど大きくないかもしれない。しかし、主要なアクターが内部から潜熱的に変化し、地域社会に働く引力や斥力によって拡散と凝縮が同時に進行しながら、既存の都市空間の中にいくつもの小さな社会単位が生まれ、そして重なり合って存在している。かつて、都市空間は地域の名望家を中心として、その地に住まい、暮らしてきた人びとによるコミュニティが形成され、維持されてきた。しかし、現代都市はこれまでの固定化された地域社会が流動化し、世代を超え、地域を超え、属性を超えた地域社会へと遷移しつつある。都市や地域を誰がどのようにマネジメントしていけばよいのか。大きく変わりゆく街や人に合わせて地域社会を一定の枠組みの中で遷移させていくプロセスを、デザイン行為の対象として問題化していく視点が必要になるだろう（図4—1）。

## 2 都市のマネジメントを担う主体の変化

### ◉名望家による地域経営

都市のマネジメントを考えるうえで、わが国における地域経営の変遷について振り返ってみたい。

近代以前の封建制度においては土地や家は子々孫々へと受け継がれていくものだった。時には封建領主の転封や取潰しなど、強制的な移転や没収が行われることもあったが、何らかの争乱が起きない限りは土地や家はそのまま受け継がれていったのである。明治6年の地租改正を歴史的な契機として土地の私的所有が制度的に保障されると、非占有形態での不動産担保方式が制度的に確立され、土地は資本との相互関係を強め、売買や投資の対象として扱われるようになっていった。多くの地主層は私有地を拡大し、町への影響力を高め、自ら住まう町のさらなる発展を企図し、地域経営に積極的に関与していくようになったのである。* このような地主層の台頭には非民主的な地域支配という伝統的な共同体社会の影を見落とせないが、一方では「郷土報恩」を信念に地域の公共施設の充実や社会文化事業に力を注いだ名望家らが歴史に名を刻んでいることも事実である。

＊たとえば以下のような事例がある。
佐藤宏亮、後藤春彦
「近代蚕糸業地域における都市形成過程—本庄町における近代化に伴う富裕層の活動と空間変容—」
『日本建築学会計画系論文集』第547号、2001年

図4-2　倉敷のまちなみ

たとえば、倉敷を中心として六百町歩を有し、日本を代表する大地主であった大原孫三郎は、企業活動だけではなく、文化事業や福祉事業にも力を注いだわが国を代表する地域の経営者であった。倉敷紡績（現在のクラボウ）や倉敷絹織（現在のクラレ）など、数多くの企業を立ち上げ、財閥を築き上げると同時に、昭和5年に日本発の西洋美術館として開館した大原美術館や大原奨農会農業研究所（現在の岡山大学資源生物科学研究所）、大原社会問題研究所（現在の法政大学大原社会問題研究所）、倉紡中央病院（現在の倉敷中央病院）など、立ち上げや運営に関わったさまざまな文化事業機関や福祉事業機関が現代社会においても受け継がれている。「将来の地主と小作人との関係は同朋的でなければ平和を保つことはできない。同朋的な観念に立って生産と経済の両面から研究して農業を改良しなければならない」＊という大原孫三郎の言葉には、地域の経営者として経済のみならず、地域社会そのものを運営していこうという姿勢がうかがえる。大原孫三郎が建設してきた倉敷紡績の工場はイギリスから輸入してきた赤煉瓦で積み上げられ、現在でも輝きを失っていないし、大原美術館の荘厳な建物を現前にするとき、地域発展や文化振興に力を注いだ「郷土報恩」の思いが見る者の心を震わせる。倉敷のまちなみや大原美術館に収蔵された珠玉の作品を一目見ようと、現在でも年間に３００万人の観光客が訪れている（図４―２）。

＊城山三郎『わしの眼は十年先が見える』新潮社、1997年

日本各地を旅していれば、いまでも当時の地域の人びとの思いを結実させた、少し背伸びをした壮麗な学校や公会堂を眼にすることができる。その代表的な施設として函館公会堂が挙げられるだろう。幕末から明治にかけての激動期に急速に西洋化の洗礼を受けた函館には、現在でも多くの教会や洋館が建ち並ぶ。そのなかでもひときわ目を引くのが地域の人びとの集会施設として建設された函館公会堂である。明治40年の大火によって焼失した町会所を住民有志が再建したこの公会堂は、当時の豪商、相馬哲平による巨額の寄付を取り付けたことにより実現したものである（図4—3）。木造2階建て、擬洋風の壮麗な公会堂は、当時の行政施設である北海道庁函館支庁舎よりも高い場所に建設され、海へ続くメインストリートのアイストップとして輝きを放っており、地域の自治の気風が象徴的に表現されている。相馬哲平は米穀商から財をなし、第百十三国立銀行取締役や函館商業会議所議員を歴任し、北海道最初の貴族院議員となるなど、地域の名士として名を馳せた人物である。「郷土報恩」を信条としていたといわれ、函館公会堂のみならず、晩年は公共慈善事業に全力を傾けている。*

図4-3　函館公会堂

このような事例からも、地域経営には強く明確な意思が貫かれている必要があることは明らかだろう。行政依存を強め、すべてが公平性、公益性の原理のみによって運営されてしまえば、経済原理に太刀打ちする力を持つことはできない。現代

*『国指定重要文化財　旧函館区公会堂』函館市文化・スポーツ振興財団、1998年

社会においては民主的な手続きは当然必要であり、伝統的な共同体社会の復活を願うものではないが、その場合においても何らかの強い地域経営能力が求められるのである。地域の方向性を決定づけるような意思決定は、無謀とも思われるような投資判断が要求されることもある。かつての地域の名士たちが育てたまちが、制度化された都市計画の成果よりもはるかに優れていることを見ればそれは明らかだろう。

しかし、産業資本の蓄積や殖産興業、戦時対応などを社会的背景としたわが国の税制や土地政策は、土地を長期的観点から経営していくという視点を欠き、次第に地主層を中心とする主要なアクターによる都市の経営力は失われていく。その先鞭となったのは相続税の創設だろう。わが国の相続税は日露戦争の戦費調達を目的として、開戦の翌年である明治38年に創設されたものであるが、相続税の税率はその後、次第に高められ、地主層にとっては重課となっていく。そして、戦後の占領下においては財閥や寄生地主の解体が至上命題として取り組まれ、農地改革が断行された。「富の再配分」が相続税の根拠として明確に打ち出されるようになり、昭和25年には最高税率90%という驚異的な税率に至る。* もちろん「富の再配分」自体を否定するものではないが、土地がその他の財産と同様の「富」として扱われ、相続によって「再配分」されていくのである。それにより、土地を公共的に管理し、経営していくという視点が見出されなかったことが現在の土地政策の混乱を招いているのは確かである。土地は証券化され、広範囲から集められた資金がリスクヘッジを行うために分割された不動産のポートフォリオに従って投資されていく。そこでは長期的な視点に立ち、あるいは地域総体の価値形成という視点にたって投資されることは稀である。都市を経営するという感覚は次第に薄れ、個々の土地が時限的な投機的資金の中で浮遊するものとなってしまった。現代社会において、もはや意思を持って地域社会をマネジメントしていくことはできないのだろうか。

＊菊地紀之「相続税100年の軌跡」『税大ジャーナル第1号』税務大学校、2005年

## ◉◉共感に基づく地域のマネジメント

文化の発信基地と言われる代表的な街に代官山がある（図4―4）。渋谷からほど近い東京都心部に位置しながらも、緑豊かな環境と高品位な都市性を継承している希有な街といえるだろう。この地が明確な意思のもとにマネジメントされているのは、代々この地で不動産を経営し、受け継いできた朝倉家と建築家槇文彦の信頼関係と継続的な協働関係の賜物である。

図4-4　代官山ヒルサイドテラス

しかし、たとえこの両者が現代社会における希有な傑人であるとはいえ、それだけでは都市開発の圧力に抗いながら、高品位な街並みを維持継承していくことは困難であっただろう。ヒルサイドテラスの完成当初の店舗は特別な営業をするわけでもなく「人の縁」で決まり、そしてヒューマンリレーションによって多くの人びとが関与していったという。* その過程では、両者の土地利用に対する揺るぎない思想哲学がメッセージを発し、それを受け取ってこの地に関与した感度の高い第三者との相互関係の中で街がつくられていったのだろう。そして、現在のテナントには多くの若い世代が入ってきているが、その多くは代官山がこれまで積み上げてきた価値に共感してくれた人びとであり、地域が積み上げてきた思想哲学が受け継がれながら少しずつ若返りを果たしているという。**

＊詳細は以下の文献を参照していただきたい。
前田礼『ヒルサイドテラス物語　朝倉家と代官山のまちづくり』現代企画室、2002年
＊＊日本都市計画学会（編）「景観の獲得と共有の彼方へ」『都市計画』第293号、2011年

代官山においてはさまざまな事象が自然に連鎖しながら現代の街がつくられていった。人びとが共有できる代官山の都市像、生活像の規範が明示され、それを代官山に関わる多くの人びとが独自に解釈しながら、緩やかに変化しながらも受け継がれてきたのである。それでは、このようなプロセスを計画的に進めていくことは可能だろうか。何人も居住地選択の自由が保障されているなかにあって、地域が積み上げてきた思想哲学に共感できる人びとを計画的に集めていくような手法の構想には慎重を要するが、現代都市の混乱を前にすれば避けては通れない道のように思われる。

地域をマネジメントしてきた世代は高齢化し、代替わりの時期にきているが、すでに二代目は生活の場を変え、地域との関わりが薄れていることも多い。いまさら戻ってきても、付き合いもなく、地域のマネジャーとなることは難しいかもしれない。しかし、かといって新しく流入している若い世代が思い思いに振る舞っていたのでは、都市はきわめて均質で個性のないものとなってしまう。地域の門地名望ある者たちが責任をもって地域を経営していくようなまちづくりから、多様な地域の主体の形成そのものを計画課題に含め、共感に基づく開かれた縁によってつながった人びとが、都市のアイデンティティを維持継承し、創造していくような地域マネジメントの体制の構築が必要だろう。

### ◉◉◉現代都市が必要とするマネジメントの主体

近年の都市計画やまちづくりの議論はとかく変わろうとする都市の議論に傾倒してしまっていることに疑問を感じざるを得ない。グローバル資本や若年世代の流入を背景として、都市はクリエイティブであることが求められ、革新性こそが都市更新のドライビングフォースになるという視点からの論調が巷にあふれている。かつて、1960年代の日本では産業の発展と経済の成長を声高らかに謳い、都市の開発という大きな変化の傍らで、住環境は破壊され、その地に住まい続けてきた人びととの生活は脅かされた。そのなかから一人ひとりの小さな声が次第に結集し、全国的なまちづくりの運動へと展開していった。弱者に対する社会的支援が結集し、それを地域社会が取り込みながらまちづくりの取り組みが展開していったのである。都市に新しい活力、経済的発展、国際的競争力をもたらすために必要となる、変わろうとする動きと、都市の中で変わることのない、あるいは変わることのできない生活者の暮らしや地域の価値観を次世代へと受け継いでいく人びとの営為とが、一定のバランスを保ちながら、盛衰を繰り返していくのが都市の自然な姿であると考えることもできる。

かつての生活者は強大な産業資本に比べれば声なき弱者にも等しかったが、さまざまな地域組織を基盤としたり、個々の力を結集することで、変化に立ち向かうエネルギーを生み出すことができたと評価することもできる。しかし、現代社会に目を向けてみれば、格差の拡大やイミグレーションの進展にともなう社会階層の分化のみならず、本格的な高齢社会が到来している。１９６０年代と同じように遷移の変局点に立ち、変わろうとする力に対して地域の意思を束ねていくことが必要になっているが、これまで地域のマネジメントにおいて重要な役割を担ってきたさまざまな地域組織は構成メンバーの高齢化や減少に伴って弱体化しているし、都市が大きく変わりゆくなかで、変化に抗うことも、変化を受け入れることもできない社会的弱者も増加しつつある。偏った社会構造を生み出してきたことの後遺症が、多様な世代、属性、人種のリミックスが進むなかで、著しいバランスの欠如という形で顕在化している。

都市は生命体のように、その地に暮らす人びとの成長や入れ替わりのなかで次第に遷移していく。グローバルに流動化する人口は、その逆説的な運動として新しい帰属を求め、場所との関わりを強めていくだろう。それぞれの想いを持って街への関与を強めてくる都市の新しいアクターは、自らの趣向やアイデンティティによって都市を評価しながら自らの新しい帰属を探し求めているだろう。そうであるならば、一方では地域の進むべき方向性を明示し、共感し得る場所の価値を提示し続ける都市の変わらないアクターが必要なはずである（図４―５）。遷移する都市の中にあっても変わらない、あるいは緩やかに変わりゆく物語を見いだしながら更新していくことが必要になる。そのアクターが、もはや変化に抗う力を失っている

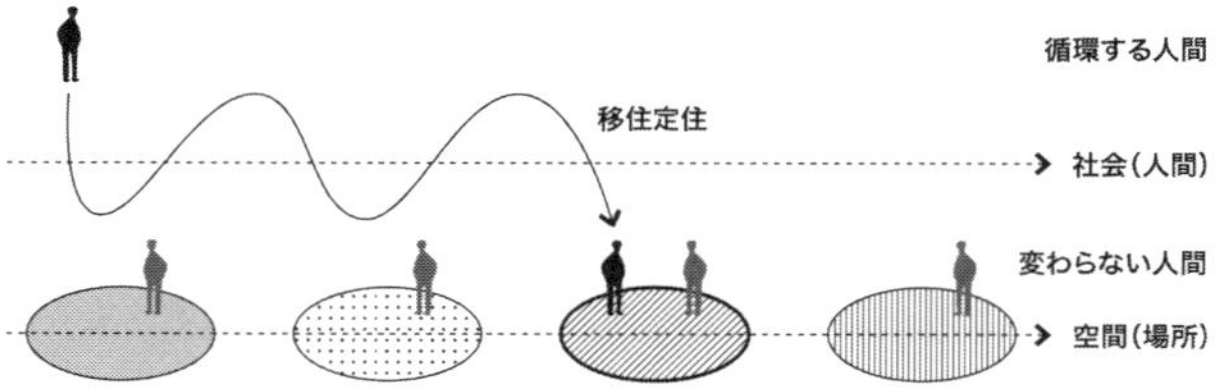


図4-5　循環する人間と変わらない人間

とすれば、第三者がこれに代わり、地域のマネジメントを担っていかなければならない。現代的感覚をもった組織と民主的な手続きのもとに、地域のよりよい未来と、そして弱者への視点を併せ持ち、都市を長期的な視点からマネジメントしていくことのできるような新しい主体の育成が求められる。さまざまなアクターが関与するなかで、都市の規範を軸にさまざまな活動が展開し、集団創作によって都市のコンセプトが創られていく。都市の遷移の振れ幅を極力おさえ、地域の歴史的文脈や規範を継承しつつも、その軸上に多義的な意味が見いだされ、都市の可能性が無限に高められていくようなマネジメントのしくみを構築することが求められているといえよう。

## 3　遷移する都市の実像：東京都下の既成市街地を中心に

### ◉ケーススタディ1：原宿・表参道

1920年、明治神宮の創建と同時に、その門前町として生まれた表参道。最先端の住居形式として話題を呼んだ同潤会青山アパートが関東大震災の復興住宅として建設されると、文化人や高級官吏が住まうようになった。１９６４年の東京オリンピックを契機として、代々木に駐留していた米軍の宿舎として利用されていた「ワシントンハイツ」が選手村として解放されると、原宿・表参道は異国情緒ただよう街として若者を惹きつけた。当時の地価はそれほど高くなく、若年世代がチャレンジできる街としてストリートファッションが生まれるようになっていった。[*]現在では、表通りには高級ファッションビルが建ち並び、東京を代表する最先端のファッションの街となっているが、一歩路地を入れば、未だ変わらない昔ながらの文教的色合いを持った閑静な住宅地が広がっている。そして、そのなかにさまざまな個性あふれる小さな店舗が点在する。それがこの街を歩く楽しみにもつながっている。流行の変化とともに遷移しながら都市にさまざまな記憶が埋め込まれ、見る角度によって異なる表情を見せる実に彩り豊かな街が形成されたのである（図４―６）。

住宅地から商業地までを含む原宿・表参道では、巨大資本の流入にさらされながらも、旧来のビルオーナーたちによって街がマネジメントされてきた。原宿神宮前地区には8町会、９商店会が存在するが、これらを横断的に束ね、居住者や来訪者のための快適な環境を形成していくことを目的とした原宿神宮前まちづくり協議会が２００２年に発足し、地区計画策定の検討、表参道の景観形成などの具体的なテーマについて、行政との連絡調整を担いながら取り組みを進めてきた。個々の商店会組織の活動も活発である。表参道のケヤキ並木を区域に含む原宿表参道欅会では、その前身となる原宿シャンゼリゼ会において１９９１年から97年にかけて街路の修景事業やイルミネーション事業を行ったり、２００３年には清掃ボランティアグリーンバードを発足させるなど、快適な環境の創造に取り組んできた。協議会設立の目的において「神宮前地区に「住んでいる人」「働いている人」「来る人」にとって快適な空間・環境を創り、維持するために住民と企業・事業者と区が協働して、環境問題等まちづくりを進めます」[**]とあるように、これらの活動の根底には商業振興のみならず、生活の場として原宿・表参道の発展を目指そうという意図が

＊商店街振興組合原宿表参道欅会『原宿表参道』椎出版社、2006年
＊＊原宿神宮前まちづくり協議会会則

図4-6　商業テナントが街中に広がる原宿・表参道

横たわっている。

しかし、一見すれば新たな再開発やファッションビルの建て替えで一層華やかになっているようにも見える原宿・表参道であるが、大きな課題を抱えている。大型再開発がグローバル資本を呼び込み、虫食い状にコインパーキングが発生している。商業ビルへの建て替えとあわせて地主層が地区外へと転出することも多く、旧来型のビルオーナーによる街のマネジメントは変化を余儀なくされている。

商業振興であれば企業マインドのみによって進めていくこともできるだろうが、生活の場としても快適な環境を創造していくためには企業マインドだけでは十分ではない。街の未来を自らの生活の一部として考えることのできる生活者の存在が重要なのである。もはや門地名望ある者たちが責任をもって街を経営する時代ではないが、多様な主体がどのように意思を決定し、街の経営に誰が責任を持つのか、その所在を明らかにする必要があるだろう。

原宿表参道欅会理事長の松井誠一によれば、まちづくり協議会は高齢化が進行し、世代交代が課題となっているという。組織の幹部の多くは80歳を超えるが、後継者はサラリーマンとして地区外で働くため原宿・表参道の街のことはわからない人も多い。原宿表参道欅会では現在、理事になることができるビルオーナーといえるのは10名に満たないため、商店会などの組織においても担い手不足が慢性化しているという。大企業などの店舗の場合、協力してくれる社員も多いが、異動などもあり継続的に活動ができないことや、商店会の理事にはなることができないため、組織の存続が危ぶまれる状況になっているという。地区計画において、住居を併設することによって容積率が緩和されるインセンティブを与えて地主層が住み続けられるように誘導しているが、資本の大きな運動に抗うほど大きな力にはなり得ていない。

松井は、目先の商業振興や環境美化だけではなく、もっと遠い方向に目を向けていくことの必要性を感じているという。地区計画や条例などをとりまとめていくような取り組みでは利害の対立が生まれてくる。地区計画の策定が一段落した今、もう少し目線を遠くに設定して、明治神宮の森に関する勉強会などを開催することからはじめ、歴史や文化といった街の基本的な認識の共有からはじめているという。明治神宮は100年をかけて人工の森を自然の森へと昇華させるというコンセプトでつくられたのであり、それが現在の表参道に変わらず生き続ける地域遺伝子となっている。表参道のケヤキ並木は戦災で燃えてしまったものを、地域の人びとが中心となって戦後に植え替えたものであり、門前町としてのプライドの表れでもあるといえる。ケヤキも植え替えていかなければならない時期にきており、原宿表参道欅会では次の100年に向けてどのような地域遺伝子を後生に残すことができるのか、遠い未来を見据えた取り組みをはじめている。

### ◉◉ケーススタディ2：住宅地化の進む近隣商店街

長らく都心部の近隣商店街は、商店主の高齢化、ロードサイド型の大型ショッピングセンターの出店や生活者のライフスタイルの多様化などのさまざまな要因が相まって、かつての賑わいを失っていた。中には近隣コミュニティの核となったり、若年世代の都心回帰にともなって開店した店舗が新たな賑わいを生み出している商店街もあるが、駅から離れて立地していたり、近代的な業種業態への転換が遅れ、次第にシャッター商店街となってしまっている所も多いのが実情である。このような商店街では、新規出店による活性化が望まれているようにも見えるが、実態としては高齢化した店主がすでに廃業し、住居としてそのまま住まい続けていることも多い。このようなケースでは「近隣商店街が寂れて衰退している」という表現は必ずしも正確ではない。むしろ「近隣商店街が商業地区としての役割を終えて住宅地化している」と表現する方が正確だろう。年金暮らしの高齢者にとっては無理にテナントを誘致する必要もなく、賑わいをもった商店街が蓄積してきた近隣との付き合いが維持された生活の場として機能している地区もある（図4—7）。

図4-7　住宅地化の進む商店街

　江戸川区の64の近隣商店街を対象として、２０１０年に今野らが行ったアンケート調査*の結果をもとに都心部に立地する商店街の更新の実態を見ていきたい（図4—8）。店じまいをした店舗は空き店舗になる場合と、普通の一軒家として建て替えられる場合、集合住宅として建て替えられる場合などがある。調査結果によれば、駅に近接している商店街ではさほど住宅地化は進んでいないものの、駅から５００ｍを超える店舗や、商店街が駅へと接続していない独立した商店街では非店舗率が4割を超える。さらに、建物のうち、すでに一軒家に建て替えられている店舗は15％を超え、集合住宅へと建て替えられている店舗も1割弱存在し、他の商店街に比べて高い数値を示している。しかし、このような商店街においても、生鮮食

＊今野美里、後藤春彦、佐藤宏亮
「近隣商店街の機能更新に伴う生活象の変容—住宅化が進む商店街の交流機能に着目して—」
『日本建築学会計画系論文集』第670号、2011年

料品店やスーパーなど、日常生活を支える買い回り機能は維持されている。一軒家に建て替えて住み続けている方の地域住民との交流実態について調査したところ、住宅地化の進んでいる商店街の方が地域の商店主との交流がある人の割合が高くなっており、駅に近接して住宅地化の進んでいない商店街では低くなる傾向がある。商店街に住まう人びとは商店街の機能として、地域の子どもや高齢者の見守りに重要な役割を果たしていることや、新規住民が地域の人と交流するきっかけをつくる場として機能していることを評価しており、商店街としての活力は失われていっても、商店街が蓄積してきた機能を評価したうえで住まい続けていることがわかる。

次に、店じまいをして、一軒家へと建て替えて住まい続けている元商店主たちの役割について、江戸川

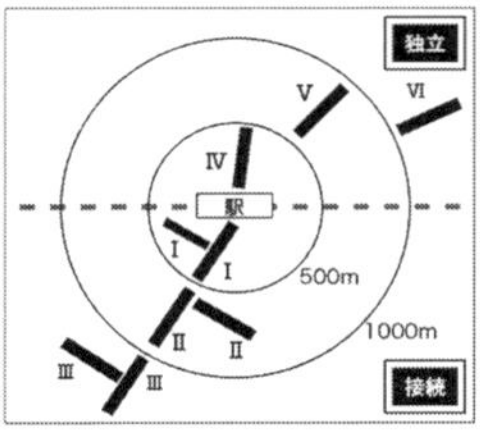


| 距離と接続による分類 | |
|---|---|
| Ⅰ　近距離接続型 | 24 商店街 |
| Ⅱ　中距離接続型 | 6 商店街 |
| Ⅲ　遠距離接続型 | 8 商店街 |
| Ⅳ　近距離独立型 | 10 商店街 |
| Ⅴ　中距離独立型 | 9 商店街 |
| Ⅵ　遠距離独立型 | 7 商店街 |

※距離は駅から商店街入り口までの距離。

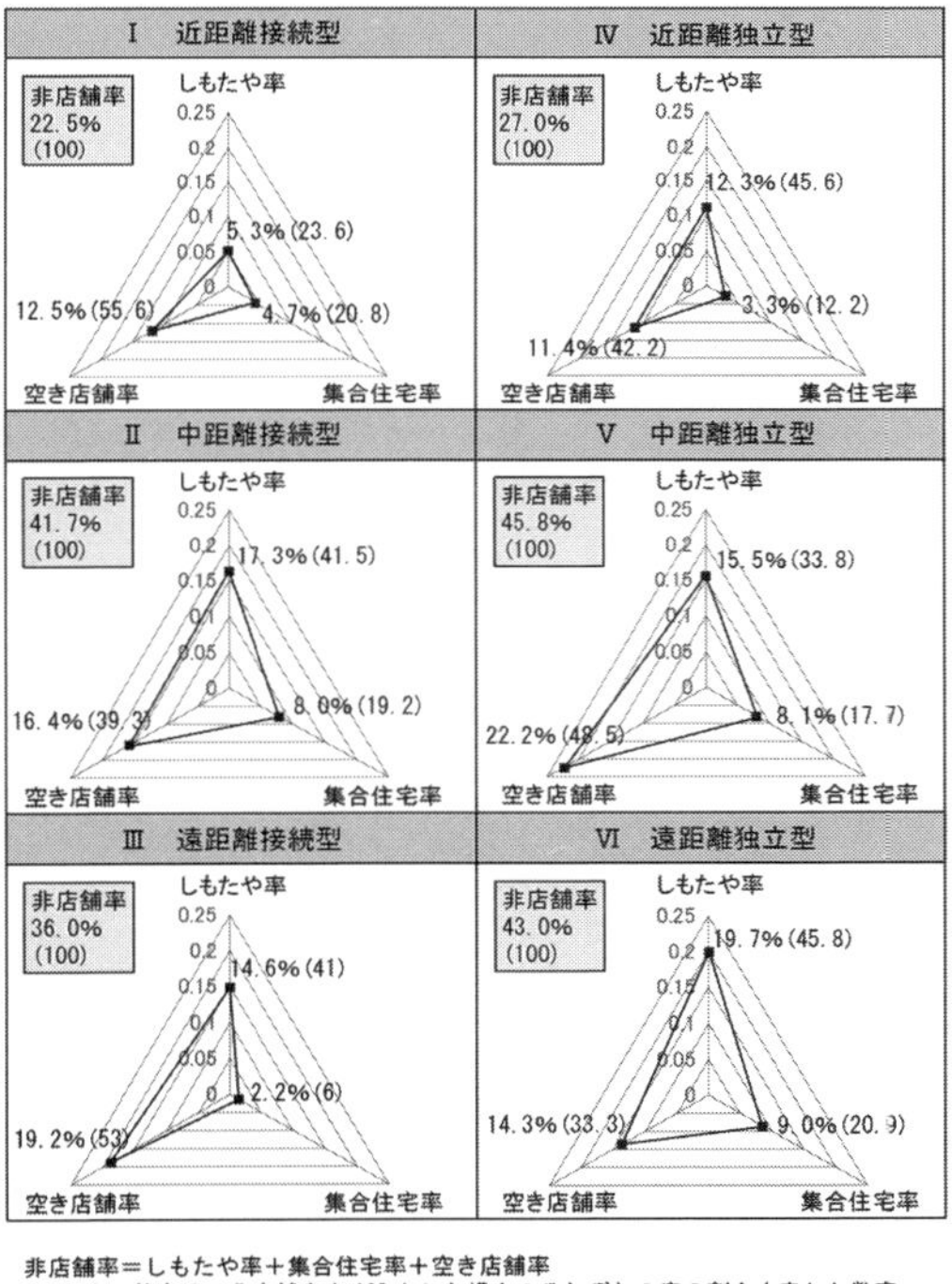


非店舗率＝しもたや率＋集合住宅率＋空き店舗率
※() 内の数字は、非店舗率を 100 とした場合のそれぞれの率の割合を表した数字

図4-8　江戸川区の近隣商店街の更新実態

区の「平井親和会商店街」と「春日町通り商店街」を対象として、2008年に今野らが行ったアンケート調査*の結果をもとに考察してみたい（図4—9）。対象商店街の立地する平井・小松川地区は地域に多数あった工場群に働く人びとを背景にして発展してきた長い歴史を持つ商店街である。この調査では、地域に住まいながら商売をしている現役の商店主、店じまいをしても住宅として住まい続けている元商店主、地域外から通って営業している地域外商店主の3者に対して調査が行われた。把握できた88軒のうち、現役の商店主は64軒、元商店主が10軒、地域外商店主は14軒確認できた。それぞれの商店主に対して、近隣付き合いや新規住民との交流実態などについて把握したところ、現役の商店主は新規住民との交流が深く、人間関係の構築に大きな役割を果たしているのに対して、元商店主は新規住民との交流は少ない。しかし、

| 交流内容 | 交流の種類 | |
| --- | --- | --- |
| 挨拶<br>立ち話 | 交流① | 挨拶程度の付き合い |
| 地域のイベントへの企画や参加 | 交流② | 地域ぐるみの付き合い |
| 散歩をする<br>旅行に行く<br>飲みに行く<br>お茶を飲む<br>遊びに行く | 交流③ | 複数人数での付き合い |
| おかずやもらい物のお裾分けをする<br>家を行き来する<br>子供の面倒を見る | 交流④ | 個人的な付き合い |

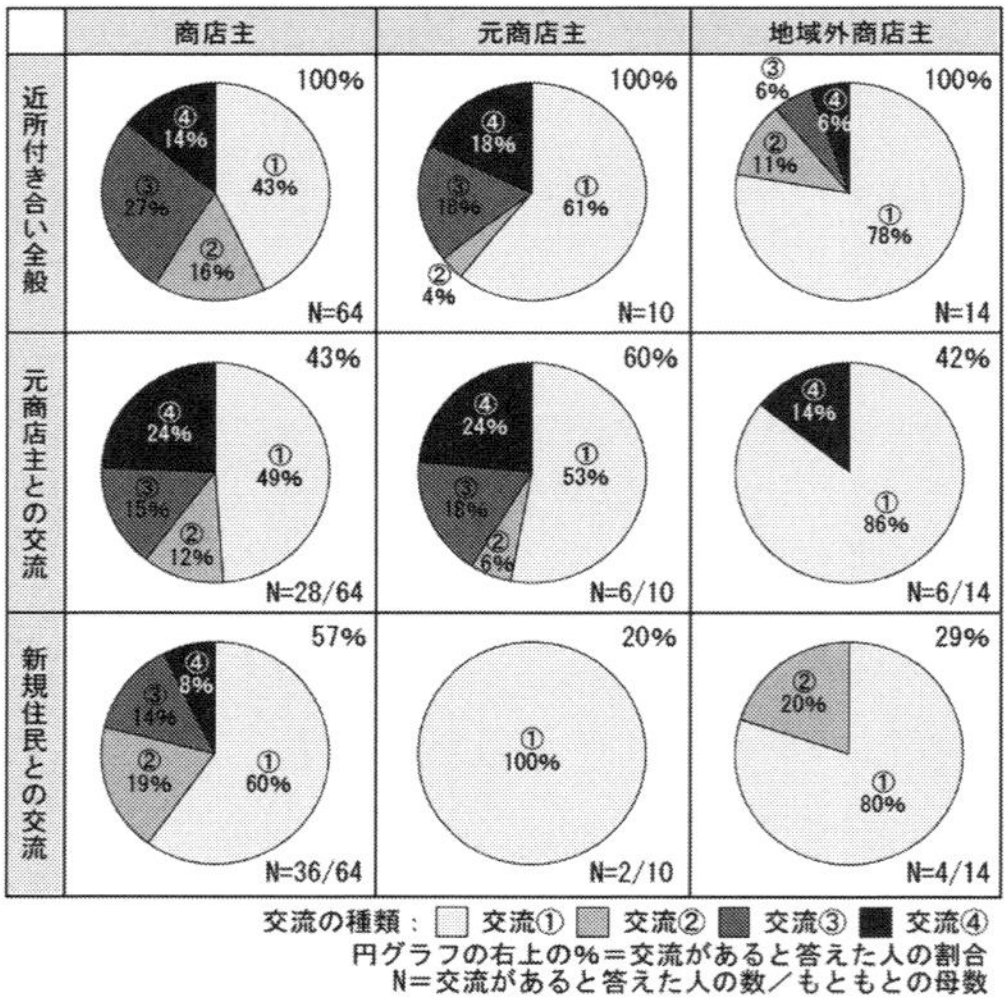


図4–9　平井親和会商店街と春日町通り商店街の商店主の交流実態

＊今野美里、後藤春彦、佐藤宏亮「下町商店街における商業機能と人間関係の継承に関する研究—商店主・元商店主・地域外商店主の役割の相互補完に着目して—」『日本都市計画学会都市計画論文集』No.44-3、2009年

元商店主と現役の商店主との交流や元商店主同士の交流は継続されている。元商店主の子世代がその地に住まい続けていくとすれば、現役の商店主たちとの交流機会は大きな財産となることは明らかである。一方、地域外商店主は全体的に近隣付き合いも新規住民との付き合いも少ない傾向にあり、地域の人間関係の維持継承においては、現役の商店主が地域外商店主に入れ替わるよりも、店じまいをした後も地域に残り続けることによって、次世代へと人間関係が継承されていく可能性があることがわかる。

商店の廃業は地域の衰退、地域の終焉を意味しない。それは地域の生活者のライフスタイルの変化にともなって新たな機能へと更新されていく過程であり、店をたたんでもなお、その地に住まい続け、そして次世代の子どもたちがそこに住まいを構えることによって住宅地へと変化していくケースも考えられるのである。かつての商店主たちの子世代は、先代が築いた商売そのものは受け継いでいないものの、商店主たちの日々の営みの中で蓄積されてきた重要な社会関係資本を受け継いでいるのである。

### ◉◉◉ ケーススタディ３：新旧住民の融和による地域再生

昔ながらの市街地において、若年世代の流入がこれまでにない新しい風景と賑わいを生み出している事例が増えている。既存の都市空間に新しい価値観が発見され、地域に賑わいがもたらされていく。このような動的なまちづくりの動きは一つの成功モデルであり、地域社会との調和を保ちながら都市の更新が進められていくことを期待したい。しかし、同時に地域の物語に寄り添いながら、都市空間を長期的視点にたって緩やかに更新していく地域社会のモデルを構築していくことも重要である。

練馬区ニュー北町商店街では「ＮＰＯ法人北町大家族」という地域福祉を目的とした団体が商店主たちによって組織されている。商店街が主体となってＮＰＯを立ち上げる事例はさほど多くなく、商店街が地域運営に関わる先進的な取り組みとして評価できる。２００１年にはＮＰＯ事業の一環として若い母親の育児支援事業である「かるがも親子の家」が開始され、２００７年には練馬区の委託事業に認定され、現在では保育士3名によって運営されている。この事業では、地域の母親を対象としてさまざまなイベントが行われている。本事業を利用している母親30名を対象として、２０１１年に横内らが行ったアンケート調査*の結果をもとに、古くからある商店街が新規住民との交流の中で新たな機能を付加していく過程について考察してみたい。調査によれば、「かるがも親子の家」の利用者の居住年数は1～2年の新規住民が13名と最も多く、次いで3～9年の7名、2～3年の住民が4名と続いている。このことからも、居住歴が浅い住民によってサービスが利用されていることがわかる。また、事業の利用目的としては、「遊べる場所がほしかったから」「同世代の子どもたちと遊ばせたかったから」といった子どもの遊び場としての利用とともに、「地域に友人が欲しかったため」「情報交換をしたかったから」「地域行事に参加したかったから」といった回答も多く見られ、地域での子育てを通して母親自身が交流を広げる場としても機能していることがわかる。さらに、利用者の地域交流の実態について把握したところ、30名の母親のうち、29名が「地域コミュニティに自然に入りこめた」と答えており、既存コミュニティと新規住民の接点として重要な役割を果たしていることがわかった。実際に、商店街行事への参加について把握したところ、施設に2年以上通っている母親の実に85％は商店街行事に参加していることが明らかとなり、新規住民が商店街のコミュニティに自然に溶け込んでいく様子がうかがえる。

近年の若年世代を中心とした都心回帰の動きのなかで、このような既存の地域社会とのコミュニティ形成は重要なテーマである。新規住民の中には、古くから続く既成市街地の歴史文化を積極的に評価し、居住地として選定していることも少なくない。台東区根岸の転入者52名を対象として、２０１０年に葛野らが行ったアンケート調査**によれば、転入時は根岸地区の利便性や下町の雰囲気が残るまちなみを評価して居住地を選定しているが、生活をしていくにつれて地域の歴史や文化的活動、お祭りなどの行事や人びとの温かさなど、地域固有の魅力に評価が移っていくことが明らかになった（図4―10）。このような意識の変化は特に若年世代に顕著に表れており、その理由として「子どもが祭りを楽しみにしている」「地域の人に

＊横内秀理、後藤春彦、佐藤宏亮「母親の地域参加からみた育児支援事業を支える商店街とNPOの協同関係構築プロセス―東京都練馬区ニュー北町商店街育児支援事業「かるがも親子の家」を対象として―」『日本都市計画学会都市計画論文集』No.47-3、2012年

＊＊葛野亮、後藤春彦、佐藤宏亮「都市更新期における下町への転入者の生活順応プロセス―東京都台東区根岸4丁目における転入者を対象として―」『日本都市計画学会都市計画論文集』No.46-3、2011年

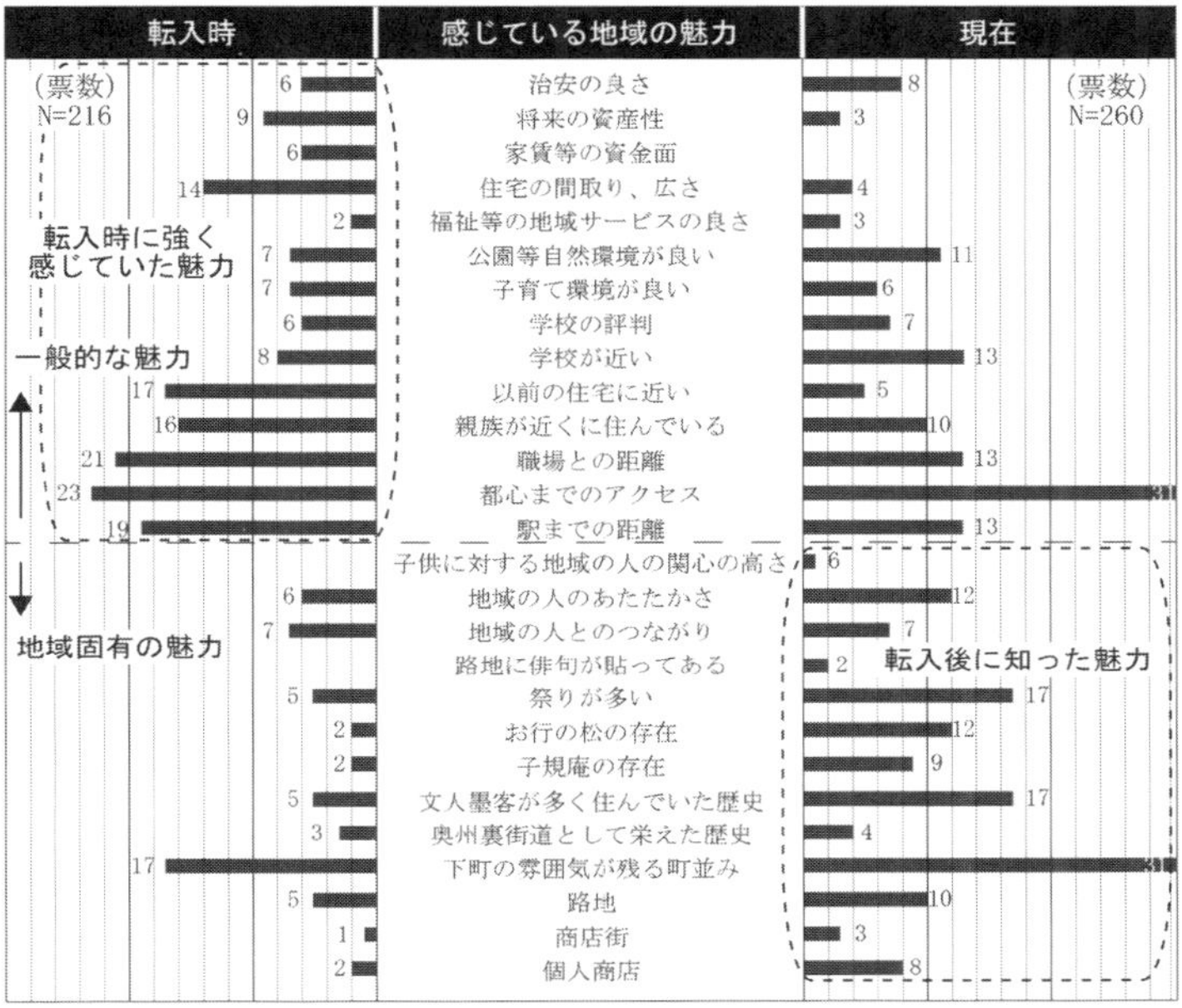


図4-10　台東区根岸の転入者による地域評価の変化

子どもが守られていると感じる」といったように、子育て環境に接して地域の魅力を理解していく傾向にあることがわかった。転入者の多くが定住意向を持っており、このような地域環境の評価が転入者の定住へとつながっていることがうかがえる。

台東区根岸は江戸時代以降、正岡子規や森鴎外をはじめ多くの文人墨客が住み、花柳界として栄えた場所である。現在でも商店主の間で発足した「ねぎし大好き実行委員会」が歴史、文化の継承に取り組んでおり、東京都心部でも独自の歴史文化を現代に継承する希有な地域である。しかし、新規住民は必ずしも当初から地域が育んできた歴史文化、コミュニティの価値に気がついているとはいえない。生活を通して地域への理解を深め、それを地域の価値ある魅力として認識し、守り育てていくアクターの一人として育っていく。

現実にマンション開発が進むなか、次から次へと新しい住民が入ってくるという事実は無視できないが、時間をかけて地域の理解者を育てていくことで、変化の振れ幅を小さく抑えながら都市を次世代へと受け継いでいく可能性はあるだろう。

## 4 都市の遷移をマネジメントするためのフレームワーク

### ◉マネジメント主体の個人化と再組織化

これまで都市のマネジメントにおいてはさまざまな地域組織が重要な役割を担ってきた。その代表的なものは自治会町内会であるが、地域によっては財産区や入会地を管理するような強固な地域組織も存在する。また、高度成長期以降のまちづくりの萌芽によって意思のある個々人が結集してまちづくりを担う組織が生まれたり、自治体のコミュニティ政策によって住区会議やまちづくり協議会のような一定の代表性を有する地域組織の形態も育ってきた。しかし、このような組織も構成メンバーの高齢化や減少にともなって弱体化しつつある。都市のアクターが多様化し、組織の論理よりも自らの価値観に基づいて行動するアクターが増加しつつあり、これまでのような地域組織によるマネジメントが機能しにくい社会が生まれている。

このような状況に対応していくためには、個人化する主体の意思を何らかの方法で束ね、社会集団の意思として再組織化していく方法が重要になる。明確で固定的な組織形態をとる必要はなく、日々移ろいゆく個々人の意思を社会集団の意思としてダイレクトに反映させる可変的で柔軟なしくみが求められるだろう。たとえば、千葉県市川市で行われているような、税金の一部を納税者の意思によって市民組織の支援に充当することができる「1％支援制度」や、東京都杉並区で行われているような、「NPO支援基金」への寄附という形で税制上の優遇措置を受けられるしくみなどは、市民一人ひとりが価値評価を表明し、それを結集しながら都市空間をマネジメントしていく可能性を持ち、示唆に富むものである。* 近年ではクラウドファンディングをはじめとするフィンテック・サービスが拡大しており、これらの技術と結びつくことによって新たな展開も生まれてくることが予想される。これまで都市空間における公共の概念は政治が担う政治的公共性がその中心を占めてきたが、このような個人化した主体を目的や状況に応じて束ねていくしくみによって近隣レベルからさまざまな市民的公共性を育み、遷移する都市を緩やかに方向づけていくような方法が求められるだろう。

### ◉◉長期的な投資によるマネジメント

地主層による都市経営力が衰退し、都市の主要なアクターが資本の手に移りつつある現在、都市の混乱の最大の課題は、資本の運動をいかにしてコントロールしていくことができるのか、という点である。ハワードの創設した田園都市会社のようなしくみや、大規模ディベロッパーが特定地域の地主として積極的に地域の価値向上を図っていくようなしくみが構築できればよいが、一般的な都市では世代交代や都市更新にともなって、土地が細分化、再分配されていくことは避けられない。しかし、時の経済状況を反映させていくだけでは都市のアイデンティティの形成は不可能である。成熟社会を迎えた現在、もはや企業にも利益一辺倒の考え方は改めてもらいたいところではあるが、せめて短期的利益の追求ではなく、都市経営に自らアクターとして参画しながら長期的な利益につなげていくという視点をもってもらいたい。

資本主義社会の根底に関わる課題だけに有効な解決策は見当たらないが、欧州の年金基金グループが創設した不動産会社や運用機関のサスティナビリティを図るベンチマークである「Grobal Real Estate Sustainability Benchmark（GRESBE）」などは示唆に富む。GRESBEは投資家が投資先を選定する際に活用される

＊詳細は以下の文献を参照していただきたい。
市川市1%支援制度記録チーム『新・1%の向こうに見えるまちづくり』ぎょうせい、2009年

ベンチマークであり、日本の不動産証券化協会もサポートメンバーとして加盟している。グローバルに業務を展開している不動産会社や運用機関が評価の対象となる。経営におけるサスティナビリティに関する取り組みや環境配慮方針の制定の有無、テナントなどとの関係を問う社会的項目など、不動産単位ではなく、不動産会社や運用機関を対象とした総合的なベンチマークとなっていることが特徴である。* このような指標が普及し、社会の目が育ってくれば、企業もこれを民意として無視することはできなくなるだろう。現時点では地域経営的な視点はそれほど含まれていないが、地域のアイデンティティの形成に関わる指標を開発し、不動産投資の重要なベンチマークとして活用することができれば、民間資本の動きを一定程度コントロールしていくことも可能になるだろう。このような取り組みが、欧州の年金基金グループという長期的視点から投資を考えるような機関から生まれてきていることにも注目したい。

民間投資を考えるうえでは、短期的な利ざやを稼ぐのではなく、長期的に不動産を所有して、そして地域の価値をあげていくようなエリアマネジメントに参画していく主体が形成されれば、このようなベンチマークに応じた投資がなされる可能性が生まれてくる。人間の一生を安心で支えていく生命保険会社などもその候補者となるのではないだろうか。土地そのものが短期的な利益の追求ではなく、会員に対する保証と信用という長期的な利益を追求している投資会社であれば都市の持続的な発展という視点において同じ利益を追求するパートナーとなり得るだろう。

このような都市のアクターは、投資家に対して選択肢を提示しながら、個人の投資を束ねて都市を方向づけてゆくことになる。地域の変わらないアクターの意思を汲み取りながら、将来的な方向性と実現に向けた体制を明示することで投資を呼び込むような努力をしていくことも必要である。集めた投資をもとに、地域の不動産の再編や集約を行っていくような、ローカルディベロッパーのような機能を持つのかもしれない。都市の環境や都市への貢献といった、資本の運動においてこれまで外部要因として扱われてきた項目も、近年では企業イメージの向上や新しい人的資本の獲得といった側面から重要度を増し、内部要因化

＊堀江隆一、小山暢朗「グローバル不動産サステナビリティベンチマーク（GRESBE）2012年調査について」『ARES不動産証券化ジャーナル』Vol.11、一般社団法人不動産証券化協会、2013年

してきている。当面はこういったしくみを促すような公共的サポートも必要になる。もちろん、やみくもに公共投資や助成制度をつくればよいということではないが、都市計画のインセンティブが容積の緩和といった規制緩和によるボーナスによってのみ成立するインセンティブではなく、投資家の投資を呼び込みやすくする、それによって長期的な利益を得るというインセンティブへと変えていく必要があるだろう。

### ◉◉◉共感を媒介する第三者によるマネジメント

都市再生プロジェクトも一定の成果をみて、駅前を中心とした再開発から、既成市街地において都市更新を図りながら、生活空間を含めて都市の魅力を高めていくことが課題となっている。さまざまなアクターが関与する中で、共感に基づく開かれた縁によってつながった人びとが、地域社会が蓄積してきた社会関係資本を受け継ぎながら、一定の振れ幅の中で都市のアイデンティティを創造していくようなマネジメント体制の構築が必要になる。このような取り組みの参考として、今村ひろゆきが立ち上げたＭａＧａＲｉプロジェクトを取り上げてみたい。

今村は浅草のサンダル屋だった古い店舗を借り受け、そこでＭａＧａＲｉという不動産会社を経営している。このＭａＧａＲｉというプロジェクトは、所有者のいる店舗やオフィス、商店街、ビルなどにおいて、たとえば住宅の中の一部屋、建物の店舗部分など、建物の中の空いている空間や時間を発見して、間借りの紹介やマッチングをするプロジェクトである。間借りを通して、場所の貸し借りのみならず、間借りする人と間貸しする人の出会いを生み出し双方の活動が加速するキッカケとなることを目指していることが最大の特徴である。間借りである以上、建物オーナーとの関係は重要になる。より高いお金を支払ってくれればよいということではなく、そこにマッチングのプロセスが入ることによって、不動産の賃貸にとどまらず、人と人との社会的ネットワークを生み出すきっかけを内包していることが重要である。そして、このような取り組みが不動産単体の経営にとどまることなく、地域の発展や地域コミュニティの形成といったことも視野に入れていけば地域経営の可能性がみえてくる。

既述のとおり、居住地選択の自由が保障されているなかにあって、地域に住まう人を選別するような思想は危険を孕んでいることは否めないが、「神の見えざる手」は万能ではないことは誰もが認めることだろう。地域の空きスペースの賃貸に第三者的な立場で不動産業者が介在し、そして地域の土地利用にふさわしい借り主を探す。不動産業者には、地域の選択を把握し、どのような人たちが住まうべきか、それをマッチングのプロセスに反映していくようなスキルが求められる。

人びとが共感できるような新しい価値を創造し、街と人との変わりゆく関係をデザインしていくことが都市経営の重要な戦略になっていくだろう。2次元で表現されるマスタープランやダイアグラムを超えて、都市や社会集団に宿る理念や哲学を言語化し、共有していくためのしくみである。資本の運動やメディアの運動によって浮遊した土地と人間を改めて定着させていく。伝統的な共同体社会の再生ではなく、共感の広がりの中において定住がすすむプロセスのデザインが求められているのである。

### ◉◉◉◉先占性と優位性を反映したマネジメントの体制

かつての地主層による地域経営のように、地域の意思を継承していく主体が弱体化しているのであれば、個人ではなく個々人の意思を束ね、地域の意思を決定していくための権能を何らかの民主的組織に付託していくことによってしか、都市のマネジメントを有効に機能させていくことはできない。そして、都市の変わらないアクターと変わりゆくアクターとを仲介する組織への一定の権限の委譲とともに、チェック体制を構築する必要がある。ただし、ここでいう民主的組織とは、従来型のまちづくり組織を意味しない。その理由としては、既述のように高度成長期以降のまちづくりの取り組みの中でつくられてきた一定の代表性を有する多くの地域組織が構成メンバーの高齢化や減少にともなって弱体化しつつあり、マネジメントの体制にも新しいアイディアが求められることが挙げられるが、もう1つの理由としては、都市の主要なアクターが入れ替わるなかで、都市の矛盾を拡大させるような社会集団の活動や強大な資本の論理をコントロールしていく必要に迫られているからである。時間軸のなかで地域に関与するアクターの先占性や優位性を読み解き、マネジメントの体制はそれを反映したものとなる必要がある（図4―11）。

組織の運営においても、意思決定機関としての役割に重点を置くのではなく、もう少し肩の力を抜いて、個々人の思いを共有していくようなコミュニケーションに重点を置いた組織運営も重要になっていくだろう。多様な人びとの社会的活動を秩序立てていくのは、その地に根づく社会的規範に他ならない。このような都市の理念や哲学を共有していくことは、現実に直面している都市の課題解決といった具体的なまちづくりの動きと比べて、より遠くを見据えた議論を重ねていくことが必要になる。地域のさまざまなアクターが、親睦を通して地域に宿る社会的規範を確認していくような共感をつくるための場づくりという意味合いが重要なのかもしれない。まちづくりを人生のさまざまな場面を想定しながら考えていく「まちづくり人生ゲーム」などの手法も参考になる。* 少し目線を遠くにおいて、地域の中で継続的に対話を積み重ねていくことで、利害の対立する協議の前に望むべく方向性を見定めておくということが地域経営の成功の鍵を握るのではないだろうか。

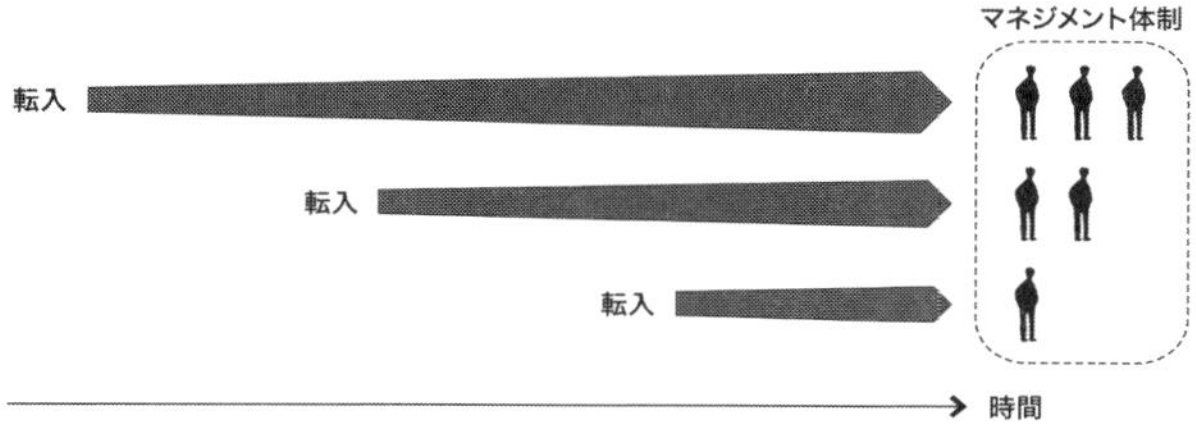


図4–11　先占性を反映したマネジメントの体制

## ◉◉◉◉◉世代・属性の相互補完による遷移のマネジメント

現代都市においてマネジメントのしくみが弱体化、空洞

＊早稲田大学後藤春彦研究室が1995年に開発したまちづくりワークショップの手法である。進学や就職、結婚、定年退職といった人生の節目におけるさまざまな選択をゲームを通して考えながら、人の一生をより豊かにするためのまちづくりの課題や目標を探ることを目的としている。

化しつつある大きな要因の1つは、戦前戦後の混乱や高度成長を通して世代間、地域間での人口の偏在という極めて偏った社会構造を生み出してきた歴史的経緯にあることは本論において述べてきた通りである。時代毎に拡大する人口需要に応えるため、市街地が場当たり的に形成されていったことで、流動性が極めて低い社会単位を各地に生産してきた。近年になって、多くの地域で急速に高齢化が進み、地域の衰退が叫ばれるなかで、一方では若年世代や海外からの移民をはじめとする新しいアクターが既成市街地に流入し、コミュニティを形成しはじめている。地域社会の構成が大きく変化するなかで、それぞれのアクターがそれぞれが保有する資本、資源へのアクセスを閉ざし、異なる論理によって都市生活を営んでいけば、地域が蓄積してきた深遠な物語を次世代へと継承していくことは困難になってしまう。

都市はさまざまな資本や資源を蓄え、関係する主要なアクターがこれを管理し、活用してきた。しかし、このままでは、多くの空き地や空き家もさることながら、継続が困難になっている地域の祭りや文化、記憶や知恵、需要やトレンドなど、さまざまなものがドラスティックな更新を余儀なくされ、正常に受け継ぐことが困難になる可能性がある。管理されなければ正常に受け継ぐことができなくなるのは、農地や樹林地だけではない。都市の資本や資源もまた、人びとが使いながら受け継がれていくのである。わが国が有するさまざまな資源や資本の滞留が、それを管理するアクターの分化や固定化によってもたらされているとすれば、さまざまなアクターを相互につなぎ、新しいコミュニティを形成していくことによって、これらの空間や資源を次世代に受け継いでいくことができるはずである。

本格的な高齢社会が到来し、地域のマネジメントにおいて重要な役割を担ってきたさまざまな地域組織が弱体化、空洞化する中、外部からの支援によって都市のマネジメントを行っていくことも一つの方法である。しかし、積極的に地域社会のアクターのリミックスを図り、世代や属性を超えた相互補完関係を築きながら自律的な地域社会を再生し、都市の緩やかな遷移を図っていくことも重要になるだろう。現代社会では、さまざまな萌芽的なコミュニティ形成の取り組みがいたるところに生まれつつある。閉鎖的であった地域社会が若者との交流を深めたり、商店街が地域に居住する若いお母さんとの協力を模索したり、あるいは地域の旦那が若旦那のまちづくりを支えたりといったさまざまなコラボレーションも生まれている。* 多少、外力を加えてでも、社会構造の過度な不均衡の調整を進め、都市のさまざまな資本が次世代へと継承されていくようにマネジメントしていくことが必要になるだろう。産業革命や戦争を通した人間の利己的な営為が自然の摂理を歪めてしまったことの後遺症をどのように治癒していくのか。現代都市計画はまずその反省に立ち、この難題に立ち向かうべく、空間と社会を同時にデザインしていくより高いスキルが求められているのである。

＊詳細は以下の文献を参照していただきたい。
日本都市計画学会（編）「都市継承期のコミュニティモデル」『都市計画』第302号、2013年

実践❾

# 暮らしのタイムラインからまちづくりの長期ビジョンを描く

岡村竹史

## まちづくり人生ゲーム

「まちづくり人生ゲーム」と聞いて、何のことかと思った方もいると思うが、約20年前に後藤春彦研究室で考案したまちづくりワークショップの手法のこと（初めて行ったのは1995年3月三重県大山田村（当時））で、まちがその人の生涯をいかにサポートできるのかという視点からまちづくりの方向性を探ることを意図したものである。

プログラムとしては、まず、進学、就職、結婚、出産、子育て、定年退職など人生のさまざまな局面（人生の節目）とその選択肢を用意し、参加者全員で旗上げ方式アンケートを行う。次に、各人がまちづくりにおいて重要だと思う局面を3つ程抽出し、グループで討議する。自分がその局面や選択肢を重要だと思う理由などを紹介し合うなかで、そのまちにおける一生をより豊かにするためのキーワードを抽出し、課題や目標、施策などとしてとりまとめるという流れになっている。

従来の計画づくりにおいては、住民を児童、勤労者、高齢者、あるいは、障がい者のように分類し、顔の見えない集団として取り扱うことが多かった。しかし、この手法においては、主体としての個人自らが人生を歩んでいくなかでさまざまな役割を演じていくことに着目している。ひとりの人生を誕生から死に至るまでトレースしながら、それぞれの世代が抱えるまちづくりのテーマや課題を確認する作業を通じて、人生という時間軸によって、多様なまちづくりの課題を総合的に検討し、さらに各課題の関連性を体系的に整理する試みである。

1992年の都市計画法の改正によると、「個性的で快適な都市づくりをすすめるためには、（中略）諸種の施策を総合的かつ体系的に展開していくことが、今日ますます重要」となり、さらに、「必ず住民の意見を反映させるために必要な措置を講ずる」ことが求められ、住民参加による総合的かつ体系的な計画策定の必要性が提示されている。

一方で、台湾では、わが国の「まちづくり」の概念を「社区総体営造」と訳し、その定義をはかっているが、これを直訳すれば社区（コミュニティ）の総合的かつ体系的な経営と創造という意味になり、台湾でも総合的かつ体系的な計画策定の必要性が論じられていることがうかがえる。

しかし、その当時までの住民参加の事例は、多くの場合、個別の施設計画、または地区レベルの計画が主であり、住民参加による総合的な計画づくりの方法論が少ない状況であった。そのため、「まちづくり人生ゲーム」という、それぞれの世代が抱えるまちづくりの課題が人生という時間軸によって、相互にさまざまな関係性をもちながら体系づけられ、幅広い視野のもと総合的な提案へと展開していく手法の開発に取り組んでいる。

ワークショップの様子（佐賀県多久市）

「まちづくり人生ゲーム」の着眼点としては、2点挙げられる。1点目は、個人の人生とまちづくりの相互関係を認識することだ。住民には、自分がより良く生きていくということとまちづくりが密接な関係を持っているという認識が薄く、まちづくりが何かおとぎ話のような遠い存在であったり、他人事のように感じられているのではないかという懸念がある。個人の生き方がまちづくりに与える影響の大きさと、逆にまちづくりが個人の生き方に与える影響の大きさの相互関係を認識することの必要性に着目している。よって、他人事ではなく自分事としてとまちと関わること、まちづくりの担い手へと展開することが期待できる。

2点目は、暮らしの視点である。まちづくりワークショップの手法としては、まち歩きやまちづくりデザインゲーム、最近ではＧＩＳ（地理情報システム）を活用するものもあるが、これらは〔ハード面／空間〕からの検討である。対して、まちづくり人生ゲームは、〔ソフト面／暮らし〕からの検討となるが、〔空間〕と〔暮らし〕が相まって初めてまちづくりは成立する。したがって、両者の手法を組み合わせることで、住民が複合的・包括的にまちを発見・体験・想像したうえで、まちづくり計画へと展開することが期待できる。

その後、類似の取り組みとして、京都大学の高田光雄教授による「シナリオ・アプローチによる団地再生」が登場している。まちのシナリオと個人のシナリオを作成したうえで団地再生の方向性を議論するワークショップで、住まい手一人

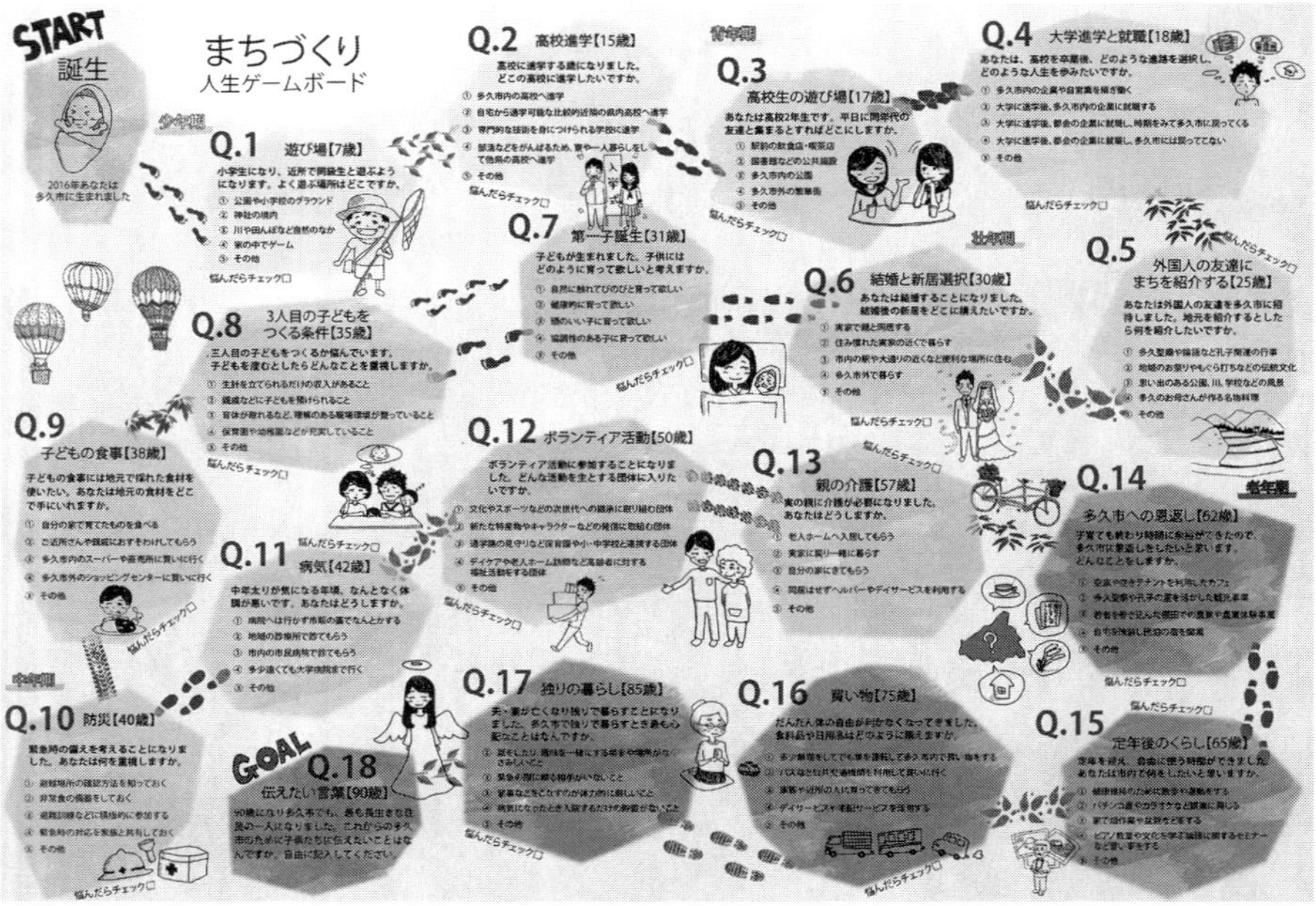


「まちづくり人生ゲーム。」のボード（佐賀県多久市バージョン）（デザイン：平澤道郎＋上井萌衣）
まちづくり人生ゲームは地域に合わせて形を変えながら実践されてきた。
2016年3月に行った佐賀県多久市のワークショップでは、15問の人生の岐路の局面とその選択肢を用意した。

ひとりの個人としてのライフストーリーとまちづくりとの相互関係に着目したものとなっている。

　長期ビジョンの検討は、現在の延長線上にある目先の将来や自分の関心事に意識を向けがちだが、バックキャスティングのアプローチが必要である。「まちづくり人生ゲーム」は、個人の人生という視点に立ちながらみんなで討議し、個人の生活スタイルと地域の将来像の相互関係を通じて包括的にまちづくりを検討し、さらに事業間の関連性を考慮した体系的な計画づくりへと展開する試みであった。一直線にゴールに向かうのではなく、人生のさまざまな局面における可能性を考慮しながら将来の姿を見据えていける可能性がある。

　めまぐるしく変わっていく社会では、計画の賞味期限は2〜3年との声もある。個人の価値観が多様化し、国や行政への期待が薄れるなかで、各人が身の丈に合った自分らしいライフスタイルを築きながら、人や地域とゆるやかなつながりを持てること、それを幅広い意味で「まちづくり」と称するとすれば、「まちづくり人生ゲーム」はそのプラットフォームを検討・構築することにも有効なツールになるのではないかと希望を抱いている。

実践⑩

# 高齢者の生活と健康を支える多世代居住コミュニティ

奈良県橿原市

遊佐 敏彦

奈良県橿原市のまちなみ

わが国では、団塊の世代が75歳以上の後期高齢者となる2025年に向けて、高齢化率、独居高齢者数、認知症高齢者数、要介護者数などが増加し、合わせて医療費、介護費を含む社会保障費用の負担と給付の増加が問題となっている。なかでも高騰する入院医療費を抑え、病床不足を解決するために「病院完結型医療」から、「地域完結型医療」「在宅医療」へのシフトが課題となっている。そしていかに国民の健康寿命を延ばすか、あるいは虚弱となる兆候を早期につかみ、進行を抑えるか、ということが重要である。

このような状況を背景として、奈良県立医科大学では「医学を基礎とするまちづくり（MBT, Medicine-Based Town）」構想を進めている。「医学を基礎とするまちづくり」は、奈良県立医科大学（以下、奈良医大）細井裕司理事長・学長（当時は奈良医大耳鼻咽喉・頭頸部外科学教授兼住居医学講座教授）の発案による構想で、2012年から早稲田大学との共同研究がはじまり、現在に至っている。本構想は、医学的な知見を活用しながら、まちづ

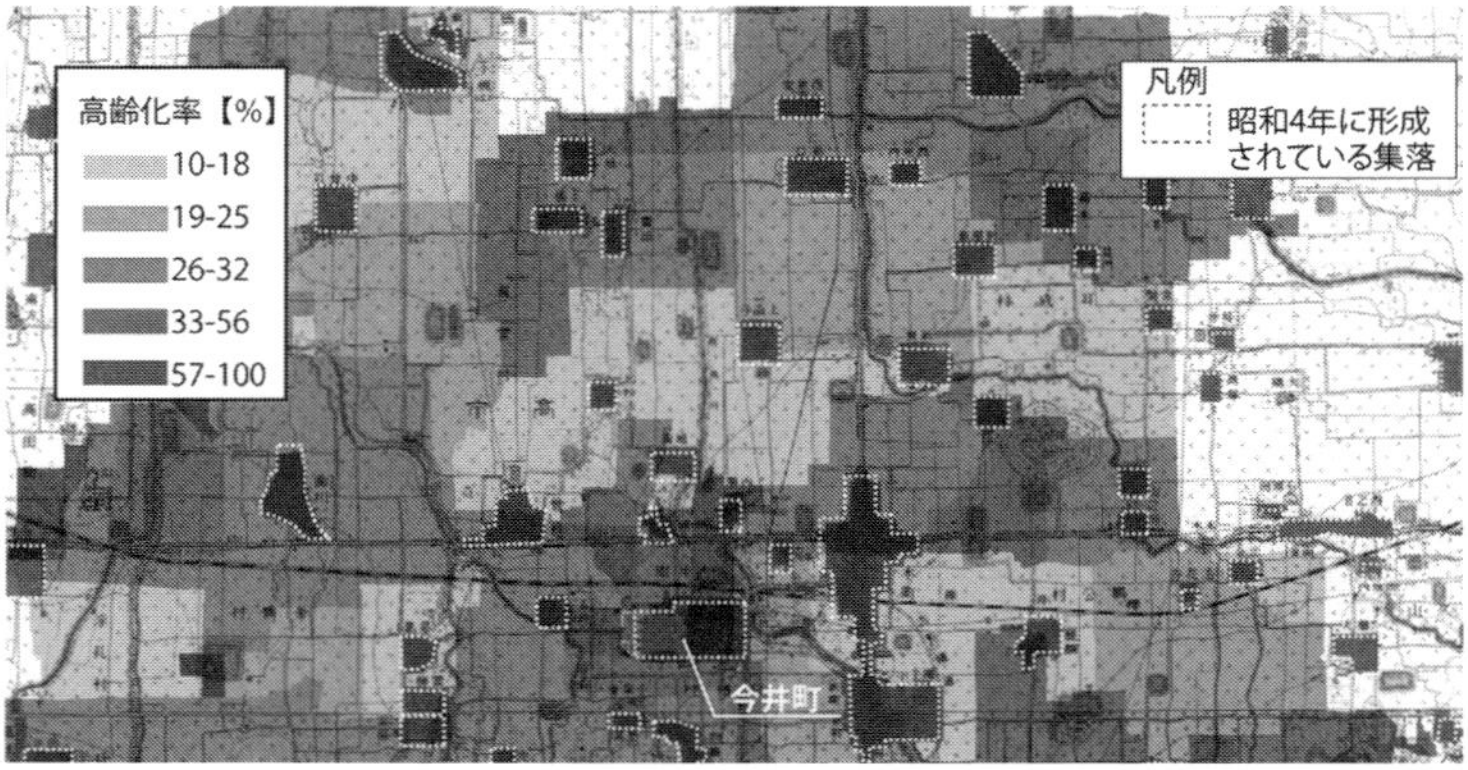


奈良県橿原市の高齢化率と今井町の位置

くりに関わるさまざまな分野を横断的に捉え、たとえば「空き家」と「情報通信技術」を活用して「地域包括ケア」に必要な施設をまちなかに埋め込んでいくなど、合わせ技で解決していくための手法であり実践である。さらには、その成果や派生的に生み出された副産物を別のものへと応用し、地域全体として地方創生、産業創成を実現していくものでもある。

「医学を基礎とするまちづくり」構想においては、奈良医大に隣接し重要的建造物群保存地区に指定されている「今井町」において、「まちなか医療」の展開が計画されている。これは、空き家の増加抑制・利活用、歴史的街並みの保全、高齢化の進行抑制、コミュニティの維持といった課題の解決を目的に、さまざまな施設をまちなかに埋め込むことによって医療や介護に関わる多様な人びとをまちのアクターとして育て、高齢者の生活と健康を支えていくことを目標としている。具体的に計画されている施設は以下の５つである。

１つめは「奈良医大外国人研究者・留学生用 ゲストハウス」である。今井町内で空き家となっていた町家を奈良医大のゲストハウスに改修し、活用するものである。今井町では、インバウンド効果により外国人観光客が増加しており、医療や観光を超えた新たなつながりが期待できるとともに、地域全体で国際化を推進する基点にもなりうる。すでに着手しており２０１６年度末に完成予定である。

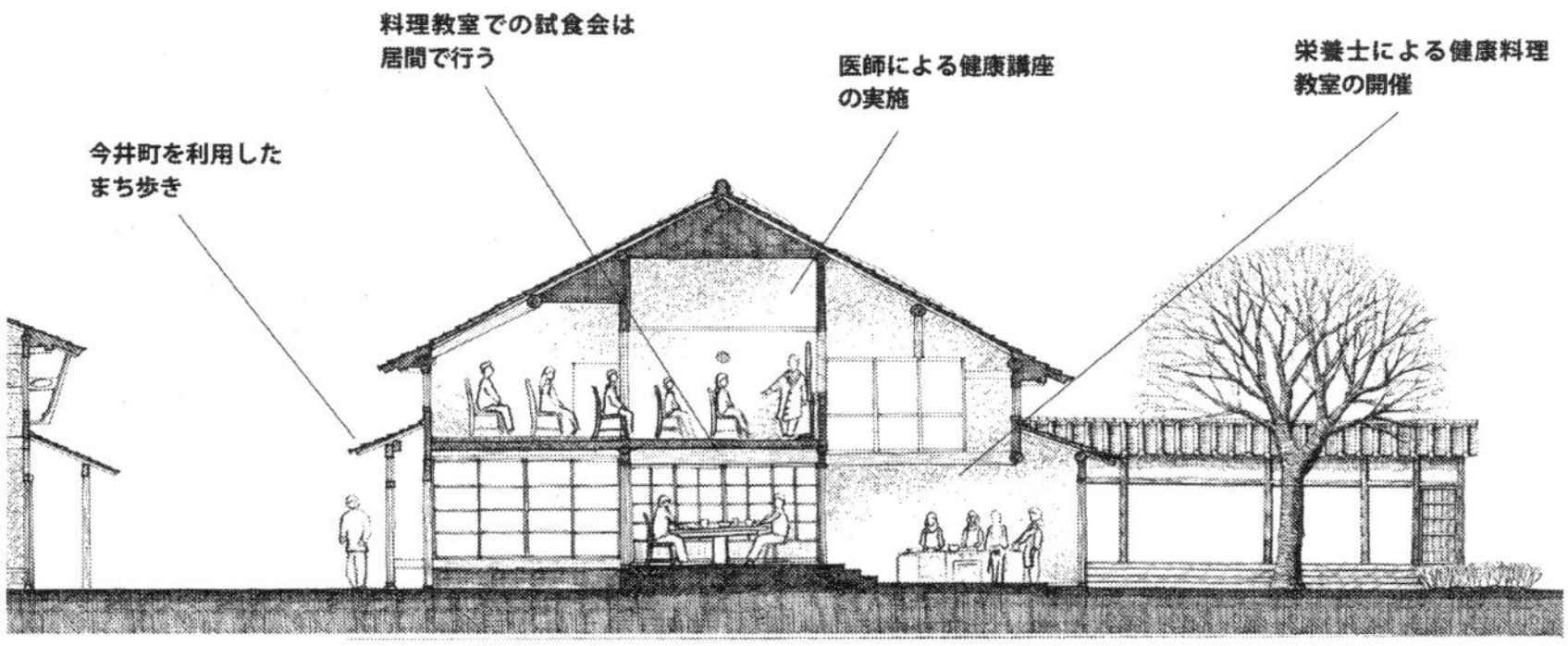


予防医療拠点のイメージ

2つめは「地域包括ケアの拠点／地域交流スペースによるライフサポート拠点」である。看護や保健、アロマセラピーなどの補完代替医療の知識を有するライフサポーターによる健康相談や健康チェックを行い、地域住民向けに、奈良医大の医師・研究者による健康教室、医学的根拠に基づく健康プログラムを実施する。これは、地域住民の外出機会を増やし、孤立や虚弱進行を抑えるという狙いもある。

3つめは、「健康見守り・在宅介護実験住宅兼退院患者のための在宅復帰支援住宅」である。家族による介護や老老介護により雇用機会の喪失、家族共倒れ、介護疲れとなることが社会問題化している。本計画は、さまざまな機器を活用して、見守りを必要とする高齢者や退院患者に対して、きちんと生活ができているか、転倒や徘徊、身体の異常などを、離れた家族・親類・知人・医療介護専門職員が発見できる設備を居宅の中、および自宅の周辺にそれぞれ整備する。

4つめは、「医農工薬連携をめざしたまちなか医大ラボ」である。企業が新製品開発への課題解決やアイディア創出のために、地域社会の住民と交流する「リビング・ラボ」が、主に欧州を中心に広がりつつある。本計画は、これに医科大学と医学の要素を加味し、地域住民、企業、医師・研究者、看護師、医学・看護学生などがワークショップやコンテストなどを継続的に行うことにより、地方創生と産業創生に役立てる。

医学を基礎としたまちづくりのプロジェクト全体鳥瞰図

５つめは、「医大生・看護師寮・シェアハウス」である。今井町内の町家を医大生・看護師寮・シェアハウスとして改修し、地域との交流に興味がある学生・看護師を中心に住んでもらうことで、今井町内における多世代交流を促すものである。医大生や看護師が住むことによって、日々の簡単な健康相談ができる。これによって高齢者の外出機会を増やし、虚弱予防と健康増進を促進するという狙いもある。

「医学を基礎とするまちづくり」は、「人が健康なときは自宅で過ごす」「介護が必要になれば介護施設に入る」「病気になったら医療機関に行く」といった、身体的状態を物理的な空間で区別するのではなく、大学や医療・介護の施設を既存の地域に埋め込んでいくものである。新たな社会的関係性をつくりながら、地域そのもののリハビリテーションをすすめていく。既存の地域社会と、地域で活動する新しい老若男女のアクターが、職種や世代を超えて、重層的に関わり合うように社会空間を再構築することで、高齢化に対応した安心安全で豊かな地域社会を、持続的にマネジメントしていくことをめざしたケーススタディである。

章5

# 戦略的圏域論

## 産業活動を基軸とした多義的な領域の計画

山村崇

I

# 産業と都市―密接な関係とその変質

## ◉産業構造の脱工業化・知識化と産業立地の変化

### 脱工業化で疲弊する地方経済

地方の衰退に歯止めがかからない。多くの地方中小都市では、雇用が減少し、若者が大都市へと流出して高齢化が進行している。中心市街地では商業が衰退してシャッター街となり、駐車場などの低未利用地が目に付く。

戦後、地方都市は製造業のための生産拠点として機能し、工業を基軸とした経済成長の推進を下支えしてきた。しかし今日では、製造業の不振と空洞化によって地方都市の経済基盤は脆弱化している。わが国における製造業の地位低下とサービス産業の伸張は、１９９０年代以降鮮明になり、現在に至るまで継続的に進行している。この長期的かつ不可逆的な産業構造転換の本質は、付加価値の源泉が製造部門から知識投入部門へシフトしたことによる、産業構造の「脱工業化」と「知識化」である。国勢調査によると、わが国における生産工程作業者及び労務作業者の人口は１９９３年の２０３４万人をピークに減少に転じ、２０１０年時点では１６４９万人にまで縮小している。一方でホワイトカラー職業人口は継続的に増加し、２０１０年には２４３１万人に達している。製造業に依存してきた地方都市の経済は、こうした「知識化」に向かう産業構造転換に十分順応できず、長期にわたる衰退に直面している。

そもそも、戦後地方都市が製造業の拠点として繁栄したのは、工業製品の製造に必要な「ブルーカラー労働力」と「土地」を、大都市に比べて安価かつ大量に供給できたからである。しかし知識経済の社会においては、工業製品に代わって知識の生産が付加価値の最大の源泉となり、産業活動の主役は工業から、知識の生産を専らとする知識産業へと移行する。言うまでもなく知識産業は、大量のブルーカラー労働力や広大な土地を必要としない。知識の生産のためには、知識を蓄え・運び・創造する人間（知識労働者）と、知識交流の場の存在が、重要な要素となる。そして「知識労働者」と「知識交流の場」は、教育機関が集中し、さまざまな才能をもつ多様な人材が集積する大都市において豊富に供給される。そのため「知識化」に伴って、産業立地は全体的に大都市集中傾向を強めており、地方都市はそうした構造的変化に対応するビジョンを見出せずにいるのである。

### 転換期を迎えた大都市圏の産業分布

「知識化」は地方圏から大都市圏へ産業を集中させるだけでなく、大都市圏内部においても、郊外から都心への一極集中傾向を強める要因となっている。たとえば東京大都市圏をみてみると、就業者数からみた知識産業[*]の東京区部シェアは70％を越えており、[**]知識産業以外の同シェアが40％弱である事実と比較すると、知識産業の都心立地指向は明らかである。

そもそも東京大都市圏の雇用分布については「一極集中」のイメージが強いが、実は戦後長い間にわたって、相対的郊外化のプロセスを歩んできた。都市規模の拡大が急速だったため、人口及び雇用の空間分布は、都心から郊外へと展開せざるをえなかったからである。より詳しく見ると、都市圏の成長に伴ってまず居住人口が、次いで製造業及び小売業が、最後にホワイトカラー職業が郊外化するという、都市機能郊外化の段階的進展が生じてきた。[***]そして国や自治体もまた、一極集中の是正のために、工場の郊外への誘導や、業務核都市の育成などを通して、産業の郊外化を積極的に支援してきたのである。

しかし今世紀に入ってから、都市規模拡大の鈍化を背景として、産業空間需要の都心からの「押し出し」効果が減少したことと、再開発などによって新規オフィス供給が都心部に集中したことなどか

＊知識産業を具体的にどのように定義すべきかに関しては多くの議論があり、国内外の既往研究においても定説といえるものはないが、筆者らの論文（脚注＊＊）では、事業所に対して高度な知識の提供を行う「対事業所サービス型知識産業」（Knowledge Intensive Business Services:KIBS）を「知識産業」として日本標準産業分類を用いて定義している。

＊＊山村崇、後藤春彦「東京大都市圏における知識産業集積の形成メカニズム―市区町村レベルデータのパス解析および事業所アンケート調査より―」『日本建築学会計画系論文集』689号、1523-1532頁、2013年

＊＊＊山村崇『早稲田大学モノグラフ113　東京大都市圏における社会経済構造の変化に伴う郊外産業圏域の変容―産業構造の知識化による事業所立地原理の変化に着目して―』32頁、早稲田大学出版部、2015年

ら、産業立地の郊外化は転換期を迎えている。一部の郊外業務核都市では、かつて郊外のオフィス需要を牽引した大企業のバックオフィス部門の都心回帰現象によって、オフィス空室率が上昇し、家賃水準の低下にも関わらずその後も高止まりしている。「知識化」のさらなる進展は、こうした都心への再集中傾向を加速させている。

### 新たな「脱都心化」の萌芽

「知識化」が、総じて産業の都心部への一極集中を激化させる一方で、小規模ながら逆に都心から郊外や地方圏へと事業者群が脱出する事例も見られる。本章3節で紹介する、Ｗｅｂ系ベンチャー企業が東京から鎌倉・逗子エリアへ移転・集結してクラスターを形成している例や、ＩＴ企業のサテライトオフィスが集積する沖縄県の例など、情報通信系企業を中心として、大都市を脱して質の高いワーク・ライフスタイルを追求する動きがある。情報通信技術がさらに発達・普及することで、こうした新たな「脱都心化」の動きは活発化していくのではないか。

このように、わが国の産業分布は、大都市の都心部への「再集中」と、郊外・大都市圏外への「離脱」が入り混じった状態にあると考えることができる。そして、鎌倉・逗子や沖縄などの事例は、事業所が都心を離脱することで、生活の質と事業環境が高度に両立する可能性を示唆している。そこに、従来の産業分散化政策のように「都心から溢れた空間需要を外部へ押し出す」のではない、より積極的・自律的な産業立地再編の可能性を見出すことができる。

産業の極度の偏在は、大都市圏と地方圏の経済格差の直接の要因であると同時に、過密によって生じる大都市問題の根本原因でもある。「脱工業化」「知識化」にともなって産業と都市の関係が変質しつつある今日、その変質がこれらの問題を激化させるのか、あるいは解決への糸口となるのか、慎重に見極める必要がある。そして、大都市問題を激化させ地方都市・郊外都市の衰退を加速するような、リスクを孕んだ変質傾向については対処を考えつつ、積極的に評価できる動きについては政策などによって支援し、戦略的に活用していくべきである。産業立地メカニズムが大きく変化している今こそ、都心一極集中という積年の課題を解決に導く絶好の好機でもあるのだ。

## ◉◉産業と都市をめぐる概念的枠組みとその変質

### 産業と都市の相互影響関係

都市は居住の場であるのと同時に生産・流通・消費のための巨大な装置であって、産業構造の変化は都市の性質と形態を変化させる大きな原動力である。いつの時代も産業は、都市のすがたを規定し、産業構造の転換とともに都市空間の変容を促してきた。わが国の大都市において戦後に爆発的な人口増加が生じた背景には、農村的経済から都市的経済への転換と、それに伴う雇用分布の都市部への急速な偏在化があった。また工業生産の増大は、太平洋ベルトをはじめとする沿岸部に、各種製造業の集積とその連担によって国土軸を形成し、近傍の諸都市に大きな影響を及ぼしてきた。そして今、「脱工業化」とそれに伴う「知識化」は、生産要素中に占める物理的な財の役割を相対的に低下させることで、都市における産業立地、ひいては都市構造そのものを、再び大きく変化させつつある。

産業と都市の間に存在する社会経済的な影響関係は広範囲に及ぶ。都市に産業活動が存在することで雇用が生じる。また、一言で雇用と言ってもその内容は事業所によってさまざまであるから、産業活動の種類によって各都市特有の雇用状態が形成される。産業が立地し雇用が生じると、給与の支払いを通して家計の経済状態に影響を与えるほか、新たな労働者を誘引するなどして人口構成を変化させる。事業所による税金の支払いは、自治体の財政に影響を及ぼす。しかも、産業と都市の間の影響関係は、相互的なものである。たとえば雇用に関していえば、雇用者と被雇用者は相互依存的な関係にあり、既存の労働力プール（被雇用者）のあるところに事業所（雇用者）が誘引されることもあれば、逆に事業所の雇用力によって労働者が誘引されて近傍に住むようになることも考えられる。つまり、産業が都市を規定するのと同時に、産業もまた都市によって規定されているのである。

また、産業は地域文化を形成する重要な要素でもある。農村文化は、豊かな自然とともに、農林業を中心とした各種の生業を通して獲得された文化的要素の蓄積を背景に有する。また華やかな都市文化は、都市に集まる多様な人びとの存在と、それを支える十分な雇用を背景として成立している。

## 「産業」という概念的枠組みの変質

このように元来、相互影響的に強くむすびついている産業と都市であるが、近年はそれに加えて「産業」の枠組みそのものの変質が、両者をますます分離し難いものにしている。

「産業」とはその文字が示す通り、何かを「産み出す」ことで付加価値を獲得する行為である。産み出すものが工業製品のように有形であるにせよ、知識サービスのように無形であるにせよ、何らかの財やサービスを生産するための活動を広く「産業」と呼ぶことができる。「産業」にわたしたち生活者が何らかの関与をする場面としては、大きく分けて「生産者として」あるいは「消費者として」の二側面があろう。そのうち生産者としての関わりとは通常「就労」という形態をとり、一方で消費者としての関わりとは消費や余暇などの「私事」という形態をとる。「就労と私事」は、「オンとオフ」と言い換えることもでき、従来明確に区別されてきたものである。そして通常の文脈では、「就労」によって「オン」となって、生産者側に立つときを、わたしたちが産業活動に主体的に関わっている状態と考えるであろう。したがって、ある意味では就労行為が蓄積したものが、即ち「産業」である。

しかし近年、通信技術の発達により「ユビキタスワーキング」が可能になって働き方が多様化していること、知識労働者に顕著なように労働行為そのものに生き甲斐を見いだすライフスタイルが珍しくなくったことなどによって、「就労」と「私事」が時間的・空間的に不可分になりつつある。たとえば近年「ノマドワーカー」が増加しているが、時間・空間にあまり縛られない彼らの働き方は、自宅や喫茶店などで寛いでいる場に業務を持ち込んだり、逆に業務の合間に私用を挟んだりする。そこに就労とそれ以外の生活の明確な境界を見出すことは困難である。

このように考えると、通信技術がますます進化しかつ知識集約的労働が台頭する現代においては、単に就労行為の蓄積が即ち産業であると捉えて、「産業」そのものやそれが都市に与える影響を分析することは、意味を失いつつあるといってよいだろう。「就労」「私事」が渾然一体となった実態のなかで、それらが生産活動に与える影響や、逆に生産活動がそれらに与える影響を、広く捉えられるような大きな枠組みのなかに「産業」を再定位する必要がある。

要するに、現代における「産業」概念は、就労に加えて、ワーク・ライフスタイルの追求や、その一環として職業と居住地を一体的に選択することなど、プライベートな生活との関係をふくめた「あらゆる人間行為の生産的側面」の総体、と見るべきであろう。そして、その意味での「産業」は、先述のとおり就労と私事が分かち難くなるのに従って、わたしたちの社会全体においてますます大きな存在感を示しているのである。

## ◉◉◉産業環境の整備に対する都市計画の役割

### 産業環境の整備と都市計画

戦後の一時期には、産業活動のための地域環境の整備は国土計画の重要な主題であった。特に高度成長期には「新産法」「工特法」「農工法」「工配法」が成立し、全国的に工業都市の開発が推進された。また、首都圏においても「(改正)首都圏整備法」「首都圏の近郊整備地帯および都市開発区域の整備に関する法律」において、郊外工業都市の開発が積極的に展開された。この時期、わが国の工業生産は急速に伸長しており、用地等の供給が不足して経済成長のボトルネックになる恐れがあったから、産業拠点となる都市の開発を推進することで工業生産のキャパシティを確保することは全国家的課題であり、国土計画がその課題に対して、政策の空間的展開という側面から積極的貢献をなそうとしたことも当然の流れだったと言えよう。加えて当時は国の財政が比較的潤沢であったこともあり、交付金補助率の嵩上げや地方債の利子補給などの直接的資金補助などを伴った大型公共事業の推進によって、産業環境の整備は大きな進捗をみた。しかしその後オイルショックを経て安定成長期を迎えると、かつてのように国の予算を大量に投入して公共事業を推進するほどの財政的余裕はなくなり、以降徐々に産業環境の整備は手詰まりになっていく。また同時期、それまでの開発路線一辺倒によって国民の将来生活像を描くことの限界が露呈しはじめたこともあって、国土計画の関心は、人間居住の総合的環境の整備*といった抽象度の高い主題へとシフトしていった。

一方、1990年代中頃以降、商業機能などの郊外化に伴う中心市街地の衰退が深刻になると、これに対応するかたちで1998年に「中心市街地活性化法（中活法）」が制定され、都市計画が中心市街地の活性化に直接関与するしくみが整った。しかし中活法は、そのなかで中心市街地を「相当数の小売商業者が集積し、及び都市機能が相当程度集積して（同法二条の二）」いる市街地として定義していることや、セットで「大店立地法」が制定されたことからもわかるように、商業を活性化することで消費と生活の場を再建することに焦点が当てられている。「基本理念（同法三条）」の項目を見ても、「地域住民等の生活と交流の場」としての中心市街地の魅力を向上することに主眼が置かれており、そこに地域の基幹産業と都市の関係に対して積極的に介入していく姿勢は見られない。

今まさに「脱工業化」「知識化」が産業立地メカニズムを変化させ、結果として国土のすがたを変容させつつあること、また就労と私事がますます分かち難くなっていることなどから、都市計画が産業活動に対

* オイルショック後に発表された第三次全国総合開発計画では、その基本目標を「人間と自然との調和のとれた安定感のある健康で文化的な人間居住の総合的環境を計画的に整備する」としており、新全総までの「開発路線」とは一線を画している。

してより積極的に関与することの必要性が高まっている。都市計画が産業活動のための環境整備により大きな役割を果たし、地域産業の振興と生活環境の向上の一体的な実現に貢献していくことが望まれる。

## 都市計画による積極的な関与の意義と方向性

地域産業政策の主な手法としては、事業によるもの（公共事業等による産業基盤の整備）、立地制御によるもの（事業所設置の規制・誘導等による産業立地の最適化）、ソフト支援によるもの（事業者に対する規制緩和措置や税制の優遇、自治体に対する財政措置や助言等）などがある。ただしそのうち事業によるものに関しては、高度成長の終焉とともに国・自治体の財政が逼迫して以降は、十分な効力を発揮できなくなっている。また立地制御については、バブル経済崩壊以降、「新産法」「工場等制限法」「大店法」などの立地規制を伴う諸法が廃止されるなど、規制による産業立地への関与は低下している。

そのため現在では、規制緩和などのインセンティブ付与による立地制御と各種ソフト支援が、地域産業政策において中心的な位置を占めている。そしてそれらの実施については、国や自治体の経済産業系部局による地域産業政策が重要な役割を果たしている。こうした地域産業政策の現状に対して、都市計画が産業環境の整備に積極的に関与することには、主に以下2点において意義がある。

第一は、産業立地の制御を空間的に高詳細度で行うことができる点である。知識産業時代の持続的なイノベーションの鍵を握る「産業クラスター」の育成・強化のためには、特定の地域に事業所を地理的に集中させ、企業間ネットワークを形成することが重要である。そのため、地域産業政策は、しばしば振興すべき「地域」を指定するが、その場合の「地域」とは通常、市区町村などの、比較的大雑把な空間単位で示される。しかし、ある程度の面積規模を有する市区町村内の場合、同一自治体内でも中心部と周縁部では空間性が大きく異なることが多く、既存の地域産業政策の空間指定の詳細度では、綿密な企業間ネットワークを形成するために十分な対応ができない。これに対して都市計画は、市区町村単位よりも詳細な単位で地域や地区を指定することについて比較的ツールが豊富で、かつ経験に基づく優位性を有しており、産業立地政策に「空間的詳細性」を導入することができる。

第二は、産業を下支えする地域環境を総合的に提案できる点である。脱工業化が進む今日、従来、地方圏に工業都市を開発したように、専らハードウエアとしての産業基盤に投資をして、雇用を作り出すという構図は、すでに過去のものとなっている。知識経済の社会においては、知識を生み出す「人」そのものが、生産性を左右する極めて重要な要素である。「知識化」が進展し「就労」と「私事」が時間的・空間的に不可分になりつつあるなか、産業環境の整備を、単に事業者支援と捉えて、就業者の生活と切り離して基盤整備を行うことでは、甚だ不十分である。その点、都市計画が対象とする課題領域は、住環境、産業環境、コミュニティ育成、ゴミ処理、育児環境、地球環境問題に至るまで、極めて幅広い。「拠点開発方式」のように量としての「雇用」を生み出すことではなく、「ワーク・ライフスタイル」の質を総合的に高めることが求められる今日、都市計画は産業をめぐる地域の環境を総合的に提案することで、地域産業の振興に寄与することができる。

## 2 「産業圏域」概念とその意義

「産業圏域」という言葉は一般には定義されておらず、後述する「圏域的考え方」を産業の方面へと適用したものを、筆者がここで勝手にそう呼んでみたに過ぎない。そこで本節ではそもそも「圏域」「圏域的考え方」とは何かについて簡単にふれたのち、筆者の考える「産業圏域」とその意義について述べる。

## ◉「圏域」と「圏域的考え方」

「圏域」という語を辞書で引くと、「限られた一定の範囲。作用等の及ぶ範囲。」（大辞泉）とある。つまり、何らかの限定された領域があり、その内部には外部と異なるなんらかの性質や物質が満たされている、というのが「圏域」の根源的なイメージであろう。では都市空間における「圏域」とは具体的にはどのようなものかというと、例として「通勤圏」「商圏」「医療圏」「大都市圏」などが思い浮かぶ。それらに共通することは、なんらかの人間行動が、特定の空間的性質によって特徴付けられた領域を形成していることである。しかしより正確には、都市の構成要素には地形や動植物など人間以外のものもあることを考慮すると、都市における「圏域」が意味するところは、「都市を構成する事物が非均一に分布して地理的まとまりを生じている領域の有限的な広がりのこと」といったふうに定義できるだろう。

「圏域」に関する上記の定義をふまえつつ、都市・地域計画や国土計画に「圏域的考え方」を持ち込むことの意味について考えてみると、それが以下の2点を前提としていることに気がつく。

### 場所のもつ多様性・多義性

上述の定義から明らかなように「圏域」は非常に多様なものである。何を主題として捉えるのかによって無数の「圏域」を定義することができ、そのスケールも多様である。たとえばある郊外都市を考えるとき、そのなかにはいくつもの生活圏域が内包される一方、広域でみると都心部を含めて通勤圏域が形成されていたり、さらに広域的には国家的な、あるいは国際的な圏域の一部に組み込まれていたりする。このように「圏域」は多層的に存在するもので、それらの観察や分析を行うことは、場所に多義的な意味づけを行うことになる。

実態的領域

「圏域」はその内外で、都市を構成する何らかの事物について、何らかの実態的な差異があることを前提とした概念である。したがって、「圏域」を定義する事物の種類によっては既存の行政境界から影響を受ける例があるものの（たとえば「医療圏」は行政境界によって設定されており、人間やサービスの地理的広がりといった実態はそれによって規定される）、その他の多くの場合については既存の行政境界にとらわれないことが多い（たとえば大都市の「商圏」「通勤圏」は通常、基礎自治体の範囲を超えて広がっている）。

通常、都市・地域計画や国土計画においては、その計画単位は行政境界によって一意に定義される。逆説的にいえば、都市・地域計画や国土計画に「圏域的考え方」を持ち込むということは、そうした既存の硬直的な計画単位のあり方へのオルタナティブとして、上述の「多様性・多義性」「行政境界にとらわれない実態としてのまとまり」を意識的に扱おうとすることに他ならない。

## ◉◉「圏域的考え方」の現代的価値

### 「多様性・多義性」の観点から

戦後復興から高度成長期にかけて、地方部における拠点開発が盛んに進められたことはすでに述べた。そうした拠点開発は、居住地および産業用地ともに、その物理的供給の不足が経済開発のボトルネックになっているとの認識に立って行われたものである。したがって、拠点開発のうえで必要となる各種都市施設ならびに産業施設の整備は、短期的効率が重視された。多数の住居、広大な産業用地、豊富な工業用水などを、可能な限り短期間に整備することを目指したのである。またその背景には、地域格差の是正という目的が存在し、「国土の均衡ある発展」が大目標として掲げられた。

この時期の都市・地域計画、あるいは国土計画に対する国民的要請の主なものは、居住者にとっての「安全・保健的効用」および「利便的効用」や、産業にとっての「事業存続のための効用」といった、比較的低次の要求を充足するべき段階にあったといえる。これら低次で物質的な要求は、地域間で大きな差異が出にくい性質のものである。したがって、この時期に「均衡ある発展」に代表される均質化指向の計画目標像および手法が採用されたことは、それなりの意義を有していたといえよう。

これに対して、現にストックされている居住地・産業用地を考えると、十分高質とまではいえないまでも、少なくとも前述のような比較的低次の要求は十分に満足するだけの「質」と「量」が供給されているといえる。特に「量」に関しては、今後の日本の国土利用が停滞から徐々に縮退へと向かうことを考慮すると、相当の余剰が生じることが確実である。「質」については、ユーザとしての「居住者」「事業者」が地域の空間性に期待する効用はすでに高次化し、物質的な充足に加えて、より感覚的な要求が強く希求されるようになっていると思われる。そして、高次で感覚的な要求は、産業間あるいは地域間で差異が出やすい。従って今や、高次化する要求に計画行為が適応するためには、「均衡ある発展」を脱して、地域特化的な計画像と計画手法を確立することが必要である。

要するに、縮退をむかえつつある現在において、拠点開発に依拠する「均衡ある発展」というスローガンに代表される均質化指向の計画目標像は、機能不全に陥っており、根本的見直しが必要な時期にさしかかっている。東京を頂点とした中央集権・一極依存的な国土構造を是正し、日本全体を、社会経済的独立性をともなった多彩な地域の連合体として再構築していく必要がある。そしてそのためには、いまいちどわたしたちの住む国土を、多様な「圏域」の視点から、多義的に捉え直さねばなるまい。

### 「実態的領域」の観点から

直前において「多様性」の重要性を説明したことと、あたかも矛盾するかのようではあるが、国土は、際限なく多様でありさえすればよいというものでもない。トップダウン方式で強制的に結束しようとすると

（過大な全体最適）、多様性の良さが活かされないが、かといって多様性だけを一方向的に追い求めると（過大な個別最適）、社会的ロスや個別単位間の摩擦が大きくなる。多様性と一体性が高度なレベルで同時的に存在することが望ましいのである。多数の人間が集まって住み都市を形成している状況で、個々の主体間に生じる摩擦を和らげながら全体をうまく調整していくためには、やはり何らかの空間的にまとまりをよりどころとして、「計画単位」を設定することが必要であろう。

そこで問題となるのは、既存の行政区域が、「計画単位」としてどの程度有効なのかということである。まず市町村の枠組みに関しては、どうやら従来のままでは立ち行かないということで「平成の大合併」などをやってみたけども、その結果は決して成功とは言えない状況である。加えて「都道府県」も、廃藩置県以降ずっと固定された空間枠組みであって、近代に入って都道府県の境界が定められてから社会経済的状況が大きく変わり、実態としての都市機能の広がりを反映していないことでさまざまな問題を抱えている。たとえば大都市部では機能的に結合した都市領域がいくつかの県に分断されてしまっていることによって、逆に地方部では県というサイズが都市の実態に対して大きすぎることによって、それぞれ実態と計画単位の不整合が生じている。

しかし既存の行政区域の枠組みを一旦外して「計画単位」を考えるとしても、何らの根拠もなしにそれを定めることはできない。そんななかで、よりどころを提供しうるのが、実態的な空間のまとまりに依拠した「圏域的考え方」なのである。

## ◉◉◉ 産業圏域論の視座

「産業」と「都市」が、相互影響的な因果関係によって深く結びついていること、「就労」と「私事」の時間的・空間的に不可分性など「産業」の枠組みそのものの変質が両者を分離しがたいものにしつつあること、それゆえ結果として、「産業」がわたしたちの社会全体に対して多角的な側面からますます強い影響を与えるようになってきていることはすでに述べた。そうしたなか、「産業圏域」および「産業圏域論」は、都市における産業のありかたを計画することで社会全体的なＱＯＬの向上を図ることが可能であるとの立場から、前項で説明した「圏域」と「圏域的考え方（＝圏域論）」を産業の方面へと適用したものである。

産業活動が、ある場所において就労と私事をふくめた社会活動として渾然一体と展開されるときに、それを構成する「人間」「地域」「生産」という3要素の間に存在する相互影響関係の体系を示したのが、図5—1である。この枠組みに則れば「産業圏域論」の立場とは、同図の三すくみの体系を「生産」の側から眺めるとともに、「生産」とそれに関連するさまざまな要素を計画することによって、上記3要素の質を総合的に高めようとするものとして捉えることができる。

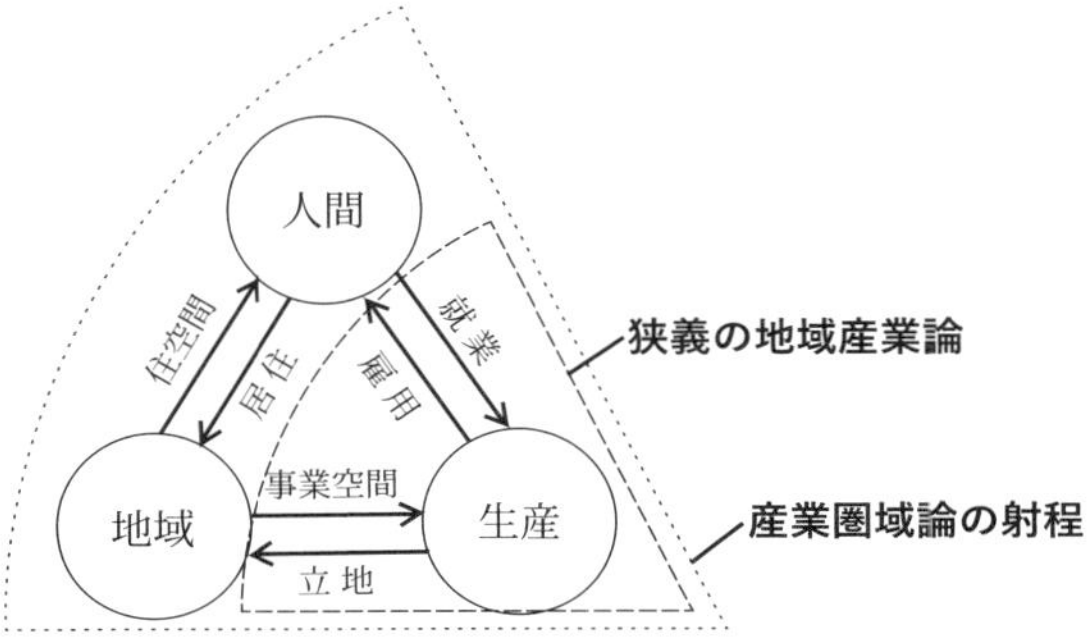


図5-1　産業活動をめぐる「人間」「地域」「生産」の三すくみと「産業圏域論」

### ◉◉◉◉従来の計画論を補完する「産業を基軸とした計画」への射程

わが国の計画手法の基礎には、予測される人口増大を根拠として、それに伴って増加が見込まれる空間利用を即地的に割り当てていく「人口フレーム」という考え方が存在する。しかし人口フレーム方式は、人口減少社会において有効性を低下させ、人口増大を前提とした既存の計画手法は行き詰まりを見せている。

これに対して、近年「コンパクトシティ」を目標像とする計画が広がりをみせている。コンパクトシティ戦略の目標は、経費の削減、環境負荷の軽減、中心市街地の活性化などさまざまであるが、手法面では、居住の集約的再配置を目的として、居住施設や生活利便施設などの特定地域への集約が目指されている。コンパクトシティ戦略は本質的に「密度の計画」を意味しており、人口の量的拡大を前提としない。空間需要の総量が減少しつつある地方都市を中心として、そのような計画論が台頭することは、時代の必然といえる。

しかし、コンパクトシティ戦略の最大の問題は、各種戦略目標の実現のために十分なだけの居住集約を達成することが、決して容易ではない点にある。そもそも、計画行為によって居住地の移転を強制することは、基本的には不可能である。従って実際には、特定地域に居住することに対して各種のインセンティブを用意することにより、住居移転を非強制的に「促進」していくことになる。成長期に新規住宅需要を特定地域に誘導するのとは異なり、人口縮減期においては、主に既存住民の住居移転によってこれを実現する必要があるが、専らインセンティブによって相当量の移転実現を目指すことには無理がある。さらに、誘導地域外の一部人口を誘導区域内へ移転できたとしても、低密とはいえ人が住んでいる地域ではシビルミニマムを保証しなくてはならないから、結果的には抜本的な経費削減は見込めない場合が多い。むしろ、周縁部の生活基盤が弱体化することで、新たな問題と社会コストを生むことにもなりかねない。

こうしたなか筆者は、「産業圏域論」の立場から、産業立地への計画的な介入によって人口縮減期における空間計画の基礎を形成することができるとの考えを有している。工場やオフィスをはじめとする事業所の再配置は、住居の再配置に比べて、実効力を担保することが比較的容易である。たとえば大都市圏を多極分散型に再編集していくことを考える場合、郊外中心都市における事業所立地の促進が必要であるが、この課題に対しては、①事業所の立地と運営に対する課税を空間的に不均一に適用し、大都市圏構造の適正化の観点に立って戦略的に運用すること、②事業所立地を促進すべき地域を定め、地域外から転入する事業者に対する各種インセンティブを用意することなど、いずれも人口の再配置に比べて大胆な施策を展開することができ、都心部から郊外中心都市への事業所の再配置を促すことが可能であると考えられる。居住の再配置による手法が実行力を低下させるなか、従来の方式を補完しうる計画ツールとして、就業の場の再配置による手法の有効性を前提として、産業密度をフレームとした都市計画の道を切り開いていくべき時が到来している。

## 3 産業圏域をめぐる「人間」「地域」「生産」の狭間
### 就業の質と事業環境のバランスを求める人と企業の営み

「生産」の視点から、地域の経済的振興にとどまらず、人びとの生活や地域の物理的・社会的環境までをふくめて地域の総体を捉えて、それを計画しようとすることが「産業圏域論」の立場である。そこで本節では、筆者自身が調査・分析に関与したいくつかの事例を通して、産業圏域の形成と変容の特徴的な動きを観察することで、事業活動に関する効率性・利便性の追求にとどまらず就業の質と事業環境のバランスを求める人と企業のすがたを描き出すことを試みる。

**◉ケーススタディ1：都心部への集積を強める知識産業**

現代の都市において存在感を高めつつある知識産業が、非知識型の従来産業と比べて大都市中心部への強い集積傾向を見せることは、わが国に限らず多くの国や地域で見られる現象である。知識産業は、製造業に比べて財の伝達が容易かつ低コストに可能であるから、地域の物理的条件による立地制約は比較的小さいはずである。にもかかわらず、なぜ高い地代を払ってまで大都市中心部に集積するのであろうか。筆

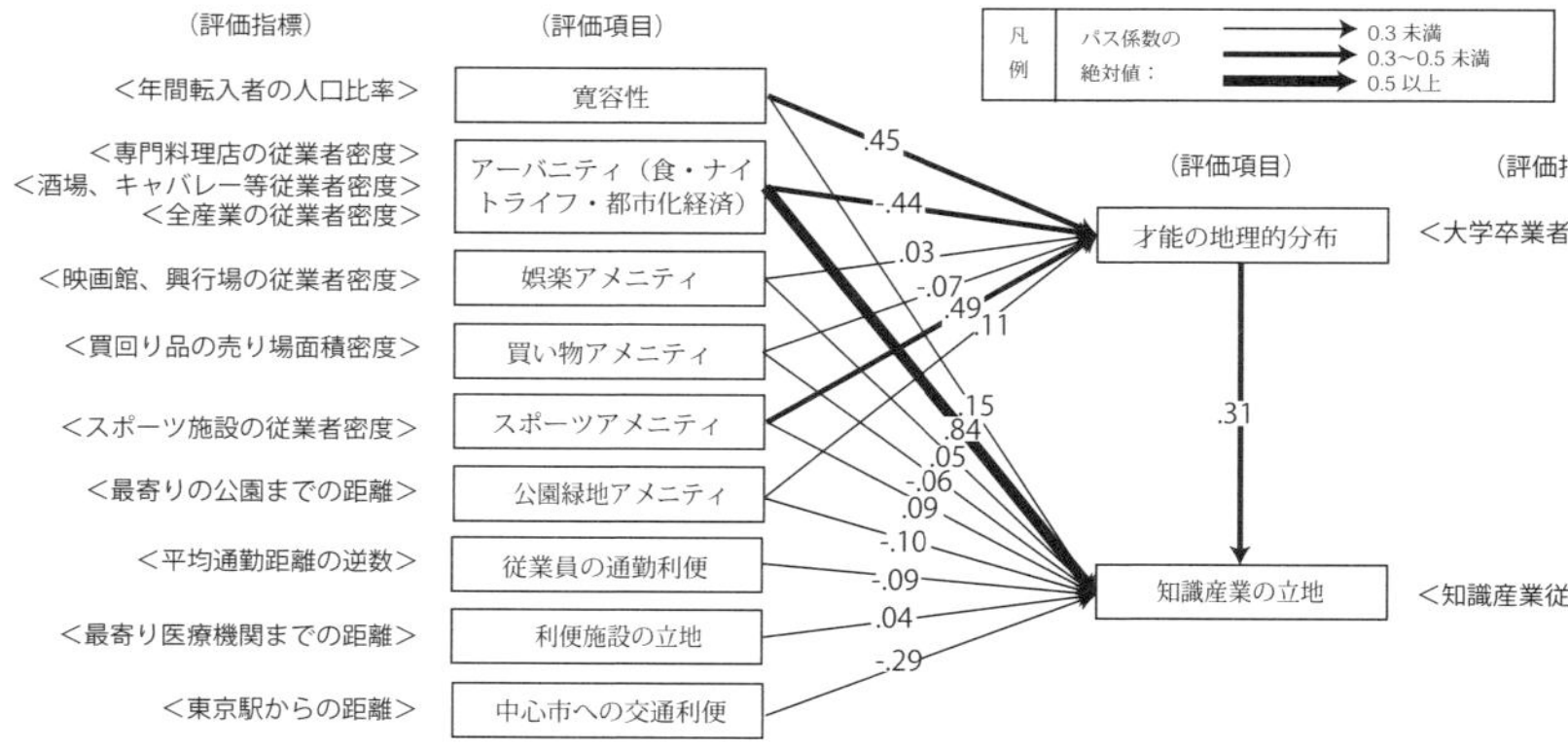


**図5-2　知識産業の立地要因に関するパス解析の結果**
（図の出典：山村・後藤（2013）*の図10をもとに筆者修正）

者らはこの疑問に答えるために、パス解析による計量的分析に加えて、東京大都市圏の知識産業企業に対してアンケート調査を実施し、立地要因の解明を試みた（山村・後藤、2013年）*。

筆者らはまずパス解析と呼ばれる統計分析手法を用いて、地域環境要素と知識産業立地傾向の間の関係性の強弱を推定し、事業所立地メカニズムの大枠を掴むことにした。その際、知識産業立地に関する先行研究などを参考にして、検証すべき地域環境指標を洗い出すとともに、それらのおおよその因果関係（「立地モデル」）を仮説的に設定した。図5―2は、そのモデルの全体像に加えて、実際に実施したパス解析の結果を示している。矢印に重ねて書かれた数字（パス係数）の絶対値が大きいほど、指標間に強い関係性があることが示唆される。

この解析結果から、仮説モデルで「アーバニティ」と呼んでいる指標が、知識産業の立地に支配的な影響を及ぼしていることがわかる。実はこの「アーバニティ」という指標は、もともとは「食アメニティ」「ナイトライフアメニティ」「都市化

＊山村崇・後藤春彦「東京大都市圏における知識産業集積の形成メカニズム―市区町村レベルデータのパス解析および事業所アンケート調査より―」『日本建築学会計画系論文集』689号、1523-1532頁、2013年

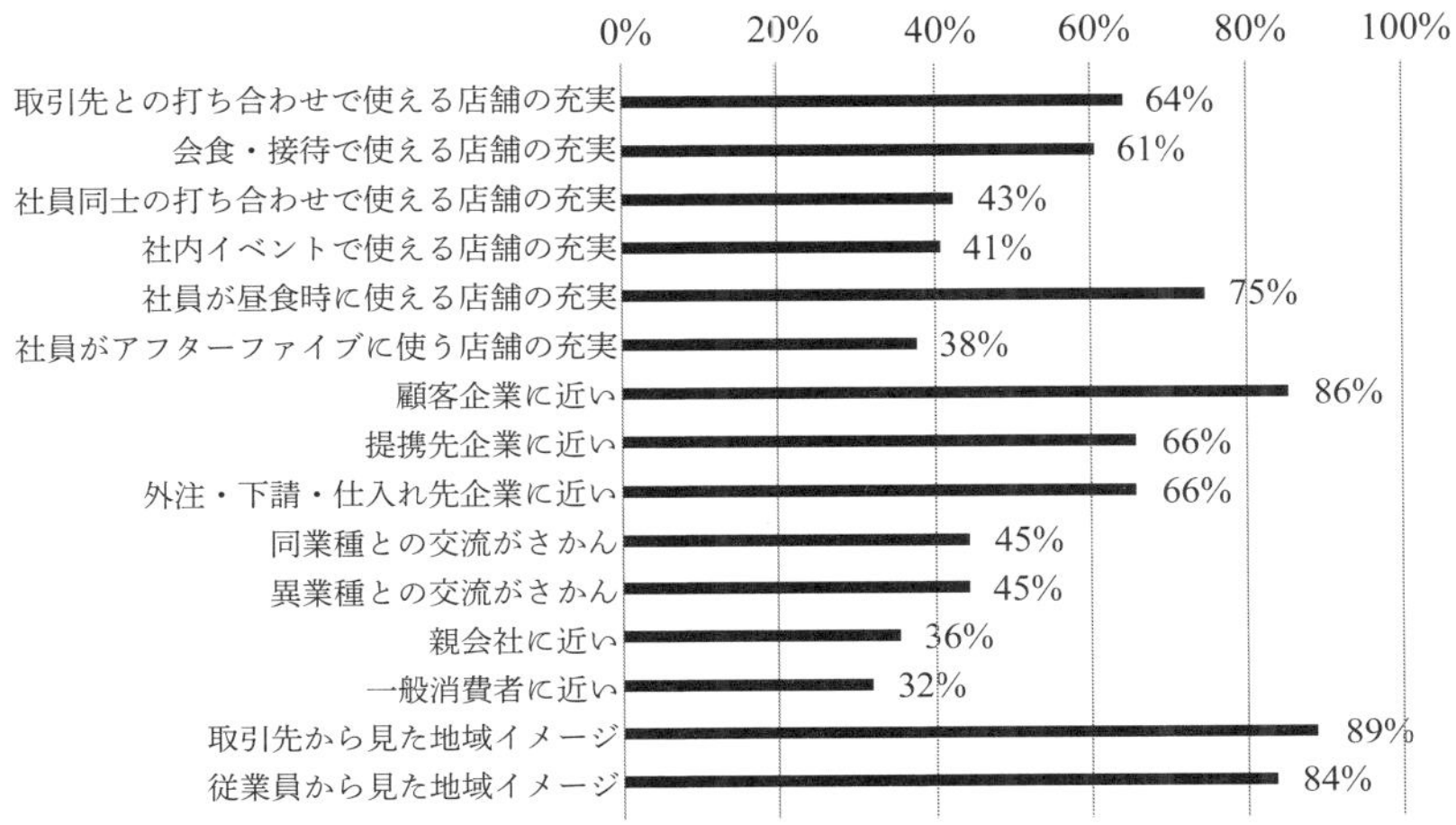


図5-3　知識産業事業所が立地選定に関して重視する項目
（図の出典：山村・後藤（2013）の図11）

の経済性」という3つの指標であった。しかしそれら3指標がほぼ同じ振る舞いをするため、便宜上「食アメニティ」指標にそれらを代表させたものである。従って、3つの要素のうち、いずれがどの程度、知識産業の立地誘引要素となっているのかについては、ここからは読み取ることができない。

そこで続いて、実際の知識産業企業が、事業所立地を決定する際に「アーバニティ」をどのように評価しているのかを、アンケート調査によって問うことにした。「事業所の立地に関して重視する項目」についての回答結果（図5—3）からは主に以下の重視項目が読み取れた。①「顧客企業に近い」「提携企業に近い」「外注・下請・仕入れ先企業に近い」をはじめとする、他企業への物理的近接。②「取引先との打ち合わせで使える店舗の充実」「会食・接待で使える店舗の充実」「社員が昼食時に使える店舗の充実」など、飲食業の集積。③「取引先から見たイメージ」「従業員から見たイメージ」に見られる、地域イメージ。

このうち①は「都市化の経済性」を、②は「食

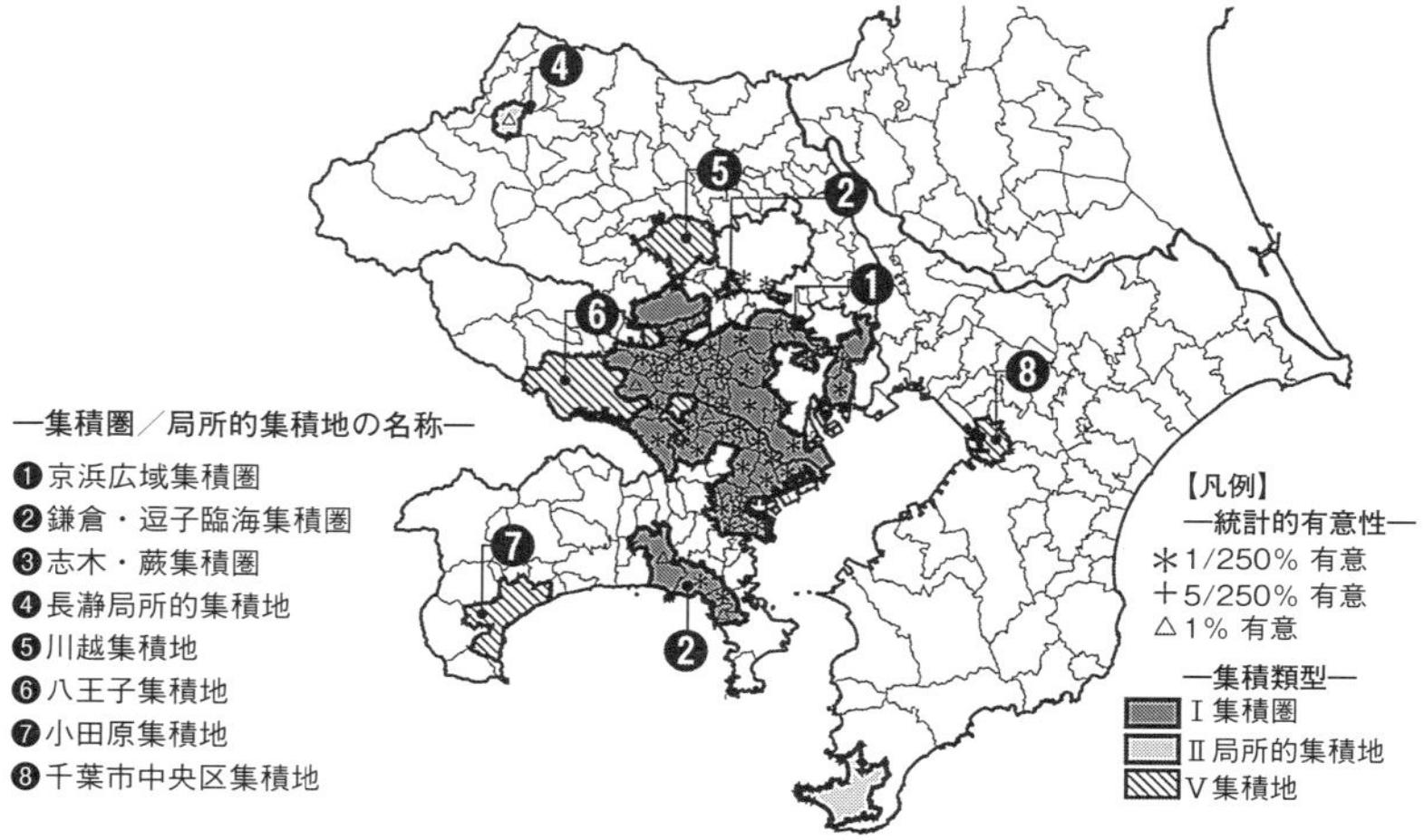


図5-4　小規模知識サービス企業の集積圏・局所的集積地の分布（2006年）
（図の出典：柳沼ほか（2013）の図4をもとに筆者修正）

アメニティ」「ナイトライフアメニティ」を評価していると理解することができる。また③は、具体的にどのような「地域イメージ」に惹かれるのかを問うたところ、最大の回答は「都会的な地域（64％）」であったことからも、ある場所で「都市化の経済性」「食アメニティ」「ナイトライフアメニティ」が生じたことの副産物であると考えてよさそうである。

　ここで興味深いのは、「事業所の地理的集中」についてはほとんど専ら古典的な経済外部性に対する評価と見なしうるのに対して、「飲食・ナイトライフアメニティ」「都市的イメージ」については、「社員が昼食時に使える店舗の充実」「従業員から見たイメージ」など、就業満足度の向上が期待されていることである。そこには、従業員の就業満足度の向上が、事業の安定的成長と直結するため、それらを統合的に追求せざるをえない企業行動の姿が垣間見られる。

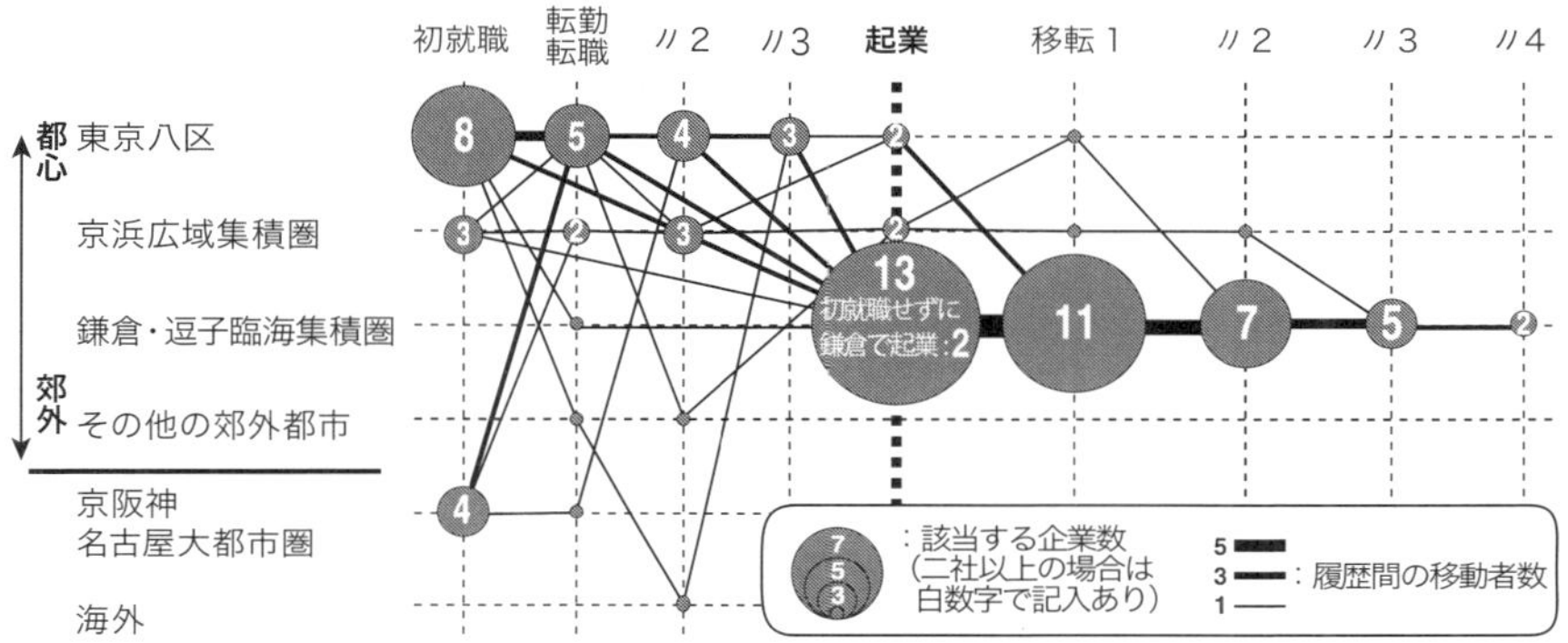


図5-5　経営者の勤務地地の履歴
（図の出典：柳沼ほか（2013）の図10をもとに筆者修正）

### ◉◉ケーススタディ２：鎌倉・逗子に集結するベンチャー起業家

「ＩＴ起業家　いざ鎌倉／歴史の薫り　発想力育む」…日本経済新聞の朝刊（２０１３年１月４日）にこんな文字が踊った。

一般的な鎌倉のイメージといえば、鎌倉幕府を生んだ「歴史都市」であり、今も由緒ある神社仏閣が建ち並び多くの観光客を魅了する「観光都市」、あるいは文壇に大きな足跡を残した鎌倉文士に象徴される「文化都市」といったあたりだろうか。いまその鎌倉に、知識集約型サービス産業（以下「知識サービス産業」）に属する多くの若い企業や起業家が集中し、小規模ながら活力に満ちた産業クラスターを形成しつつある。彼らはどこから来て、なぜ鎌倉を事業の地として選んだのだろうか。柳沼優樹らは、鎌倉・逗子地域の知識サービス産業集積の形成に着目して、企業経営者へのアンケート調査・ヒアリング調査を通して、その形成プロセスを分析している（柳沼ほか、２０１３年）*。

鎌倉・逗子に立地する知識サービス産業の事業所は、その多くが従業員20名以下の小規模なもの

＊柳沼優樹、後藤春彦、山村崇、山崎義人「東京大都市圏郊外部における小規模知識サービス企業の集積プロセス―経営者の立地選好と鎌倉・逗子臨海集積圏の地域性との関係―」『日本建築学会計画系論文集』688号、1311-1320頁、2013年

である。まずは、当地における小規模知識サービス産業の集積を確認するために、「集積地」を定量的に抽出することができる「ローカルモランI統計量」と呼ばれる統計的方法によって、東京大都市圏における小規模知識サービス産業の集積地を図化したものを見てみる（図5―4）。

この図によると、鎌倉・逗子周辺に小規模知識サービス産業の集積が生じていることに加えて、それが都心部より連担した集積圏とは分断して独立的に生じていることがわかる。またそのことから、当地における集積形成要因が都心部と異なることが推定される。

鎌倉市の小規模な知識サービス企業の経営者に対する聞き取り調査結果によると、調査対象者18名中16名が、他地域で初就職したのちに当地で起業しており、うち多数は東京都心部での就業経験がある。また、東京都心や横浜などで起業したのち当地に移転してきた企業も4社存在した（図5―5）。このことは、当地の産業集積形成がローカルな文脈よりもむしろ、都心部などとの広域的な人材・企業流動のなかで生じていることを示しており、鎌倉・逗子が起業家によって明確な意識をもって選好されていることを示唆するものである。

同調査では、鎌倉市を選んだ理由について自由回答式の聞き取りも行っている。そして、その結果を分類することで、鎌倉市の企業にとっての立地選好に関して以下の5つの要素（ⓐ～ⓔ）を得ている。

〈郊外一般型選好〉
ⓐ職住近接の追求
ⓑ東京にいる不必要性／嫌気
〈先天的選好〉
ⓒ土地勘
〈郊外特殊型選好〉

ⓓ自由な生き方の実践
ⓔ創作活動への影響

このうち「郊外一般型選好」とは、都心部で得られないメリットを求めて、郊外へ脱出するという選好要素であり、いわば「プッシュ要因」のことを意味している。したがって、これらは鎌倉・逗子に小規模知識サービス企業が集積することの直接的な要因を構成しない。また、続く「先天的選好」とは、起業家自身の出生地や、かつて通っていた学校が鎌倉近傍であるなどの理由で、当地に土地勘があったという選好要素である。これは一種の「プル要因」ではあるが、同様の誘引要素は鎌倉・逗子に限らず多くの場所で存在すると推察されるから、鎌倉・逗子に特に強い集積が見られることを十分に説明するものではない。

これに対して「郊外特殊型選好」は、鎌倉・逗子特有の地域環境を事業者が評価しているもので、鎌倉・逗子に特に強い集積が見られることを説明する要素であると推定される。特に筆者が着目したいのは、ⓓ自由な生き方の実践、ⓔ創作活動への影響ともに、地域環境から得られる、業務に直接的には関係のないように見える項目が評価されている点である。特に「自由な生き方の実践」については、業務上得られるメリットというよりは、ワーク・ライフ双方が形成する「生き方全体」に対するメリットを評価しているものである。当該調査が「本社立地の選好要素」という、通常は専ら業務環境が追求されるであろう事項について問うているにもかかわらず、業務に留まらない「生き方」を評価する声が多く聞かれたことは興味深い。

以上のことをふまえて、鎌倉・逗子における知識サービス産業クラスターの形成とそのメカニズムから得られる知見を筆者なりにまとめると以下のようになる。まず、「アーバニティ」に誘引されて都心部への集中をみせる一般的な知識産業の傾向にもかかわらず、一部の企業については都心を脱出する現象が存在する。そのうえで、都心を脱出した事業所は郊外に分散するだけでなく、少なくともその一部は生活の質を高めるという、事業性に直接的には影響しない価値を評価し、特定の郊外地域に集積を生じていた。その一方で、鎌倉周辺では同業種や異業種が交流する為のネットワーキングイベントや、勉強会などが盛んに行われており、小振りながら集積の経済性も享受されている。

要するに、起業家たちは「就業の質」「居住の質」「娯楽の質」を積極的に追い求めた結果、それらが同時に獲得できる場として、鎌倉・逗子地域を見いだした。加えて、そこに生じた小規模な産業集積は、結果的に経済外部性の源泉となり、産業クラスターの持続的な成長を下支えしていると考えられる。

### ◉◉◉ケーススタディ3：沖縄県の地方サテライトオフィス集積

わが国において、オフィスの地方都市への分散化がもっとも顕著だったのは、高度成長期から１９９０年前後にかけてである。当時、特に三大都市圏においてはオフィスの供給不足と家賃上昇が深刻で、オフィスの確保は企業経営のうえで重大な課題であった。それゆえに、オフィス需給が特に逼迫したバブル期を中心として、本社などの主要なオフィスから機能の一部を分散させるために、地方都市における副次的な業務拠点（こうした副次的拠点に対する呼称は定まっていないが、以下便宜的に「地方サテライトオフィス」と呼ぶ）の整備が進められた。しかしその後、バブル崩壊とともに都心部におけるオフィス供給に余裕が生まれると、「地方サテライトオフィス」の閉鎖・撤退が相次いで、大都市から溢出したオフィス需要の受け皿としての地方分散ブームは終焉を迎えた。

ところが近年になって、情報化社会の新たな働き方を実現する場として、「地方サテライトオフィス」が改めて注目されている。たとえば徳島県名西郡神山町は、良好な就業環境を求めて首都圏のＩＣＴ関連企業が多数進出してサテライトオフィス集積を形成しており、農山村における知識産業育成のモデルケースとなっている。一方、神山町のような華やかさはないものの、沖縄県における情報通信産業のサテライトオフィス集積も一定の規模に達している。その背景には県がオフィス誘致を盛んに推進してきたことがある。平成14年から平成23年の間に、「沖縄振興特別措置法」に基づく「沖縄振興計画」で、情報通信産業の振興も目指されたのである。

伊藤裕菜は、三大都市圏の情報通信企業が、沖縄県に「地方サテライトオフィス」を設置した事例を分析した。

そのなかでまず浮かび上がってきたのは、沖縄県における情報通信企業の「地方サテライトオフィス」は、以下の2つのタイプに大別されるということである：①下流行程（開発機能）に加えて上流行程の一部（企画立案機能、営業機能等）も担う「高次機能型」、②専ら下流行程を担う「開発拠点型」。「地方サテライトオフィス」を沖縄に設置した動機に関する聞き取り調査結果から、主な動機を整理すると以下のようになり、「高次機能型」と「開発拠点型」の性質の違いが読み取れる。

〈「高次機能型」の設置動機〉
ⓐ新たな販路開拓
ⓑ地域への貢献
ⓒ情報交換ネットワークの形成

〈「開発拠点型」の設置動機〉
ⓓ良質な労働力の確保
ⓔコストの削減
ⓕ支援施設への近接

これをみると、「高次機能型」は地域の産業ネットワークへ自らを組み込むことを意識しており、地域の外部経済性に高い関心を示しているのに対して、「開発拠点型」の関心はほとんど企業内部の経済性に限定

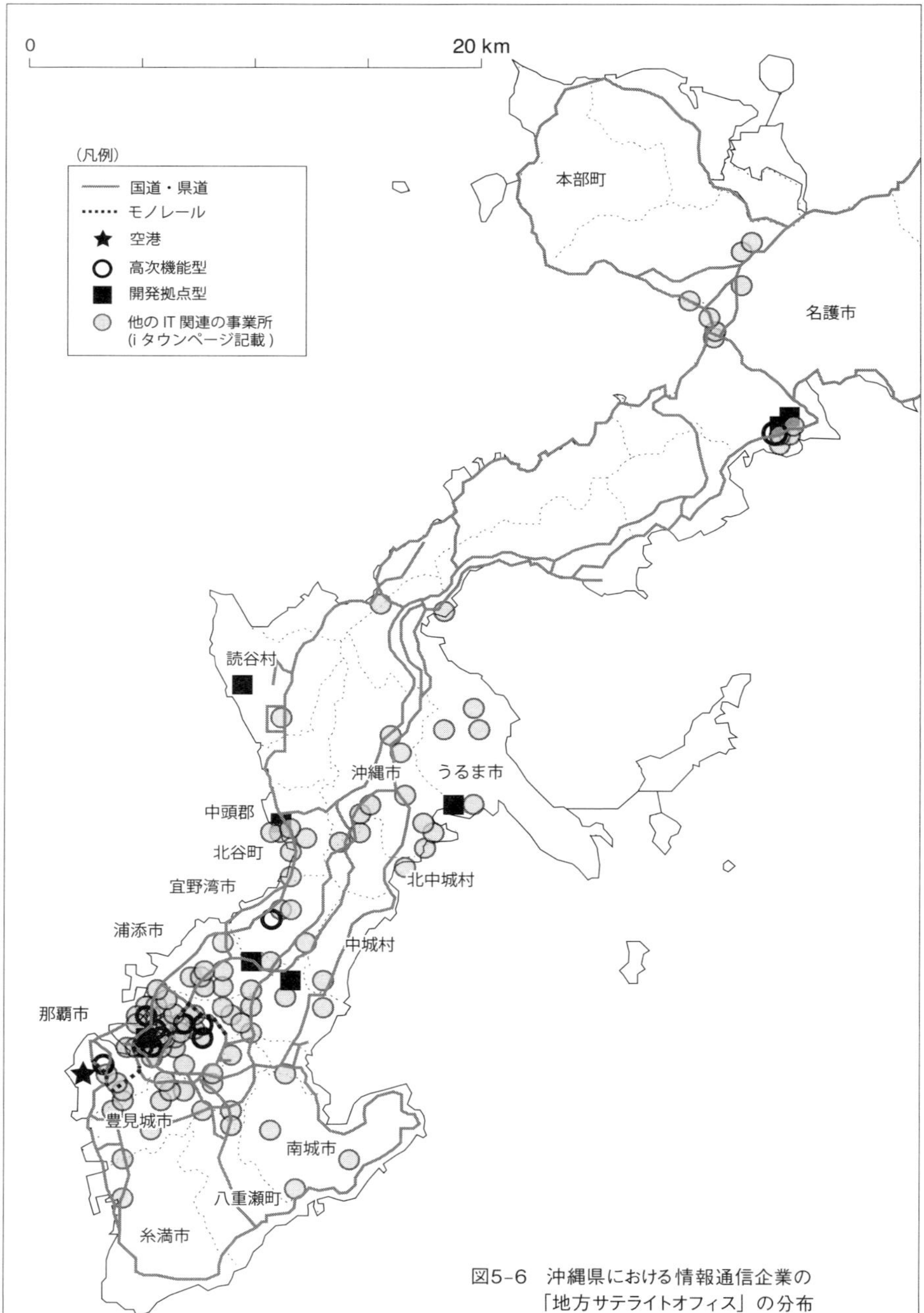


図5-6　沖縄県における情報通信企業の
「地方サテライトオフィス」の分布

されている。

このことは、県内における両者の立地傾向にも強い影響を及ぼしていると考えられる。両者の位置を地図上にプロットしてみると（図5―6）、「高次機能型」はほとんどが那覇市内に集中的に立地しているのに対し、「開発拠点型」は市外において分散的に立地していることがわかる。

こうした分布傾向の違いの理由をさぐるために、オフィス立地環境に求める要素を聞き取り調査によって抽出し、分類した（図5―7）。この図によると、「高次機能型」「開発拠点型」ともに「労働力プールへの近接」「良好な地域イメージ」「安価な事業所コスト」を挙げたのに加えて、「高次機能型」は「市場への近接」「関連事業者等の集積」「インフラの充実」「税制メリット」「官公庁への近接」などを挙げた。それに対して、「開発拠点型」は、「居住環境」「自然豊かな景観」を挙げた。

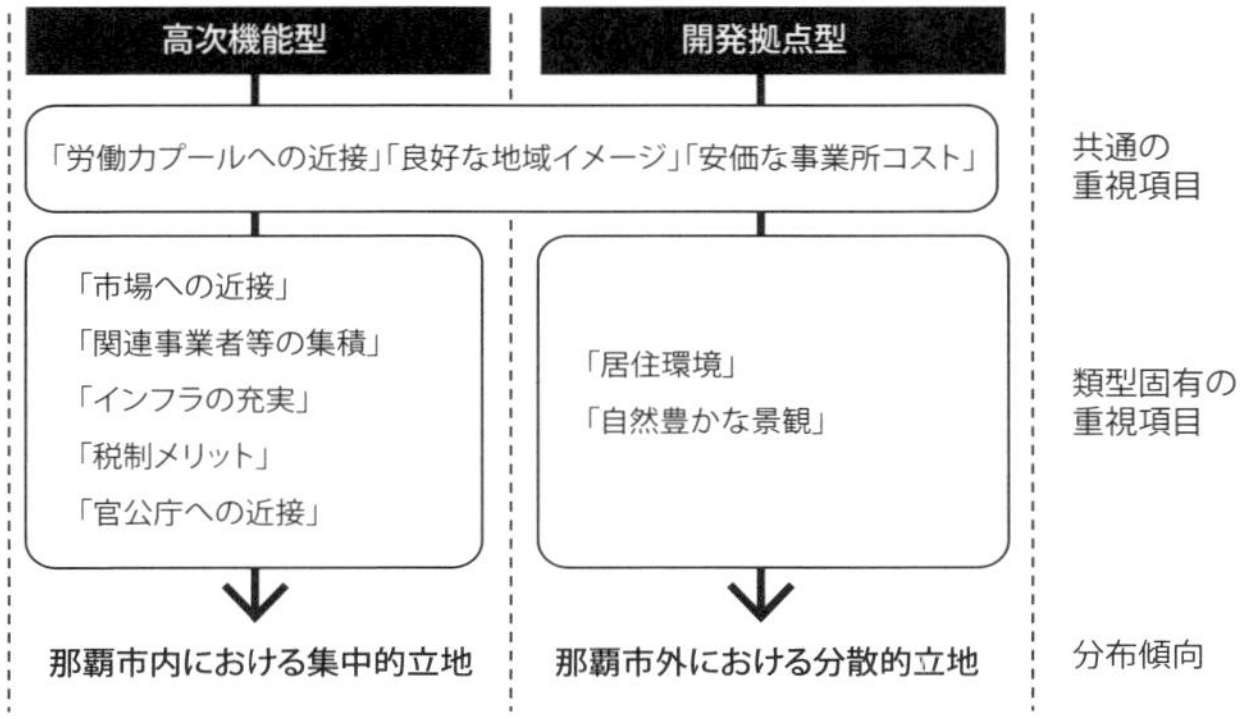


図5-7　立地選定のうえで重視する地域環境

すなわち、「高次機能型」は地域における業務上の機能的特質を重視し、「開発拠点型」は業務に留まらない感性的特質を重視する傾向があったのである。そしてそのことが、上記の立地傾向の違いを生じているものと考えられる。

このことは、企業の中枢管理機能といった上流行程ほど、地域の利便性価値に誘引され、結果的に既存集積地に集中立地するのに対して、制作・開発等の下流行程ほど、地域の快適性価値に誘引されて分散立地しうるということを示唆していると捉えられる。

# 4 産業圏域の計画論へ向けて

本節ではこれまでの議論をふまえて、産業圏域を計画するために重要であると考えられる、いくつかの着想について述べる。

### すでにある産業圏域を出発点にする

都市の実態は、個々の意思決定主体としての居住者や企業などが、ミクロな「最善の決定」を蓄積した結果であるが、個々の居住者や企業は、社会コストなどを含めた、社会全体の長期的な最適性の観点から意思決定をしているわけではない。ミクロには「最善の決定」であったとしても、社会の総体としては、合成の誤謬や外部性の存在に起因する「失敗」が発生しうる。現に多くの都市が抱えている都市問題の深刻さに鑑みると、重大な市場の失敗が生じていることは明らかである。

しかしそれでも、眼前に広がる都市の実態を、都市を生きる人びとが（不完全ながら）最善を求めた行動の結実として尊重し、それを計画の出発点と定めることは、社会経済が成熟した時代に生きる計画者がまずとるべき姿勢ではなかろうか。特に、ストック重視社会へと向かう近年の社会的要請を考慮すると、都市のドラスティックな更新を目指すよりも、現有の都市資産を生かしつつそれを漸進的に改善していくべきといえる。したがって、産業圏域の計画論もまた、地域の産業活動実態を丁寧に把握すること――産業圏域論の観点からいうとそれは、産業活動をめぐる「人間」「地域」「生産」およびそれらの相互関係を、総合的に読み解くことを意味する――からはじめるべきだろう。

現に、わが国同様に成熟社会を迎えている欧州諸国では、地域産業政策の立案に先立って、地域の産業活動をめぐる諸要素に関する現状調査が徹底的に行われている。そのため多くの地域産業系部局では、地域の社会経済空間の分析に長けた地理学の専門家を職員として抱えている。たとえば、スウェーデン南部「スコーネ地方（Region Skåne）」の地方政府では、地理学や政治学などを専門とするプランナーらによって、綿密な地域分析に基づく広域圏ビジョンが策定され、産業圏域の戦略的強化の方針が定められている。現状の冷静な分析と将来に向かって目指すべき方向性の模索との狭間で試行錯誤を繰り返しながら、育成すべき産業として「食品関連産業」「ＩＣＴ」「ライフサイエンス」などにターゲットを絞り込むとともに、エーレスンド海峡（Oresund Strait）を挟んで通勤圏にあるデンマーク北部との経済的連携を重視する方針が打ち出されている。

スウェーデン南部とデンマーク北部は、歴史的・文化的にも関係が深く、古くから国境を越えて一体的な圏域が形成されてきた。巨大都市を有さない同地域は、都市間競争を勝ち抜くために、各種の地域産業政策を、両国間の地方政府同士の連携によって推進している。実際、２０００年には、両国をつなぐ「エーレスンド・ブリッジ（Oresund Bridge）」が完成したほか、スウェーデン側ではブリッジの周辺地域において再開発が進み国際的経済軸が形成されつつあるなど、国境を越えた産業圏域の一体化と強化は一定の成果をあげている。

## 地域の強みに根ざした「産業圏域像」を描く

前節でレビューしたケーススタディで見られた産業立地傾向を列挙すると、概ね以下の通りである。「都心の知識産業集積は強化されつつある」「都心周縁部に小規模なクリエイティブクラスターが生じている」「地方観光都市の市内に、高次機能を担うサテライトオフィスの集積立地が見られる」「地方観光都市の市外に、開発機能を担うサテライトオフィスの分散立地が見られる」。これら多様な「就業の場」を「集積指向—分散指向」「大都市への接近—大都市からの離脱」という二軸を用いてプロットしてみたものが図５—８である。それに加えて比較のために「ノマドワーカー」を、大都市近傍を中心とした分散指向の就業形

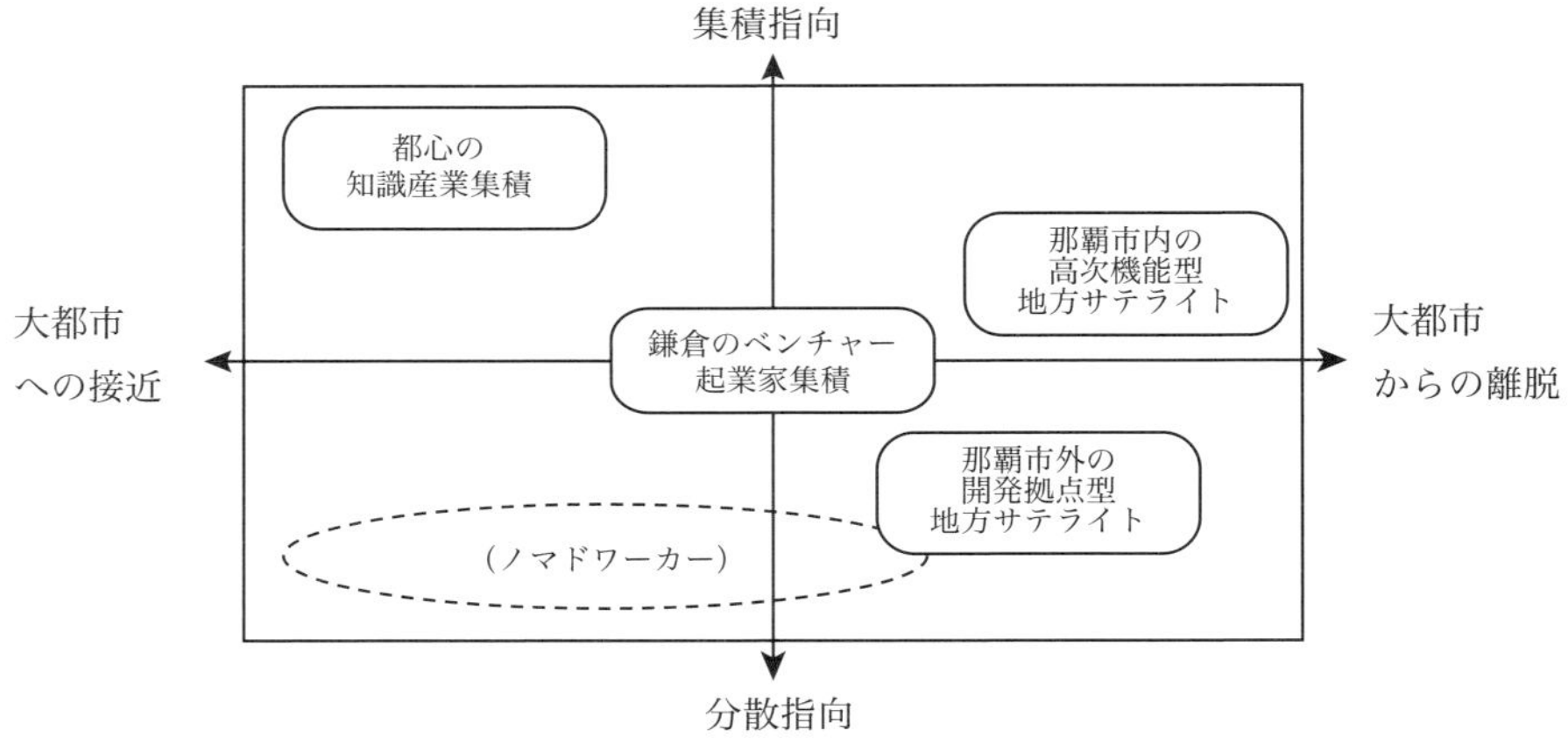


図5-8　台頭しつつある「就業の場」のいくつかの類型

態として加えている。

当然ながらこれらは、現代日本における産業立地傾向のほんの一部を示しているに過ぎない。しかし少なくとも、現代都市において、就業の場の分布が完全に「フラット」になったわけではなく、かといってすべてが「スパイキー」*な分布をしているわけでないことは明らかである。

社会制度が成熟し一応のシビルミニマムが保証されるようになると、人びとの要求は高次なものになり、それに従ってニーズは多様化する。それと同様に、事業環境に対する事業者の要求もまた、社会の成熟に従ってますます高次化・多様化しつつある。情報通信技術が高度に発達したことで、物理的には地域に縛られないぶん、業種・業態をはじめ、経営者や従業員の思想などをふくめた企業特性によって、高次化するニーズに対応した多様な「集積」の姿が表出しつつあるのではないだろうか。

企業活動が物理的産業インフラの影響から解放され、ニーズの多様化も相まって、立地メカニズムが多様になっているとするならば、各地域が目

＊近年、とくに高次の経済活動が、限られた地域における集中の度合いを高めていることが次々と明らかになっている。「クリエイティブ都市論」で知られる都市社会学者リチャード・フロリダは、そうした状況を（フリードマンの「フラットな世界」という未来像へのアンチテーゼとして）「スパイキーな世界」と表現した（Florida・R「The World is Spiky」『The Atlantic』2005年）。

指すべき産業圏域の姿も多様なものとならざるをえない。本章では「鎌倉」「沖縄」などの例を挙げたが、全ての地域がそうした「先進事例」のようになれるわけではないし、成功モデルを皆がこぞって真似しはじめると、結果的に何処にでもある退屈な場所が生み出されることになるだろう。地域環境と地域産業の実態を丁寧に分析し、他の地域よりも優れている点、及ばない点を理解したうえで、可能な限り「強み」を活かした産業圏域像（ビジョン）を、オーダーメイド式に描き出すことが有効である。

## 地域に小さな「仕掛け」を埋め込む

産業圏域の計画は、地域に適したビジョンを描き出したうえで、法制度をはじめとする各種政策ツールの整備と適用によってその実現にむけての道筋をつけることだけでなく、「事業」の実施によって、地域の産業環境を直接的に改善していく役割も期待される。しかし、社会が縮退期を迎えた今日、プランニングが「事業」によって産業環境の整備に果たしうる役割は、拡大期のそれから大きく変化している。たとえば、高度成長終焉以前の国土計画においては、低開発地域の産業インフラに多額の税金が投入され、工業拠点開発が行われた。それによって、すでに工業がキャパシティの限界近くまで集積していた太平洋ベルト地帯が成長のボトルネックになることを回避するのと同時に、地方圏に雇用を創出して、地域間格差の是正を目指したのである。しかし今や、新たに拠点開発をするような空間需要は存在しないし、既存の産業圏域を強化しようとする際にも、財政的制約から、公的部門が主体的に行う事業規模は自ずと控えめなものにならざるをえない。

とはいえ、産業環境の整備に関して、「事業」を通した公的部門による直接的関与が不要になったわけではない。公的部門は、産業圏域の強化を支援するために小規模な事業を実施し、既存の産業空間に「仕掛け」をうめこむことができる。「仕掛け」の具体的なイメージとして、たとえば以下の2つが考えられる。第一に、地域のプレイヤーを混ぜあわせることである。つまり、類似業種の事業者間、異業種の事業者間、事業者と連携可能性のある各種組織（行政機関、医療機関、教育機関、市民団体など）をマッチングさせることで、イノベーションを支援する。第二に、試行的プロジェクトの実施である。地域の住環境や産業振興に寄与するパイロット・プロジェクトや社会実験を実施する。あくまでも小規模な事業にとどめつつ、民間主導による事業に波及する道筋を用意しておくことで、自律的展開につなげることが可能となる。このように、公的部門主導による事業の展開においては、過度な大型化を避けつつ、産業活動の主体たる民間事業者の裏方に徹し、既存の産業空間に小さな「仕掛け」を埋め込むことで、民間企業などへの波及効果を念頭においた「産業活動の触媒」を目指すべきであろう。

### 多主体の連携によって取り組む

産業圏域の計画主体は、社会的利益を代表しうる組織でなくてはならないが、必ずしも市区町村・都道府県など既存の「自治体」である必要はない。むしろ、既存の行政的枠組みとは別に新たな組織を構築することで、多主体による協調・協働を通して、より効果的に産業圏域を強化・育成することが可能となる。財政的制約などを背景として、地域の産業環境の整備のために自治体などの公的機関が直接的に実施できる事業の規模が限られるなか、地域の多主体との協調と協働によって計画の実効性を担保していくことは不可欠である。

実際、すでに欧州では、EUの成立を契機として計画単位の見直しをさまざまに試行しており、既存の自治体の枠組みを越えた広域戦略を担う新たな計画組織が台頭している。なかでも多様な展開を見せるのが、ドイツにおいて、連邦政府が定めた「大都市圏制度」で指定され誕生した11の「大都市圏（Metropolregion）」である。ドイツの「大都市圏制度」は産業振興に特化したものではないが、国際的な都市間競争の激化を背景として、都市機能が比較的大規模に集積した地域を成長のエンジンと捉え、欧州とドイツの競争力強化を目的に戦略的育成を図るものであり、産業振興は計画主題上の主要な焦点の1つとなっている。また、プランニングプロセスにおける活発な公民連携がみられるなど、産業圏域の計画主体の姿を探る観点からは、参照価値が高い。

たとえば、ドイツ南部のバーデン・ヴュルテンベルク州、ラインラント・プファルツ州、ヘッセン州に跨がる広域連合を形成しているラインネッカー大都市圏（Metropolregion Rhein-Neckar）では、「広域計画連合」「大都市圏公社」「未来フォーラム」と呼ばれる3つの組織からなるガバナンス・モデルが構築されている。*3組織は、それぞれ法定都市計画、小規模プロジェクトの実施、地域の多主体の交流・マッチングを担っている。公的機関である計画組織（広域計画連合）と、公民連携による事業組織（大都市圏公社）、民間主体の交流組織（未来フォーラム）を、それぞれ独立した組織とすることで、公民の立場を使い分けつつ、実務上はそれら3組織が緊密に連携して、一丸となって広域計画の立案と実施にあたっている。

既存の行政組織と異なる新たなガバナンスのしくみを用意することには、さまざまなメリットがある。第一は「中立性」である。圏域に複数自治体間が含まれる場合、それらの連携を第三者的な立場から支援することができる。第二は「連携性」である。公平性を重んじる視点から特定の民間組織との連携に慎重さが求められる「自治体」と異なり、半官半民組織や（公的意思を持った）民間組織を計画主体とすることで、民間企業を含む地域の多主体との大胆な連携が容易になる。**第三は「継続性」である。多主体が関与することによって、特定の主体に振り回されることなく結果的に継続性が担保される。第四は「革新性」である。既存の統治機構と距離をとった新たな組織を、産業圏域の計画主体とすることで、既存の統治機構が有する官僚主義や政治的影響から比較的自由に、大胆な構想と行動が可能となる。

わが国では、「国」「都道府県」「市区町村」という三階層によって、法定都市計画が進められており、経済産業系部局による産業振興施策も、同様の階層性に従って地域毎に個別に推進されている。しかし、実際の産業活動は、多くの場合基礎自治体の範囲期を超えてダイナミックに生じており、特に大都市部においては、市区町村はもちろんのこと、都道府県を越えて産業圏域が形成されている。したがって、市区町

＊本章におけるラインネッカー大都市圏の実態に関しては、筆者らが2014年に現地に赴いて実施した計画担当者を対象にしたヒアリング調査の結果による。
＊＊ただしこの点に関しては、社会的利益を代表する組織としての計画主体の自立性や、手続の公正性・正当性が脅かされかねないという、潜在的危険を孕んでいることを指摘しておく。

村間・都道府県間の連携によって、産業圏域の計画を一体的に推進していくことが必要であろう。その際、既存の統治枠組みとは別に、多主体の協調と協働のプラットフォームとして機能しうる新たなガバナンス・モデルを構築することができれば、旧来の慣習を乗り越えたダイナミックな産業圏域の計画が展開可能となるだろう。

実践⑪

# 民間主導で大都市圏の国際競争力強化に取り組む

## メトロバーゼル

山村 崇

国や地方公共団体が財政難に喘ぐなか、公的財源のみに頼らず、産業圏域の強化・育成を推進していくためには、企業や市民団体をはじめとする、地域のさまざまな民間リソースを活用することが不可欠である。またそれにあたっては、民間組織の積極的な参画と自由な実践を促すために、既存の行政的枠組みと異なる、新たなガバナンスのしくみを用意することが有効であることは、すでに述べた。

欧州ではこの20年間ほど、国際的な都市間競争の激化のなかで、中小都市単独では世界都市と互角に勝負できないとの危機意識が高まり、基礎自治体の範域を超えた「大都市圏」スケールでの産業振興がますます重視されるようになっている。またEUの存在感が高まり、「国」の存在感が相対的に低下したこともあいまって、国境を越えた大都市圏の計画についても、さまざまな組織形態によるものが各地で試行されている。

スイス北西部のバーゼル市 (City of Basel) を中心とした地域では、スイス・フランス・ドイツの3カ国にわたって一体的な大都市圏が形成されているが、圏域が国境によって分断されているために、公共交通網の分断、各種政策の不調和などが長年の課題となっている。こうした状況のもと、メトロバーゼル (Metrobasel) という民間組織が、大都市圏の国際競争力向上のために活動している。その活動には、域内の主要企業、各種団体、大学、地方政府などが参加しており、あらゆる主体にオープンなプラットフォームとして機能している。

メトロバーゼルは、バーゼル大都市圏の発展のための地域シンクタンクとして2008年に設立され、地域の国際競争力を高めることを目標に、各種研究活動、コミュニケーション活動を行っている。具体的には、「メトロバーゼル2020」と呼ばれる長期ビジョンを策定したうえで、そのなかに示された各種課題（地域の教育水準の向上、公共交通網の強化、居住環境の再評価・整備、規制緩和、環境問題への対応など）に取り組んでいる。

メトロバーゼルは産業振興にとどまらず、居住環境の評価や

メトロバーゼルがスイス連邦工科大学と協力して製作したコミック調冊子。
バーゼル大都市圏が抱える都市課題や解決の方向性について、市民にわかりやすく説明している。

整備など生活面をふくめた総合的な視野に立った「産業圏域の計画主体」である。しかし、メトロバーゼルは行政組織ではない。年間予算のうち約2割はバーゼル市・バーゼル州などの自治体が補助しているが、残り8割程度は地域の民間企業の分担金で賄われている。つまりメトロバーゼルは、民間主導によって大都市圏の国際競争力の強化に取り組んでいる組織なのである。

実はメトロバーゼルは、わずか3名（筆者らが訪問調査を実施した2010年時点）の正規職員からなるとても小さな組織で、自らが主体となって各種の公共事業を推進することはない。しかし、メトロバーゼルは小規模ながら以下の業務に特化することで、「大都市圏」という比較的広域を対象としたガバナンス組織として機能することを可能にしている。

### ①地域の中長期的なビジョンを示す

地域シンクタンクとしての中立的な立場から、バーゼル大都市圏の課題を抽出し、それらに対応するための中長期的ビジョン（Metrobasel 2020）を提示している。また、策定したビジョンを広く市民・事業者に向けてわかりやすく伝えるために、事業者やビジネスパーソン向けには“Metrobasel Report”という雑誌を、その他幅広い市民向けには“Metrobasel Comic”というコミック調のレポートを発行するなどして、バーゼル大都市圏が将来的に進むべき方向性が共有されるように努めている。

②地域のコミュニケーターとして地域の産業活動を支援する

バーゼルの産業界の利益を代表し、政府機関への働きかけなどを通して、連邦政府やＥＵの政策に影響を与えようと努めている。たとえば、連邦政府の教育予算の中でバーゼル大学への割当を増やすこと、創薬産業に欠かせない臨床試験等の規制緩和を求めること、ＥＵの予算からバーゼル周辺の公共交通整備への公共投資を呼び込むことなどである。

③地域の多主体が対話するためのプラットフォームを提供する

バーゼル大都市圏の国際競争力の向上という共通目標のもと、地域の多主体（企業、市民団体、地方自治体など）が自由に参加し対等に議論できる、対話の為のプラットフォームを提供しており、議論を通して地域の課題を抽出しビジョンを描き出すという、多主体共創のしくみとして機能している。

このように、小さな組織でありながら地域の多主体の触媒的機能に徹することで、比較的大きな空間スケールで展開される産業活動に影響を及ぼしていく手法は、産業圏域計画の主体を考えるうえで参考になる。わが国では「国」「都道府県」「市区町村」という3階層による統治システムが確立されており、今後道州制の導入などを契機として行政枠組みと役割分担の見直しがありえるにせよ、産業圏域の実態に沿った新たな計画組織を、各種事業を主体的に行う新たな行政階層として構想することは容易ではないだろう。それよりもメトロバーゼルのような小さな触媒的組織によって、地域のビジョンを示したり、地域のプレイヤーを後方から支援したり、対話のプラットフォームを提供することなどを通して、産業圏域の強化を図ることのほうが、現実的なのではないだろうか。

# 補章

# 5つの視座の背景を訪ねる旅

山川志典

本書では、これまでに5つの視座が語られた。読まれた人びとのそれぞれの胸にうちに、「おやっ」と思うことや、「ほうっ」と感ずることがいくつも浮かんだことだろう。

筆者と吉江俊は、後藤春彦研究室では同期であった。学部生から修士課程へ進学し研究を続けていた吉江と、他大学の修士課程へ進みながらも、時折ゼミに参加するなどして研究室との交流を続けていた筆者は、本書の編修作業を任されることとなった。その後約3年間、編者である後藤と、各視座の執筆者、さらには各事例の執筆者とやり取りを重ね、無形学へたどり着くことを目指していた。編修を行う筆者と吉江の姿を、後藤は東海道を旅する弥次喜多のようだと評した。確かに、ありふれた表現かもしれないが、この本をまとめる作業は、なにに出会うかわからない旅路のようだった。編修するにあたり、各々の視座をより理解するために、我われ2名は、各視座の執筆者にインタビューをする機会を得た。それは、各視座が文章として現れてくる以前の、個々人の経歴や思考の軌跡を解き、視座に込められた知の体系の糸口を掴ませてもらうような経験である。言い換えるならば、なぜこの視座が生まれてきたのかという背景を探ることであった。本章は、補章であり、この章だけでは何の意味もなさない。ただ、1つの補助線として、各視座、そして本書と読者とをむすぶものとして記しておきたい。これからはじまるのは、筆者による各視座への「旅日記」だと思っていただきたい。編修者を含めた読者が、道を行く旅人だとするならば、この本の各視座の執筆者は、視座という宿場町で旅人をもてなす宿の主のような存在である。そのような彼らの話を紡ぎながら、5つの視座を旅のように訪ねていくことを、本章では試みたい。

「徒歩旅行」という、魅力的な言葉について、人類学者のティム・インゴルドは、何かを横断して行く「輸送」と、何かに沿って動く「徒歩旅行」とを区別したうえで、

徒歩旅行者は、歩を進めながら、道に沿って拓けて来る土地と積極的にかかわることによって知覚的にも物理的にも自らを維持していかなければならない*

＊ティム・インゴルド（著）工藤晋（訳）『ラインズ―線の文化史』、左右社、2014年

と、歩くという運動を続けながらその土地に関わることを自覚させる。これからの旅は、その視座でのやり取りが一座建立となることを目指したい。

出発する前に考えてみたいことがある。それは、なぜ人は旅をするのだろうか、ということだ。旅に生きた歌人、若山牧水は、

幾山河　超え去り行かば　寂しさの　終てなむ国ぞ　今日も旅ゆく＊

と詠んだ。教科書にも載っている有名な歌だ。私の記憶では、その横に、

山のあなたの空遠く「幸」住むと人のいふ＊＊

という、カアル・ブッセの詩（上田敏訳）が添えてあった。人は、幸せを求めて旅をする―それは旅に例えられる人生も同じかも知れない―のではないかと、出発前に思ったのは、それぞれの5つの視座には、たくさんの人が登場し、そこには、暮らしを良くしたい、幸せに生きたいと思う人びとの姿が垣間みられた気がしたからだ。暮らしを良くしたい、幸せに生きたいという思いは、人としてごく当たり前のものではないだろうか。地域をつくるのは、多様な人である。わたしたちが、旅先で感嘆するときとは、その土地の人びとの幸せな暮らしの一片に触れるときではないかと思っている。そんな人たちの存在を思いながら、旅に出てみたい。

最初の共発的景域論は、東日本大震災の津波によって過去が表出し、そこから未来を考えていくことか

＊若山牧水（著）伊藤一彦（編）『若山牧水歌集』岩波書店、2004年
＊＊上田敏『海潮音―上田敏訳詩集』新潮文庫新装版、新潮社、1952年

らはじめられている。共発的景域論には、二人の筆者がいるが、三宅は岩手大学の教員であり、高嶺は復興支援事業者として、東日本大震災からの復興に関わっていたという共通点がある。その土地に暮らす人びとが、少しずつ造り上げてきた日々の営みが、たやすく、無惨に、一瞬にして壊されていく光景は、あまりにも残酷であった。しかし、復興は進んでいる。そこで、景観を創る立場にある者は、どのように地域と関わるのか。筆者は、この部分を問いかけてみた。基層となる「地域」は絶えず変わっている。復興を目指す地域だけでなく、日本各地で、何を変え、何を変えないのかは、問われているだろう。親しみのある景観を伝え、遺すことは自明のことと受け止められるが、確実に存在する高齢化・少子化による人口減少のなかで、「発展」はもとより「持続」という選択は、はたして本当に望ましいのだろうか。地域住民は入れ替わる。なによりも、共発をもたらす外部からの人びとは、いつまでも地域に関わり続けられない。そのひとときを生きる人びとが選んだ、大きな変化の決定をしないとも捉えられる景観の受け継ぎ、現状のままにしていくという選択は、どこか、現在地域社会が抱える問題をそのまま凍結して先送りしているように思えてならない。造り上げた景観、遺すと決めたことが、将来どのように地域社会にとってよいと思う認識を得るのだろうか。

三宅は、自身の住む盛岡の事例を用いながら、

そのときの意思、決定するときの意思をどう伝えるかっていうのが、景観なのかなって思っていたんです。盛岡の眺望景観を考えていたときも、長い時間のなかで建物は建て変わっていくと思われるなかで、盛岡の城跡から、岩手山を見たい、見せたいから、それを見せるように計画を決めたんですよね。だからこのときの人たちの意思が、結果的に景観に託されたのかなっていう気もする。

と答えた。景観のなかにある人びとの選択の意思の受け継ぎへの着目といえる。その時々の選択が景観の

なかにはある。その意思を読み取り続けながら、その時々の最善を判断していく道筋が見えてくる。また、髙嶺は、景観に着目する理由を、自身が長年研究対象としている首都高を事例に話してくれた。

首都高の景観を研究してきたので、それを噛み砕いていくこと、風景から歴史を読み解いていくことが面白いと思った。当時、時間の限られたなかで決断したかたちがあって、今後残るかわからないけれども、それを見返すことが求められるのでは。僕は、首都高のつくった風景から人びとの力強さを感じたんだよね。そういった力強さ、迫力って被災地の復興や、吉阪の大島元町復興計画にもつながるかもしれない。生きていくなかで感動する景観をつくることや、それに出会う空間があることに重要性があるんじゃないだろうか。

都市部であっても、景観のなかから人の選択の意思を読み解くことはできるのだろう。それは、表層に現れた基層を確認するという作業が、空間を変化させて生き続けていく人の営みがあるかぎり、普遍的であることを示唆している気がしてならない。

場所に埋め込まれた意思を読み解くということを踏まえ、動態的地域論へ移動してみよう。動態的地域論では、地域を「ある範疇の自然や環境をかたちづくる人間の暮らしのありさまそのもの」と説明していた。自然や環境との対峙のなかで暮らしが営まれ、それは自然や環境へも影響を与えている。山崎は、本文で触れた八丈島での自身の経験と、そこで得た考えを紹介してくれた。

防風林の話でいくと、現象学的に捉えるとイシバ様というようなお地蔵様みたいのが置かれて、民俗的な価値体系に位置づけられる。それはある種の価値体系、風土論的な話にいくんだけど、もう一方で葉っぱを掃除したり、そのことによって風が通り抜けるようにしたりだとか、快適性を保つために木が茂り過ぎちゃいけないから、落として焼き芋したり、そういう行為もある。僕はそういうのは生態学的な意味づけとして捉えていいんじゃないかと思っている。その両方で人間と環境の関係なんじゃないか、と捉えている。だから、景観論一辺倒じゃ地域は解けない。

景観を考えるうえでの人間の存在、人間と環境の関わりへの着目がある。

山崎は、本文で「人生という営みは、空間を場所化する行為の連続に他ならない」と述べている。時代や土地によって差はあれども、自然や環境との関係蓄積─それは「暮らし」といえるだろう─が人生のなかにはあり、それは自然や環境のなかに再度蓄積されていく。そして、そこから考えていくと、今を生きるわたしたちの身の回りにはたくさんの人びとの人生の断片が埋め込まれていることに気づく。

（今の僕は）人間と環境の関わりを空間に落とし込むことではなくて、時間的にどう紡ぐのかというところに思考がいっている。時間軸で自分の体を微分したときに見えてくる姿が景観だよね。でも微分じゃなくてその積分というか、その根底にある何か根源のようなものを探していくことにきっと価値がある。地域のなかにも、見えている姿形とは別の、違う次元のイデアみたいものがあって、そこを解かないと、今が解釈できない、というか。

という山崎のことばからは、一人の人間の一生涯を超えた、長い時間のなかでの多様な関係性が蓄積された場所のありかたへの探求があるように思えた。

空間内の多様な関係性が組み合わさって場所ができるのならば、より多様な人びとがより頻繁に関わりを生んでいると想像できる現在の都市では、なにが起きているのだろう。重層的都市論の筆者である佐久間は、自身の論の出発点として、

ニュータウンに住んでいた自分の暮らしの息苦しさだったんだよね。人が自由にふるまうことの価値みたいなもの

と、自身の生活経験が博士研究の萌芽であったと振り返った。さらに、より前の―かつ根源的な―関心として、研究室入室時のとある違和感について語ってくれた。

研究室に入って、卒論はなにをしようかとなったときに、墨田区のたちばな商店街を歩いたときに夕方頃から現れるおばちゃんたちの活気を目にしたんだよね。ニュータウンでは経験したことのない人のアクティビティ、人が生きている感じのすさまじさを感じました。かたや「都市計画」では改善対象である住工混在地と、都市計画の理論で作られた埋め立て地のニュータウン…

佐久間が感じたニュータウンと商店街の違和感は、都市計画上の対置だけではなく、そのまま、そこに暮らす人びとの人生の多様性でもあるのではないだろうか。経済活動や職業、家族構成などがある程度均一的な人びとが暮らすニュータウンと、多様な生活と暮らしぶりがある商店街では、人びとが過ごしてきた時間の多様性が異なる。商店街で暮らす人たちの多様性は、そのまま、複雑な地域（都市）の個性へとつながっていく。そして、一瞬一時のたくさんの人の暮らしが、場所の多層性になってくるのではないだろうか。都市は、多様な物語を持った人びとが交錯する場所であり、場所の多層性が都市であるともいえるだろう。

そのような都市という場所には、個人の理解の範疇を超えた、全く異なる物語を持った別の個人がすぐ近くに存在することになる。社会的空間論の筆者である佐藤は、

社会空間のおもしろいところは、ある空間の上に別の物が重なっていること。そういう別々の種が共存しなければならない以上、何かそこにはルールやしくみを介在させなければ管理することができない。これを、社会空間と呼んでいます。

と、多様性がありながらも、同じ空間内で暮らすにあたり、必要とするルールやしくみの存在を意識している。空間内に存在する多様な主体をいかに計画のなかでつなぎ合わせるのか。その必要性を、

しっかり本来あるべき自然原理に近づけていきたい。資本が我々によってコントロールできないようにひとり歩きしてしまったのと同じで、もはや人間の意思を超えた空気がしくみを動かしてしまうのであれば、計画が入らざるを得ない。

と、述べた。多様な個々の物語の組み合わせによって織り成された都市は、個人個人の意志を集合させ、都市としての意志を持つ。

その都市の意志同士をどのように共存させていくか。都市よりも広い、圏域を捉える戦略的圏域論において、山村は産業に着目している。

働くことと学ぶこと、楽しみがごちゃ混ぜになって、生産と消費がごちゃまぜになってくる。楽しく働くことが重要になってくる。経済的なことを語るためには、非経済的なものが経済的に重要だ、とフ

フロリダも言っています。経済の内部と外部は何重にもなっています。そうした実態を踏まえて、経済を図る枠組みを拡張しようということ。

と、山村は産業への着目理由を説明してくれた。都市は、人の欲望、利己的な営為によって増殖していくという印象があったが、都市のもつ華やかさが一瞬の消費によって彩られていることを思うと、その裏面には、生産があり、そして、消費と生産を続ける人びとの暮らしが見えてくる。人びとが動き、流れる根底には、「暮らしやすさ」の欲求があるのではないか。そのような思いを問うと山村は、

「正しいものが正しい場所にある」というアメニティは、個人的に日本語に訳すと空間的合理性になるのではないかと思います。正しいものが正しいところにあると人間は心地よく感じる、というのは昔から何となく思っていたんですが、イギリスの法律の前文にそう書いてあるのをしばらく前に知りました。

と空間的合理性という言葉で答えてくれた。個々が求める「暮らしやすさ」をそれぞれの適切な場所に配置することが、空間的合理性を持った計画になるということだろうか。

以上が、筆者の5つの視座を訪ねた旅の内容である。

わたしたち人は「暮らしやすさ」を求めて、自然と交渉し、移り流れて住む場所を変え、他人と協力をしながら時間を重ねてきた。しかしながら、個々の「暮らしやすさ」への思いは、時にぶつかることもある。そこに、計画の必要性がある。一人ひとりが望む平凡なれども幸せな日常をいかに続けていくか。本書で語られてきた内容は、即効性はないかもしれないが、本質的な部分に触れるがゆえに読む者をすこし

先へといざなっていく気がしてならない。

旅の終わりに、筆者は、吉阪隆正の言葉を思い出した。

有形学を考えた動機は人類が平和に暮らせるようにとの思いだ*

無形学もまた、その志は同じだったのではないか。

この旅は、それぞれの宿場町でのもてなしもさることながら、その間の道のりが、本当に道があるのかもわからなかったがゆえに、おもしろかったように思う。それぞれの宿場町での主たちの考えが、次に向かう場所の導きともなり、あてのない旅が続いてきた気がする。本書の中で読者がそれぞれの道を発見し、5つの視座をめぐる旅を楽しんでもらいたい。

冒頭、後藤が我々を弥次喜多と例えたと述べた。本家の弥次喜多は、東海道を西進し、目的地の伊勢神宮に参拝した後にどうしたかご存知だろうか。

彼らは、金比羅や宮島を巡り、その後、中山道を往路として江戸へ向かった。

旅は続いていくのである。

*吉阪隆正『生活とかたち（有形学）』旺文社、1980年

# 終章

# かたちになる前の思考

吉江俊

I

# 5つの視座が立脚するところ

## ◉流動化する地域、社会空間への着眼

これまで、都市・地域を眺め計画に向かう5つの視座と実践活動をみてきた。読者のみなさんはここで、5つの視座に通底する問題意識にお気づきになったことだろう。景観の表層から基層へ、すなわち風景から地域社会へと迫ってゆくことを説いた共発的景域論や、開放系となった地域の動的平衡を目指す動態的地域論、あるいは都市の遷移を前提としてそのマネジメントを考えてゆく社会的空間論など、それらが幾度となく強調してきたのは、「流動化する地域」と「社会空間への着目」である。

吉阪隆正が『生活とかたち（有形学）』を著したとき、そこには必ずしも体系化されないさまざまなエッセンスが描き出されたが、その根底には彼の時代が「転形期」であるという認識とその対応への切迫感――「形」の変わる時期、という表現はまさに「有形学」の登場にふさわしい――があった。時を経て、21世紀を目前にして湧き上がり成長していった5つの視座の背景にも、近代に構築されたさまざまな思考の方法論が更新を余儀なくされる大きな転換点があった。

### 流動化する地域

地域の流動化は、単に人口移動が活発化することの比喩にはとどまらない。よく知られるように、近代以来成熟してきた社会学が新たな局面に差し掛かったのが1960―70年代だったといわれる。まず美術や文芸の領域で近代の終わりを標榜した「ポストモダン」の語が使われはじめ、ジャン・フランソワ・リオタールの印象的な宣言（1979年）をきっかけに、この用語は80年代には広く社会科学の領域で用いられるようになった。こうした「近代の終わり」を標榜する議論は一種のムーヴメントへと発展していく。こ

うした動きに対して慎重な社会学者たちの間でさえ、少なくとも近代の（終わりではないにせよ）新たな局面を意味する「後期近代」といったことばが広まった。社会科学の議論は確かに、新たな局面に突入しつつあった。

共発的景域論でも触れられたジグムント・バウマンの「リキッド・モダニティ」[*]も、その潮流を象徴する言説のひとつである。バウマンは、近代社会の分析枠組みであった権力の図式、それに付随するリスクと責任の図式、あるいは全体の役割の機能的分担といった、長い間変わらないかのように考えられてきた確かな前提が根元から突き崩され、不安定になった世界を描写する。そして、これを「液状化した社会」や「流動化した社会」と表現し、その不安定さを「液体」の比喩を用いて説明するのである。バウマンの「液体」ということばには、社会の新たな局面を端的に言い表す強みがあった。

このような社会の「液体化」は、同時に情報化社会・消費化社会の文脈からも捉えられる。もの自体を凌駕するように肥大化した情報が大量に流通する「情報化」と、人びとがものの情報やイメージの価値を求めるようになる「消費化」とは、相互にむすびつきながら急速に発展し、「後期近代」の足場を変質させていった。こうした情報化社会・消費化社会を捉える議論は１９８０年代をピークに活発化する。たとえばロラン・バルトは、「消費」と「消耗」という用語を区別し、鮮烈に対比させている。[**]「消耗」は、ものの物理的な使用価値を使い切ることである（たとえば、衣服が破れるまで使うということ）。一方「消費」は、ものの情報的な価値を使い切ることで、ものそのものが無価値になったとみなすことである（たとえば、衣服の流行りが廃れて着なくなるということ）。この区別を使って説明するなら、人びとの行動が消耗から消費へ移行した社会、人びとの求めるさまざまな価値の重心が「ものそのもの」から「情報」へと移行した社会が、消費社会である。こうした社会では、人びとの求めるものや価値基準、行動の原動力が流動化し、以前よりも速く移り変わっていく。日本の比較社会学者の見田宗介は、もの自体の必要性から人びとが離れていくこうした様子を指して「欲望の、必要の地平からの離陸」と呼んでいる。[***]

＊ ジグムント・バウマン（著）、酒井邦秀（訳）『リキッド・モダニティを読みとく』筑摩書房、2014年
＊＊ ロラン・バルト（著）、佐藤信夫（訳）『モードの体系―その言語表現による記号学的分析』みすず書房、1972年
＊＊＊ 見田宗介『現代社会の理論―情報化・消費化社会の現在と未来』、岩波書店、1996年

人間の欲望の「離陸」が生じ、社会の「液体化=流動化」が起こった。これが、1980年代以来の「後期近代」の中心的な論点であり、のちに日本の大都市から地方都市に至るまでに広がり問題化してゆく社会現象であった。

## 社会空間への着目

こうした社会の変化に伴って、都市を論じる枠組みも変化していった。いくつもの主体があたかも全体の目的のために協力し、役割分担をしているように描く「機能主義的」な都市論は批判され、むしろ人びとの紛争や葛藤のなかにこそ、都市の本質があるのだという議論も巻き起こった。それだけでなくこうした視点は、人びとが思い思いに行う行為が社会的な影響力をもち、これらが寄り集まって全体の社会を形成しているのだ、とする「社会的相互行為」の視野にまで広がってゆく。

イギリスの社会学者アンソニー・ギデンズは、この議論をさらに精緻化している。前近代の社会では、人びとは地域のしきたりに従って生活していた。ところが情報化された社会において、人びとの視野は世界へと開かれた結果、もはや自らの地域の慣習やしきたりには自明な根拠を見出せなくなる。結婚、出産、住む場所の選択、職業の選択などさまざまな「人生の選択」は、自由になると同時に責任を持って自ら選択する必要に迫られる。ギデンズは、わたしたち一人ひとりが、自分の人生について考える必要に迫られているこうした状況を、「自己実現をめぐる生の政治(ライフポリティクス)」と呼んで主題化している。*生の政治が迫られる社会においては、既存の社会の枠組みに盲目的に従うのではなく、自覚的に更新していくことが求められる。このようにギデンズは現代社会の特徴として、あらかじめ存在する社会の枠組みを更新していく能力である「社会的再帰性」の高まりを挙げている。言い換えれば、前近代において人びとは「非再帰的」な生き方をしていたが、人びとの意識はしがらみからの自由を求め、情報化の技術もこれを手伝って、わたしたちは「再帰的」な生き方を手にしたのである。とはいえ、それはわたしたち自身の「個」

* アンソニー・ギデンズ(著)、秋吉美都、安藤太郎、筒井淳也(訳)
『モダニティと自己アイデンティティ　後期近代における自己と社会』ハーベスト社、2005年

としての判断を強いる結果となるのだった。

このとき都市は、揺るぎない「全体」のために機能的に動く個人ではなく、それぞれの動機に基づいて動く個人が無数に共存する、「社会的空間」として考えられなければならないだろう。そしてこうした人びとが漂うなかに、主観と主観の寄り集まった営為の集合として、都市が立ち現れるのである。

**5つの視座に通底する問題意識**

社会科学の領域で取り上げられた以上のようなパラダイム・シフトは、本書で紹介してきた研究や取り組みがはじまる数年前に加熱し、さまざまな議論を生んだ。5つの視座はこうした新たな時代認識と敏感に呼応しながらも、都市の実態を捉えまちを少しずつ動かしていく実践へと展開していったものといえる。

## ◉◉5つの視座を連歌のように読む

それでは、5つの視座で議論されてきたことを、ゆるやかにつながったひとつの物語として、振り返ってみよう。

視座の論考を順番に読む体験は、わたしたちの視点をゆっくりと変えながら、都市や地域を計画するにあたって取り組むべきものの全体像を描きだしていくような体験をもたらす。この経験を、「視座を移動する」という表現で表すことにしよう。5つの視座の各々を読み解くのではなく、それらを移動しながら、都市のいわば全体性と呼べるものへと迫ってゆく思考のあり方を、ここで描き出してみたい。

**5つの視座を移動する体験**

本書の一番初めに、「有形―無形」「可視―不可視」という二軸によるマトリックスを提示したのを覚えているだろうか。今一度この図に立ち返って5つの視座の内容を整理してみると、図終―1（次頁）に示し

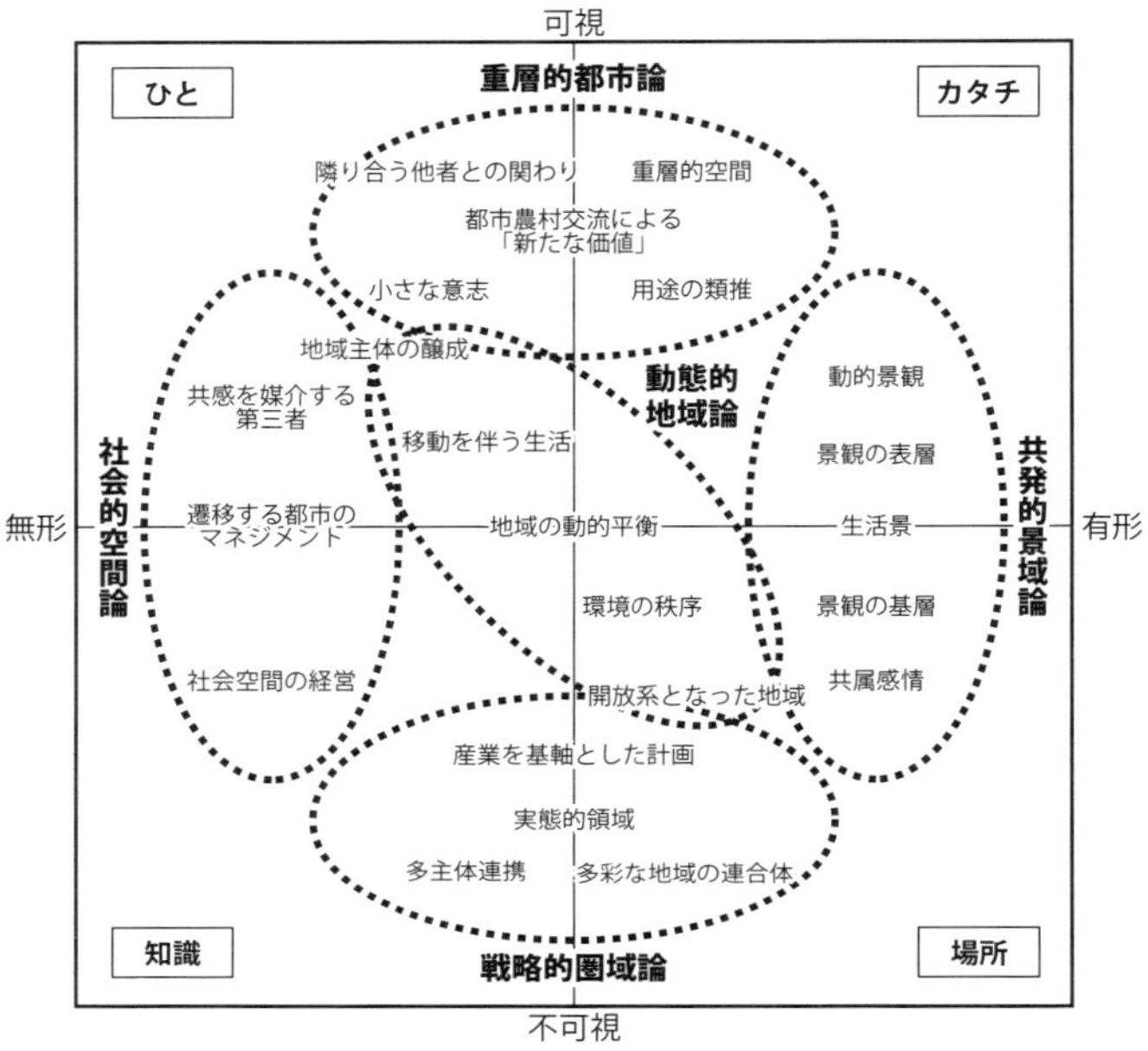


図終-1　5つの視座で展開される主要な議論の地図

た結果となった。

この図を見ながら、議論のキーワードを辿ってみよう。まず共発的景域論では、変わりゆく景観の表層から地域の基層へと迫ってゆく必要性が説かれた。そのなかで注目されたのが、流れる人や昼夜で変わる表情などの刻々と移ろいゆく景観（動的景観）や、人びとの暮らしの営みが表れた景観である生活景であった。議論の対象は「カタチ」から「場所」へと移っていく。

動態的地域論では、場所のあり方として「開放系になった地域」を中心に取り上げる。その場所の環境の秩序を保ちながら、「地域の動的平衡」状態を目指す取り組みが紹介される。これらは、日本中の疲弊した地方都市が過疎や高齢化の問題を抱える中で、移動を伴う生活が活発化してきたことに可能性を見出し、移動しながらも地域の担い手となっていくような主体を醸成してゆくという、地域の新たな持続のあり方を模索するものであった。こうして議論は「場所」から「ひと」へとつながっていくことになる。

重層的都市論の出発点は、また別のところにある。都市を重層的な空間として捉え、さまざまなものが偶然に出会うことこそが都市の本質的な価値であり、それを通して人は自己を了解するのだと議論は展開してゆく。このとき秋葉原や墨田区などの事例から都心部の用途混在の様子が克明に描かれていく一方で、都市農村交流による新たな価値の創出にも議論は広がってゆく。重層的都市論が目指すのは、人びとの「小さな意志」からなる新しい計画のあり方の提唱である。本章の議論に即して言い換えるなら、人びとの「生の政治」というミクロな次元から、都市計画を捉え返そうとする議論といえるだろう。こうして「カタチ」から「ひと」へと目を移してきた重層的都市論は、動態的地域論の「地域主体の醸成」という問題意識と接続する。

引き受けられた「地域主体の醸成」という問いは、社会的空間論において「社会空間の経営」という問いにまで続いていく。その背景として、高齢化社会の研究蓄積や、さまざまなコミュニティビジネスの事例研究が裏打ちされている。社会的空間論でも動態的地域論で議論された「開放系となった地域」の考え方と共鳴するかたちで、「遷移する都市」というビジョンを提示している。ここで行われる議論の特徴は、人びとの自発的で自然発生的な行為の蓄積を期待するというより、「経験を媒介する第三者」による社会空間の経営が焦点となっている点である。

これらの議論は、最後に戦略的圏域論に引き継がれる。ここではまず、社会的な諸活動のつくる圏域を「社会的圏域」として扱い、きわめてマクロなレベルの統計的解析を行ってきた点が、これまでの議論のなかでもひときわ目を引く。戦略的圏域論は情報化社会における圏域の考え方を刷新するものである。一般に産業の情報化に伴う都市の変化としては、産業の立地が物理的な地理条件から自由になっていくこと──「距離の死」──が強調されてきたが、本論の終着点は、むしろ「土地の声」に耳を傾けること、そしてあるべきものがあるべき場所に収まるという本来の「合理性」を目指す議論である。ここにきて、議論は再び「場所」へと接続されてゆく。

### ◉◉◉思考のふたつの「蝶番」

今度は視点を引いて地図を眺めてみよう。すると、「ひと」と「場所」の象限に、異なる視座同士の合流点を見ることができる。言い換えると、5つの視座の全体は「ひと」と「場所」という2つの主題を思考のヒンジ（蝶番）のようにして構造化されていることがわかる。

そして重要なのは、この蝶番となっている2点は独立したものではなく、再帰的・相互生成的だということである。「ひと」の行為は「場所」の上で行われる以上、それに規定されている。しかし同時に、その「場所」はまさに「ひと」自身の営為の累積によって社会的に形成されているのである。したがって一方を考えるとき、意識は必ずもう一方に向かってゆかなければならない。この部分が、これまでみてきた視座のつらなりの大きな原動力となっている。

## 2 「かたちになる前」に還る

### ◉いま役に立つことから一歩離れる

いま、まちづくりの仕事は全国各地で、さまざまな主体によって担われている。決められた予算と人員、期間の中で一定の成果を挙げるよう求められる結果、成功事例がもてはやされ視察されたり、まちづくりのハウツー本が流行するなど、どうやったら効率的に成果が得られるか、といった実践の方法論に偏った議論が行われてきたとはいえないか。各々の地域が抱える切迫した問題を考えると、そうなってしまうことを簡単に批判することはできない。

しかしそれでも、いま一度「成果をあげる」とはどういうことなのかを、問うてみる必要がある。わたしたちが追い求めるまちの豊かさとは、「安全」「快適」「にぎわい」あるいは「美しさ」や「観光資源」といったものに尽きるのだろうか。「いま直ちに役にたつこと」から一歩引いてみると、実は「役に立つこと」というわたしたちの認識も、都市の豊かさのごく一部に留まる非常に狭い感覚であることに思い至る。

社会学の創始者のひとりと目されるマックス・ヴェーバーは、社会の利害関係から一歩身を引き、彼の表現でいう「価値自由」の状態で社会をみつめることが社会学者の基本的な態度であるべきと説いた。また初期の社会学の代表的な論客であるエミール・デュルケムは、かつて「犯罪」について論じる際に、ある行為が犯罪であるみなされることは、その背後に何が正常で何が逸脱かという規範を持つ社会があるのだと論じ、自明視されてきた事柄が社会の中で形成されるものであったことを暴いた。* ひるがえって何が「役に立つ」のかという議論も同様にみることができる。都市計画やまちづくりの分野でもこの考え方を導入して反省するなら、現在求められる地域の豊かさは、実際にわたしたち自身が生きている豊かさであるというよりも、社会の内部で役立つと認定される、形式化した、手段化された豊かさにばかり偏ってしまっていると言えないだろうか。筆者には、真木悠介が『時間の比較社会学』で論じた「近代的未来主義」** の議論が思い起こされる。現在はつねに未来のために使われ、人は現在の豊かさによって現在を肯定することができなくなり、時間はお金のように消費される社会。「役立つ」・「成功する」ことを追い求める社会は、どこかこれらの特殊な時間感覚を背景にしているように思える。

「いま役に立つこと」から一歩離れて考えてみる、そこから再び地域の現場でなにができるかを問うことは、一見遠回りに感じるが、簡単に解決できない課題が複雑に絡み合ってしまった人口減少時代の都市計画・まちづくりにおいて必要とされる思考である。これを本書では「かたちになる前の思考」と呼んで主

* エミール・デュルケム（著）、宮島喬（訳）『自殺論』中央公論社、1985年
** 真木悠介『時間の比較社会学』岩波現代文庫、2003年

題化してきたのだった。「都市のもっとも基本的な豊かさとはなにか」という問いからはじまる重層的都市論などは、そのわかりやすい例であろう。

### ◉◉固定的な空間の枠組みの解体

「かたちになる前の思考」としての本書の重要な試みのひとつは、固定的な空間の枠組みを解体することである。

「共発的景域論」では、都市計画やまちづくりの空間的単位のひとつとして「景域」を提唱している。そしてその「域」は、行政区域のような空間単位ではなく、人びとの生活が作り上げてきた「基層」によって作られている。別の言いかたをするなら、人びとの社会的相互行為はそれぞれの「域」を備えており、それらが交錯したところに、間主観としての価値が生まれる「場所」が構想されるのである。

空間の枠組みの再構築という試みは、後藤の博士論文で展開された「景域」の議論から、二十年の時を経て、人びとが個別にもつ「主観的な域」とまちづくりの関係の議論まで展開されている。こうした議論は、まさに先に要約した「主観と主観の寄り集まった営為の集合としての都市」を描きだすものであり、しかも理論にとどまらず、具体的な成果を伴う実践へと展開していっている。

### ◉◉◉固定的な人口の枠組みの解体

「かたちになる前の思考」としてのもうひとつの重要な試みは、固定的な人口の枠組みを解体することである。

すでに触れているように「動態的地域論」では、地域とは人間の営みそのものであって、固定的な人間の構成員を指すのではないという立場をとっている。そのうえで、地域に貢献する主体がさまざまに移動するなかで、営みとしての地域が「動的平衡」の状態として持続することを構想する。

この構想は、「人口の枠組みとしての地域」という像を解体し、流動的な人口の中で、人間の営みが継承される様子を思い描いている。これは地域の担い手となる若者の数が減少するなかでなお地方都市を存続させるために、液体化＝流動化する社会そのものを逆手に取る構想といえる。

### ◉◉◉◉ものの「背後」と「間」へのまなざし

5つの視座において一貫しているのは、ものごとの「背後」や「間」に迫ることである。目に見える「風景」だけでなく、その背後の目に見えない「地域」までを含めて「景観」を考えること。人間の諸活動の「間」に生じる社会的な場として、地域を捉えること。あるいは、経済活動の「外部」に生じるさまざまな公共的な効果に目を向けること。

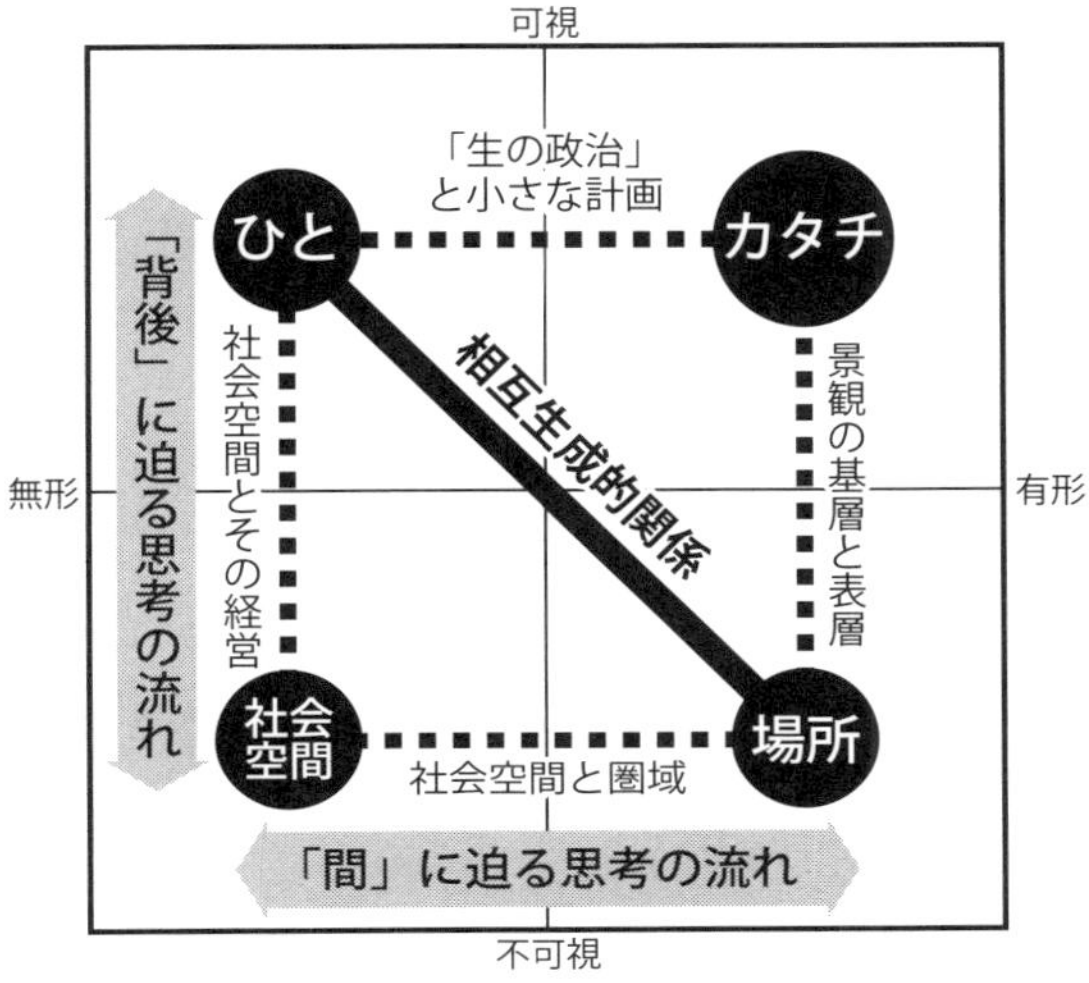


図終-2　5つの視座の相互の関係性

こうした思考を踏み込んで解釈すれば、近代の都市計画における主要なターゲットではなく、その「背景」や「間」に迫ろうとすること、むしろ「背景」や「間」こそを計画の主役に見立てることだといえる。そうすることで、議論の主題はわかりやすい目に見えるものごとではなく、「無形」のものへと移っていくことになる。

この「無形」の部分は、従来の都市計画分野の研究蓄積が明らかにしてきたというよりも、社会学や民俗学、宗教学、文化人類学など、いくつもの分野で断片的に明らかにされてきた、総合的な領域だといえるだろう。その意味で、「有形」のものから「無形」のものへと議論の対象を移動することは、一度「都市計画」のテーマを解体し、複合領域的な分野へと開いていくことである。

最後にもう一度「有形―無形」・「可視―不可視」のマトリックスを使って説明してみよう。マトリックスのなかを上下に移動することは「可視―不可視」の間の往復であり、左右の移動は「有形―無形」の往復を表す。これを「背後としての無形」「間としての無形」と対応させるならば、上下の移動は「背後」へ、左右の移動は「間」へと迫る思考の流れをそれぞれ示しているといえる（図終―2）。5つの視座の連歌が繰り広げられる裏側には、このような思考の流れ、まなざしの移動が織り込まれているのである。

# 3　「かたちになる前」から再び「かたち」へ

## ◉「かたち」へ向かう三段階の思考

これまでまちづくりや都市計画が自明視してきたことを問い直し、地域とはなにか、豊かさとはなにかを原点的に問い直すこと――。「かたちになる前の思考」は、そのような問いからはじまる。しかし本書に掲載されたさまざまな実践をみてわかるように、「かたちになる前の思考」はそれだけでは終わらず、再び「かたち」を構想するのである。

5つの視座の論考では繰り返し次の思考の軌跡をみることができる。それは図終―3のように整理できる三段階の思考である。

すべての議論は現状の「都市計画」の枠組みやことば（第一段階）からはじまっている。次にこれまで論じてきたように、それぞれのことばの持っている意味を狭い文脈ではなく社会学・民俗学・哲学などの異なる文脈に向かって開放する段階が必要である（第二段階）。それだけではなく最後に、改めていま実践されている都市計画やまちづくりで何ができるかを問う（第三段階）という三段階の思考が繰り返されているといえるのではないだろうか。それは人びとの暮らす地上からものごとを観察したのち、まるで宇宙から地球を眺める宇宙飛行士のように、観念の世界から人びとの暮らしの営みを相対化して俯瞰し、最後にやはり地上に舞い戻って「どうあるべきか」を論じる、という視点の移動である。

景観の表層と基層を横断するような思考、人間社会を環境の秩序のなかで捉えようとする思考、他者との関わりの価値から都市を捉え直そうとする思考、都市の遷移を前提としてマネジメントのあり方を再定義しようとする思考、産業という概念を大きく拡張して人間・生産・地域の関係を見つめなおす思考。これらは、従来は見逃されてきた都市の豊かさを発見し、追求する姿勢である。それは、制度的な意味での「都市計画」のことばから、もっとやわらかい、広義の意味での〈都市計画〉のことばへと立ち返ることで、もとの計画のありかたを批判的に刷新するような思考の流れである。

当然こうした思考の源流には、これまで論じてきた社会の変化により、既存の制度的な枠組みが立ち行かなくなってきたという共通の意識がある。

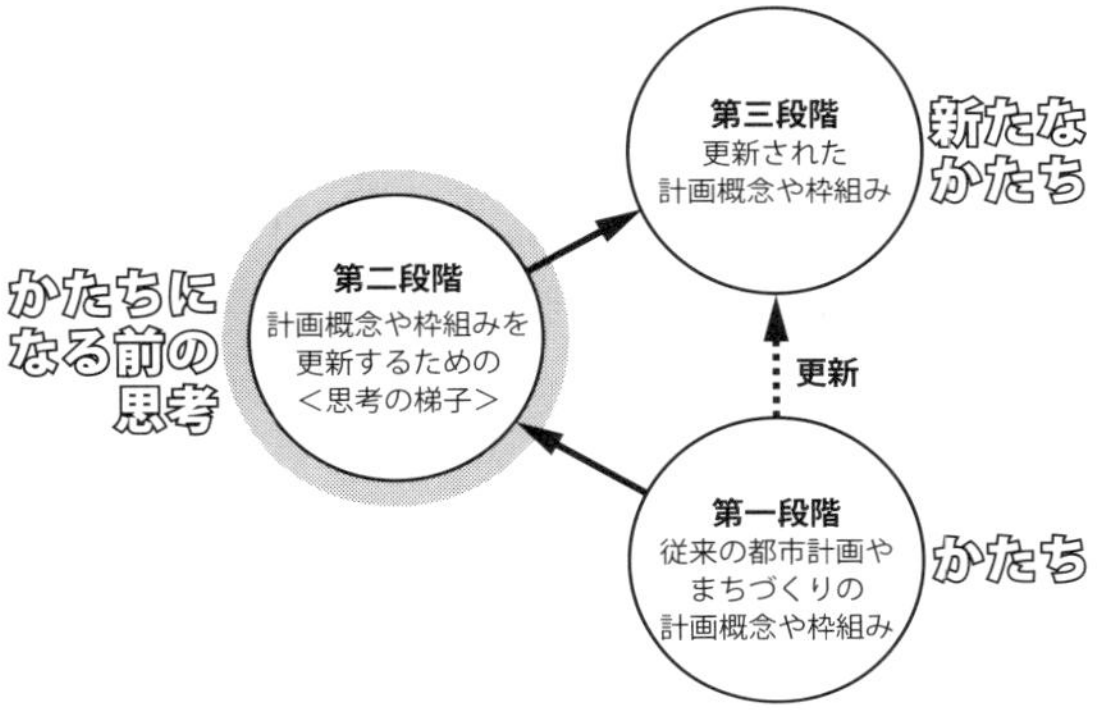


図終-3　三段階の思考

### ◉◉◉「計画すること」をめぐって

筆者がたびたび社会学の議論を紹介してきたように、「かたちになる前の思考」が対象とするものは、社会科学の領野で議論される対象と近いものであり、問題意識・時代認識とも共鳴するところがある。しかし多くの社会学者たちの間では「かたちになる前の思考」が「かたち」になることには慎重な議論が行われているし、場合によってその実践活動は批判されてきた。地域の豊かさを「役に立つこと」という狭い視野から解放することと、それらを再び「役に立つこと」に方位付けることは、自己矛盾をきたしているという批判もあるだろう。たとえば住民によるまちづくり活動を観察してきた社会学者の五十嵐泰正によると、社会運動論の領域では、市民が「参加・提案」型の活動という名目で自発的に政府・自治体に動員されていく危険性を論じることが定型になってきたという。*

他方で「計画すること」が複雑で困難になると同時に、その必要性がこれまで以上に高まってきたことも指摘されている。社会学者の宮台真司は、原発問題を極端な例としながら、多くの社会問題が「注目すべきレイヤーが複数あり、各レイヤーごとに何が妥当なのかが悉く乖離する」という複雑化をきたしており、「だれがだれのために何をするのか」がいま、問われているという。** 後藤春彦研究室でまちづくりの実践にあたった多くの地域は、高齢化をはじめ地域産業の衰退と働く場所の減少、若年層の流出、空き家・空き地や放棄された農地の拡大など、理想論とこれまでの方法では解決不能な問題を抱えていた。そこで、実践にあたってはその都度、問題解決や公共空間の経営を行政に頼りきりにするのではなく、いかに地域の資源や豊かさを再定義するか、そしてそれらを住民発意のアイディアで、自らの手によって担っていけるようにするにはどうすればいいのかを考えてきた。行政の「総合計画」を補完する「コミュニティ・プラン」を住民とともに練り上げた上毛町・加美町での実践などは、そうした試行錯誤への一つの答えである。先の（想定される）批判にあえて答えるならば、まちづくりにおいてもはや立ち行かなくなった従来の「役に立つこと」を再定義し、新しい豊かさに向かう計画のために再び「役に立つ」ように考え既存の枠組みを刷新していく地道な活動しか、いまわたしたちには残されていないのではないか。

議論されていることから距離を取り、相対化することでその状況に特有の価値観から脱出するような考

＊五十嵐泰正、開沼博ほか（著）『常磐線中心主義』河出書房新社、2015年、86-87頁
＊＊宮台真司『わたしたちはどこから来て、どこへ行くのか』幻冬舎、2014年

え方は、さまざまな学問のさまざまなテーマで行われてきた。しかし、相対化の思考は無限に相対化しあう泥沼のような状況を生み、学問的な知的好奇心は満たせたとしても、「結局、なにをすればよいのか」という答えに辿り着かないことは往々にしてある。つまり、もとの問いを相対化する思考で止まらずに、それら全体を俯瞰して、なすべきことを判断するという一連の思考が必要なのだ。議論から距離をとって相対化するような「学問的姿勢」だけで満足せず、さらにそれらから距離をとって俯瞰し、「いま、だれが、なにをすればいいのか」を指し示すことが必要である。この考え方は、当然、「だれが、何をしなければならないか」を追求していくというまちづくりや都市計画のもつ宿命と共鳴するだろう。

この3段階の思考法において「無形」の領域は、制度化・権威化されて視野の狭くなった計画概念それぞれが立ち返るべき、学際的な領域としての役割を持っている。それは、「都市計画」のことばを更新するための、やわらかい思考の「梯子」のような役割だといえるだろう。

「無形」の思考とはそのような意味で、まさに「かたちになる前の思考」なのだ。

## ◉◉◉「公共の文体」を退け「わたしたちの文体」を獲得する

何度か触れてきたように、「かたちになる前の思考」を行ううえで重要なのは、従来自明視されてきたことばを問い返すことである。都市計画やまちづくりは、いたるところで、使い古されたことばや価値観によって語られるようになった。しかし公共にとって望ましいことを議論することと、わたしたちが日常生活で感じる豊かさの実感とは、ときに落差や断絶がある。「都市を語ること」に対する責任感や緊張感から、どうしてもわたしたちは普段のわたしたちとは違う「民主主義モード」になってしまうのではないだろうか。ものごとを客観視することは必要であろうが、しかし普段のわたしたちの実感から断絶された公共を語る言説が満ちてゆくと、それはいつしか「誰のためにもならないことば」へと変化していってしまう。それは一見して、あたかも議論が「成熟」しているかにみえる。しかし同時に、成熟は死に近づくことでもある。

これまでにいくつもの地域で実践されてきた「まちづくり人生ゲーム」は、まさにそのような問題意識に根差したワークショップ手法である。大人たちが集まって「これから地域のためになることを考えよう」とか、「この地域の問題はなんだろうか」と相談し合っても、テレビや新聞で取り上げられ復唱されてきたような、凝り固まったアイディアしか出てこないことが多い。「結婚したら地域を出ていくのか」、「子どもを産むのは何歳のときにしようか」、「地域のなにがよくなったら留まってもいいと思うか」といった、人生の具体的な問いから、「私の人生とのかかわり」のなかから地域を捉えるよう促すこと。筆者も何度か企画・実践を行った経験があるが、人生ゲームを実施すると、参加者は自分の考えのほかに周りの人びとがいかに多様な意見を持っているかに気づかされ、話が弾む。「ゲームボード」を持って帰って、他の人にもゲームをやらせたいという人もでてくる。きっとそういうものの集積として、初めて「公共」は生まれるのである。

はじめから都市に自明な「全体（公共）」が存在し、そのために各主体が分担して役割を果たすかのような議論を行うことは、幻に向かってことばを投げかけているようなものだ。そうではなくて、都市を個別の動機を抱えた個人の行為の蓄積そのものと捉え、その集合から地域の公共を浮かび上がらせること。それは、まちの豊かさに関する「公共の文体」を一度ひっくり返して、いかに「わたしたちの文体」を創っていくかという試みに他ならない。そこには狭義の「役に立つ」ことよりも、もっと無数の豊かさが見いだされるはずである。

### ◉◉◉◉無数の人びとの、「生の政治」のプラットフォームとしての計画へ

いま、地域のアイデンティティはなんだろうか、地域に適合した「かたち」は何だろうかと問うことは非常に難しい。後藤春彦研究室の原点である「景観」の領域では、まさにその困難が如実に表れてきてい

る。たとえば共発的景域論でも触れられた日本橋の首都高速道路の美醜に関する問題は、なぜ明治期に建てられたヨーロッパ風の日本橋を称揚して、江戸時代の木造の橋や、現在の首都高速道路がいけないのかという問いを通して、わたしたちがまちづくりや建築設計で取り上げるアイデンティティの捉え方は恣意的なもので、確たる真実性がないことを浮き彫りにした。* 多くの自治体は観光資源やその地域らしさを欲しているが、こうした苦しみは結果として無数のテーマパーク的な風景を生んできた。その対案は確立されておらず、状況を克服できたとは決していえない。** ことほど左様に地域に必要な「かたち」や地域性なるものを主題として扱うことは困難を極める。こうした状況で無理に地域らしさを追求することは、ローカリティの名のもとに地域住民を動員するような一種のナショナリズムとも隣り合わせである。

筆者は、縁あって後藤が博士号を取得してすぐ赴任した加美町に、かれこれ5年間ほど関わってきている。その間、調査やワークショップを通じたコミュニティ計画づくり、地域の特産市会場・コミュニティレストランの構想と設計など、さまざまな活動に直に関わらせていただいた。後藤とともに何度も地域に赴くなかで印象的だったのは、「ひとは多分に利己的である」とか、「ガバナンスは、新幹線のように一直線に目的に進むのではなく、7人の乗組員が舵を取り合って右に左に迷いながらゆっくり前進する宝船のようである」といったことばだった。

それは、地域らしさや地域のアイデンティティというものが、わたしたちの〈外〉のどこかにあるはずだ、と探し回る姿勢ではない。その代わり、地域とはわたしたちの〈内〉にあるもの、つまり無数の人びとの各々の利己的な人生の選択のなかにこそ現れるものだと考えてみよう。それは各々のもつ地域像の断片をひとつひとつ読み解き、丁寧につなぎ合わせる作業である。はじめから用意された公共像や地域像に向かって担い手の役割を〈分担〉していくのではなく、生活実感に根差した小さな意志が〈連担〉しあうことを支えるような計画でありたい。後藤が「まちづくりは3割バッターでよい」と表現するように、政治的な「正しさ」や形式的な成功に縛られる必要も、芽生えてくる小さな計画の体裁上の足並みを無理に

* たとえば、五十嵐太郎の首都高速道路に関する議論（五十嵐太郎『美しい都市・醜い都市—現代景観論』中公新書ラクレ、2006年）がある。
** 消費社会論を導入して東京繁華街のディズニーランド化を批判した吉見俊哉、都市の「ディズニフィケーション」を指摘したエドワード・レルフらに加え、日本の地方都市の風景のテーマパーク化に関しては、建築史家の中川理が詳細に報告している（中川理『偽装するニッポン—公共施設のディズニーランダゼイション』彰国社、1996年）。

そろえる必要もない。必要なのは、社会空間を耕すような実践である。真に地域性というものがあるなら、それは人びとの人生の堆積から、人生の地理学として表れてくるのだ。そこには無数の人びとによる、無数の未来が開かれているのである。

# むすびに

早稲田大学建築学科に後藤春彦研究室が設立されたのは、１９９4年4月のことだった。幸いなことに、人事枠が純増したことによる新任のため、特にどこかの研究室や講座を引き継ぐということでなく、全く自由に研究活動をスタートできることになった。そんなしがらみのない研究環境に多くの才能豊かな人材が集まってくれた。

現在に至るまで、玉石混合ではあるが、卒業論文２０３編、修士論文１６０編、博士論文10編、学会査読論文１２９編を輩出している。また、科学研究費ほかの外部研究資金を１０３件（総額3億７１００万円）、自治体などからの委託研究プロジェクトを１０１件（総額2億４６００万円）獲得してきた。

本書はこうした後藤春彦研究室のこれまでの研究を下支えしてきた、かたちになる前の思考をとりまとめたもので、現在、早稲田大学理工学研究所プロジェクト研究として展開している「スペーシャル・プランニング研究」の一環にも位置づけられるものである。

また、本書の出版にあたり、今回も水曜社の仙道弘生さんにはたいへんお世話になった。貴重な研究と実践と発表の機会を与えてくださった関係機関のみなさまに、こころより敬意を表するものである。

さて、ひとつの生命体の胎動のように、いつも研究室はうごめいている。「集まり散じて人は変われど」と校歌に歌われるように先輩学生から後輩学生へ受け継がれ、その躍動はひとつの場所に留まることなく、いくつもの都市や農山漁村を巡ってきた。その一筆書きの軌跡が行きつ戻りつして絡み合うようにしてうまれる結び目に、まちづくりを俯瞰する共通の「視座」の存在を発見した。今回は、それを5つにまとめてみたに過ぎない。本当は、数珠つなぎのように数多くの「視座」は存在するものであり、シークェンシャルな連続体として「視座」を理解するほうが正しいのかもしれない。

私は、東日本大震災を契機に、これからは体力勝負だと悟り水泳をはじめた。毎月30ｋｍを目標に泳いでいるが、積算値が１５００ｋｍを超えたあたりから、泳いでいるというよりも飛んでいる感覚に変化してきた。まさに、意味空間を浮遊しながら俯瞰している感覚である。「視座」を自由に動かす感覚が身体的に備わってきたように思える。これからは、勝手気ままに浮遊しながら役に立つ過去に思索を巡らすことにより、懐かしい未来を照らしだしたいものだと夢想している。

むすびにあたり、研究室の卒業生、修了生、現役学生のみなさんの献身的な作業によって本書がまとめられたことは、研究室のメンバーのひとりとしてとても嬉しく、誇らしいことである。ともに喜びを分かち合いたい。

そして、本書が人口減少社会を背景に閉塞感の漂うまちづくりの現場に対して、少しでも示唆と勇気を与えることができたなら、この上なく幸福である。

２０１７年春
後藤　春彦

## 執筆者

**後藤 春彦**（ごとう はるひこ）
早稲田大学大学院・教授。早稲田大学重点領域研究機構・医学を基礎とするまちづくり研究所・所長。１９５７年生まれ。工学博士。日本建築学会賞・論文賞（２００５）、日本都市計画学会計画設計賞（２０１１）グッドデザイン賞（２０１０）ほか受賞。編著書・訳書に『景観まちづくり論』（学術出版社）、『まちづくりオーラル・ヒストリー』（水曜社）、『場所の力』（ドロレス・ハイデン著）『医学を基礎とするまちづくり　Medicine-Based Town』（水曜社）ほか。

**三宅 諭**（みやけ さとし）
岩手大学・准教授。１９７２年生まれ。早稲田大学大学院博士後期課程単位取得退学。博士（工学）。早稲田大学理工学総合研究センター助手、同客員講師、岩手大学講師を経て、２００８年より現職。共著書に『景観法と景観まちづくり』（学芸出版社）、『生活景』（学芸出版社）など。

**髙嶺 翔太**（たかみね しょうた）
早稲田大学・研究助手。１９８８年生まれ。早稲田大学大学院修了。修士（建築学）。パシフィックコンサルタンツ（株）を経て、２０１６年より現職。「医学を基礎とするまちづくり」をテーマとする、地域の医療・福祉・健康を支える新たなまちなか医療・まちなみ景観保存手法、農村医療観光などについて研究中。

**山崎 義人**（やまざき よしと）
東洋大学・教授。１９７２年生まれ。早稲田大学大学院修了、博士（工学）。神戸大学研究員、兵庫県立大学准教授などを経て、２０１７年より現職。日本建築学会奨励賞受賞。共著に『いま、都市をつくる仕事』（学芸出版社）、共訳に『リジリエントシティ』（クリエイツかもがわ）など。

**佐久間 康富**（さくま やすとみ）
和歌山大学・准教授。１９７４年生まれ。早稲田大学大学院博士後期課程単位修得退学。博士（工学）。（株）環境と造形、早稲田大学教育・総合科学学術院助手、大阪市立大学大学院・講師などを経て、２０１７年より現職。共著書に『田園回帰の過去・現在・未来』（農文協）、『まちづくりオーラル・ヒストリー』（水曜社）など。

**佐藤 宏亮**（さとう ひろすけ）
芝浦工業大学・准教授。１９７５年生まれ。早稲田大学大学院修了。博士（建築学）。（株）都市建築研究所、早稲田大学建築学科助手、同助教を経て、２０１４年より現職。日本建築学会奨励賞、日本都市計画学会論文奨励賞ほか受賞。著書に『景観再考』（鹿島出版会）、『医学を基礎とするまちづくり　Medicine-Based Town』（水曜社）など。

**山村 崇**（やまむら しゅう）
早稲田大学・助教。１９８０年生まれ。早稲田大学大学院修了、博士（工学）。専門分野は都市計画・まちづくり。ＩＣＴ企業勤務を経て、２０１４年より現職。日本建築学会奨励賞ほか受賞。著書に『東京大都市圏における社会経済構造の変化に伴う郊外産業圏域の変容（早稲田大学出版部）』など。

**吉田 道郎**（よしだ みちろう）
（株）梵まちつくり研究所・代表取締役。１９７２年生まれ。早稲田大学大学院修了、工学修士。日本各地の都市計画、まちづくり、地域振興、観光活性化、建築設計・デザイン、住民ワークショップ運営などに携わる。一級建築士・技術士（建設部門：都市及び地方計画）。

**渡辺 勇太**（わたなべ ゆうた）
第一生命保険（株）・不動産部。１９８４年生まれ。早稲田大学大学院修了、修士（建築学）。在学中、後藤春彦研究室にて、新宿区景観まちづくり計画・ガイドブックの策定を担当。２００９年より現職。社有不動産の建替、新規取得、賃貸運用などの不動産投資業務に従事。一級建築士。

**鞍打 大輔**（くらうち だいすけ）
ＮＰＯ法人日本上流文化圏研究所・事務局長。１９７４年生まれ。早稲田大学大学院修了、修士（建築学）。学生時代から「日本上流文化圏研究所」の運営に携わり、大学院修了後、早川町にIターンし同研究所に就職。現在に至る。２０１１年「第１回地域再生大賞 特別賞」ほか、多数受賞。

**跡部 嵩幸**（あとべ たかゆき）
特定非営利活動法人ＳＣＯＰ・松本本部。１９８６年生まれ。早稲田大学大学院修了、修士（建築学）。大学院修了後、Uターンし、松本を拠点に地域の政策形成や事業支援に携わる。主な実績に、健康づくりと産業創出を同時に目指す「松本ヘルス・ラボ」事業の立ち上げ、野々市市第一次総合計画（中間見直し）の策定支援など。

**山近 資成**（やまちか やすなり）
新宿区役所・主事。早稲田大学大学院博士後期課程・在籍中。１９８９年生まれ。移民都市の形成過程と社会構造に関する研究を主としながら、震災復興計画策定や大地の芸術祭越後妻有アートトリエンナーレへの出展なども行う。

**山口 泰斗**（やまぐち ひろと）
パシフィックコンサルタンツ（株）・九州支社。１９８４年生まれ。早稲田大学大学院修了、修士（建築学）。在学中、後藤春彦研究室にて、上毛町コミュニティ計画策定及び地域づくり活動事業の立ち上げを担当。２００９年より現職。日本各地の都市計画、まちづくり、地域政策などに携わる。技術士（建設部門：都市及び地方計画）。

**岡村 竹史**（おかむら たけし）
早稲田大学重点領域研究機構・医学を基礎とするまちづくり研究所・主任研究員。１９７２年生まれ。早稲田大学大学院修了、工学修士。大学院修了後、（株）計画技術研究所を経て、社区営造舎・代表。２０１７年４月より現職。まちづくりコンサルタントとして、都市計画、地域活性化、エリアマネジメント、コミュニティデザイン、建築・街づくりに関する企画などに携わる。技術士（建設部門：都市及び地方計画）。

**遊佐 敏彦**（ゆさ としひこ）
奈良県立医科大学・講師。１９７８年生まれ。早稲田大学大学院博士後期課程単位修得退学。早稲田大学助手、同助教、奈良県立医科大学住居医学講座助教などを経て、２０１６年より現職。共著書に『田園回帰の過去・現在・未来』（農文協）、『医学を基礎とするまちづくり』（水曜社）。

**吉江 俊**（よしえ しゅん）
日本学術振興会・特別研究員、早稲田大学博士後期課程・在籍中。１９９０年生まれ。２０１２年から後藤春彦研究室に在籍し、まちづくりの取組みや建築設計に従事するとともに、消費社会下の都市空間の変容を追う「欲望の地理学」の研究を進める。２０１１年ＵＩＡ銅賞、早稲田大学早苗賞ほか受賞。

**山川 志典**（やまかわ ゆきのり）
筑波大学大学院人間総合科学研究科世界文化遺産学専攻博士後期課程・在籍中。１９８９年生まれ。民俗学と文化遺産学を学ぶなかで、地域との関わりかたのヒントを得るため、２０１２年に後藤春彦研究室に研究生として所属、その後も交流を続けている。

扉イラスト：上原 佑貴（うえはら ゆうき）

# 無形学《むけいがく》へ——かたちになる前《まえ》の思考《しこう》
## まちづくりを俯瞰する5つの視座

発行日　2017年4月9日　初版第一刷発行

編著者　後藤 春彦

発行人　仙道 弘生
発行所　株式会社 水曜社
〒160-0022
東京都新宿区新宿1-14-12
電　話：03-3351-8768
FAX：03-5362-7279
URL：suiyosha.hondana.jp/

本文DTP　小田 純子
印刷　日本ハイコム 株式会社


ISBN 978-4-88065-406-5 C0036